Methodisches Konstruieren

Paul Naefe

Methodisches Konstruieren

Auf den Punkt gebracht

3., überarbeitete Auflage

Paul Naefe
Aachen, Deutschland

ISBN 978-3-658-22635-0 ISBN 978-3-658-22636-7 (eBook)
https://doi.org/10.1007/978-3-658-22636-7

Die Deutsche Nationalbibliothek verzeichnet diese Publikation in der Deutschen Nationalbibliografie; detaillierte bibliografische Daten sind im Internet über http://dnb.d-nb.de abrufbar.

Springer Vieweg
Das Buch erschien in zwei Auflagen unter dem Titel Einführung in das Methodische Konstruieren.

Verantwortlich im Verlag: Thomas Zipsner

Gedruckt auf säurefreiem und chlorfrei gebleichtem Papier

Springer Vieweg ist ein Imprint der eingetragenen Gesellschaft Springer Fachmedien Wiesbaden GmbH und ist ein Teil von Springer Nature.
Die Anschrift der Gesellschaft ist: Abraham-Lincoln-Str. 46, 65189 Wiesbaden, Germany

Vorwort zur 3. Auflage

Seit dem Erscheinen der 2. Auflage im Jahre 2012, die noch den Titel *Einführung in das Methodische Konstruieren* trug, sind auf dem Gebiet der Konstruktionsmethodik interessante neue Erkenntnisse veröffentlicht worden, es ist deshalb an der Zeit, diese in eine 3. Auflage einfließen zu lassen. In erster Linie handelt es sich um Arbeiten zur Funktionen- und Produktstruktur, die im Lehrbuch von *Pahl/Beitz* (8. Aufl.) im Detail nachzulesen sind. Außerdem hat die VDI-Richtlinie 2221 eine Überarbeitung erfahren, die in der zweiten Hälfte des Jahres 2018 veröffentlicht werden soll. Die Möglichkeit, einige Hinweise darauf in dieses Buch aufnehmen zu können, verdanke ich der Unterstützung durch Herrn Dipl.-Ing. D. Moll vom VDI. Hinzu kommt eine Variante für die Vorgehensweise beim Konstruieren, die vom Institut für Konstruktion und Produktentwicklung (IKP) der Hochschule für Angewandte Wissenschaft in Hamburg vorgeschlagen wurde.

Im Zusammenhang mit der systematischen Suche nach den vom Kunden gewünschten Eigenschaften neuer Produkte, aber auch für die Optimierung bereits bestehender, findet die Methode des Benchmarking ihren Platz in dieser Auflage. Bei der Ausarbeitung des entsprechenden Abschnitts wurde mir eine umfangreiche Betreuung durch das Informationszentrum Benchmarking (IZB) des Fraunhofer-Instituts für Produktionsanlagen und Konstruktionstechnik (IPK) in Berlin zuteil. Hierfür möchte ich dem Bereichsleiter Unternehmensmanagement Herrn Prof. Dr.-Ing. H. Kohl und dem Leiter des IZB, Herrn M. Eng. M. Galeitzke, besonders herzlich danken. Die Methoden der Bewertung von Produkteigenschaften wurden um die Vorgehensweise nach der VDI-Richtlinie 2225 ergänzt.

Um sperrige Doppelformulierungen wie er/sie, LeserInnen, StudentInnen oder IngenieurInnen zu vermeiden, wird im Text nur die männliche Form der Anrede verwendet. Leserinnen dieses Buches mögen mir das bitte nachsehen. Es ist aber bisher (leider) so, dass der überwiegende Anteil (ca. 95 %) der Studenten des Maschinenbaus männlich sind. Ich verbinde diese Feststellung mit dem Wunsch, dass sich dies in naher Zukunft nachhaltiger ändern möge als es in den letzten 40 Jahren geschehen ist.

Aachen
im Mai 2018

Paul Naefe

Literaturhinweis

- VDI-Richtlinien: Zitate und Abbildungen wiedergegeben mit Erlaubnis des Verein Deutscher Ingenieure e. V.
- DIN-Normen (Deutsches Institut für Normung): Wiedergegeben mit Erlaubnis des DIN Deutsches Institut für Normung e. V. Maßgebend für das Verwenden der DIN-Norm ist deren Fassung mit dem neuesten Ausgabedatum, die bei der Beuth Verlag GmbH, Burggrafenstraße 6, 10787 Berlin, erhältlich ist.

Inhaltsverzeichnis

1 Einführung

Im allgemeinen Sprachgebrauch werden die Worte „Konstruktion" und „konstruktiv" in verschiedenen Zusammenhängen verwendet. Es erscheint deshalb nützlich, den genauen Inhalt dieser Begriffe vorab zu klären. Im Konversationslexikon findet man zum Stichwort „Konstruktion" die Definition:

Allgemeiner Aufbau, Gestaltung oder Berechnung und Entwurf eines Bauwerks oder einer Maschine.

Im Folgenden werden allerdings fast ausschließlich die Konstruktion und/oder das Konstruieren im Zusammenhang mit Maschinen behandelt. Der Duden bietet zum Stichwort „konstruktiv" die folgenden Inhalte an:

ordnend, folgerecht entwickeln, planmäßig

Eigenschaften, an die sich ein Konstrukteur bei seiner Tätigkeit immer wieder erinnern sollte.

1.1 Historische Entwicklung

Den Beginn einer Konstruktionstätigkeit im eingangs erwähnten Sinn kann man wohl am ehesten Archimedes zuordnen, der ca. 250 Jahre v. Chr. auf Sizilien lebte. Er formulierte unter anderem die Hebelgesetze und konstruierte z. B. Flaschenzüge. Der erkennbar würdigste Nachfolger von Archimedes war dann Heron, der etwa zu Beginn unserer Zeitrechnung in Alexandria lebte, bereits einige Maschinenelemente kannte (ca. 6 Stück) und über das Zusammenwirken von Innen- und Außengewinde nachdachte. Lange Zeit war kein nennenswerter Fortschritt zu erkennen, bis Leonardo da Vinci (1452–1519), das Universalgenie, zahlreiche Maschinen entwarf, er befasste sich außerdem bereits mit einer systematischen Ordnung der Maschinenelemente (ca. 20 Stück).

P. Naefe, *Methodisches Konstruieren*, https://doi.org/10.1007/978-3-658-22636-7_1

Aber obwohl sehr viele Dokumentationen auch so bedeutender Ingenieurleistungen wie z. B. der Dampfmaschine oder des Verbrennungsmotors zur Verfügung standen, konnte man daraus doch keine Information darüber erhalten, **wie** deren Urheber dachten oder vorgingen. Sie haben es nicht für erforderlich oder bedeutsam angesehen, ihre Denkweise für andere nachvollziehbar zu machen. So war die Konstruktionstätigkeit bis ins 19. Jahrhundert eine im künstlerisch intuitiven Bereich angesiedelte Angelegenheit, die man nur durch das Aneignen umfangreicher Erfahrung gepaart mit entsprechender Veranlagung erlernen konnte. Diese historische Entwicklung und ihr zeitlicher Verlauf verwundert auch kaum, wenn man bedenkt, dass die Ausbildung zum Ingenieur lange Zeit im handwerklich praktischen Bereich erfolgte. Als Wissenschaft wurde die Konstruktionslehre zu dieser Zeit jedenfalls nicht betrachtet.

Die ersten Ansätze, durch die Aufstellung von Konstruktionsprinzipien, ein System oder eine Methode zu entwickeln, erfolgten in der Mitte des 19. Jahrhunderts (1852). Damals stellte *Redtenbacher* [Red52] Prinzipien auf, die bis heute nichts von ihrer Bedeutung verloren haben:

- hinreichende Stärke
- kleine Verformung
- geringe Abnutzung
- geringer Reibungswiderstand
- geringer Materialaufwand
- leichte Ausführung
- leichte Aufstellung (Montage)
- wenig Modelle (Gussformen oder Varianten).

Aus diesen Ansätzen hat sich in den letzten 150 Jahren eine so genannte **Methodenlehre** entwickelt, deren Ziel es ist, das methodische Konstruieren produktneutral und allgemeingültig zu vermitteln. In der letzten Zeit kamen als bedeutsame Bestrebungen die Rationalisierung sowohl der Konstruktionsarbeit als auch der Lehre hinzu. Weitere Ziele der Konstruktionsmethodik sind in Tab. 1.1 dargestellt.

Diese Aufzählung ist ziemlich umfangreich und der Anfänger kann leicht die Übersicht verlieren. Die Lehrbücher der Autoren *Conrad*, *Ehrlenspiel*, *Koller*, *Pahl/Beitz* und *Roth* sind deshalb zum ergänzenden und detaillierten Studium zu empfehlen. Es muss aber vor der Auffassung gewarnt werden, die Methodik könnte sozusagen wie ein Rezept auf jede Konstruktionstätigkeit mit vorprogrammiertem Erfolg angewendet werden. Umfangreiche und fundierte Kenntnis der Grundlagen (Naturwissenschaften und Maschinenelemente) und ein gewisses Maß an Begabung (Intuition, Optimismus und Beharrungsvermögen) sind nach wie vor erforderlich, um als Konstrukteur erfolgreich tätig sein zu können.

Tab. 1.1 Ziele der Konstruktionsmethodik. (Nach [Con13] und [Ehr13])

technische Ziele	• effizientere (schnellere) Entwicklung neuer Produkte • Verbesserung von Produkteigenschaften • Verringerung der Herstellkosten • Optimierung des Kundennutzens
organisatorische Ziele	• Rationalisierung der Konstruktionsarbeit • Verkürzung der Lieferzeit des Produktes • Förderung der Teamarbeit • Erleichterung des interdisziplinären Arbeitens • Verbesserung des rechnergestützten Konstruierens • Verkürzung der Einarbeitungszeit für Konstrukteure
persönliche Ziele	• Hilfestellung in neuartigen Aufgabenstellungen • Steigerung der Kreativität • Offenlegung der Vorgehensweise beim Konstruieren • Erweiterung des Horizontes • Unterstützung bei der Präsentation von Ergebnissen • Verbesserung des Problembewusstseins
didaktische Ziele	• Vermittlung der Konstruktionslehre verbessern • Rationalisierung der Lehre • Konstruktionsmethodik dem Praktiker zugänglich machen

1.2 Einordnung der Konstruktion in die betriebliche Organisation

Die kürzeste Definition der Ingenieur- oder besser Konstruktionstätigkeit, die man in der Literatur finden kann lautet: „Der Konstrukteur soll der Mittler sein zwischen den naturwissenschaftlichen Grundlagen und den praktischen Möglichkeiten der Herstellung.“ Dem Buch von *Pahl/Beitz* lässt sich ein etwas ausführlicheres Zitat entnehmen, es lautet: „Der Ingenieur löst technische Probleme mit Hilfe naturwissenschaftlicher Erkenntnisse. Er trägt dazu bei, dass sie unter den jeweils gegebenen Einschränkungen stofflicher, technologischer, ökologischer und wirtschaftlicher Art optimal realisiert werden können.“ Es lassen sich auch noch weiter Hilfen außer den naturwissenschaftlichen nennen, nämlich aus den folgenden Gebieten:

- Arbeitspsychologie (Problem definieren und das richtige Rüstzeug wählen)
- Methode (optimalen Weg zur Lösung gehen)
- Organisation (Zusammenhänge im betrieblichen Alltag erkennen)

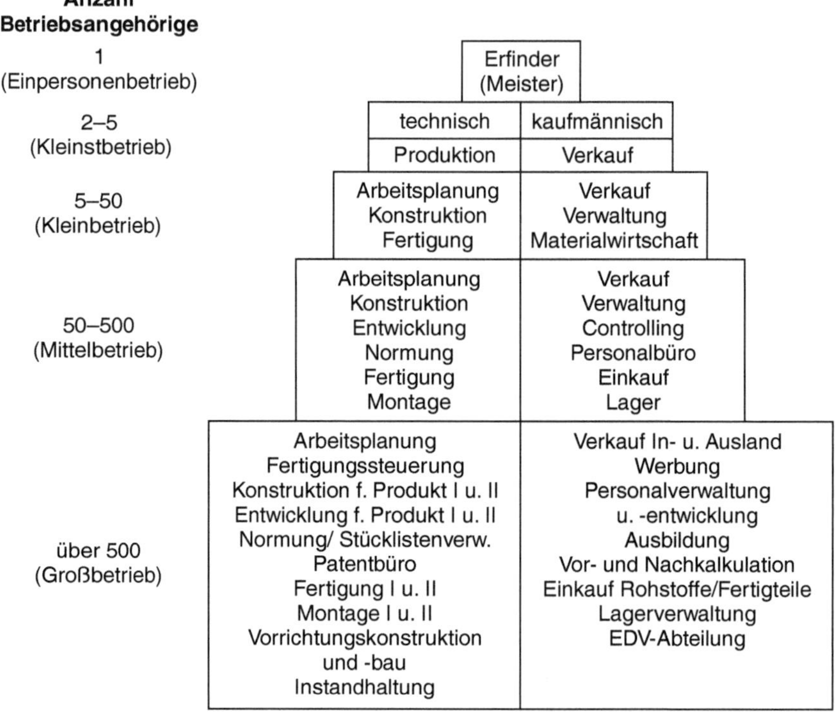

Abb. 1.1 Betriebsgröße und Arbeitsteilung. (Nach [Vos91])

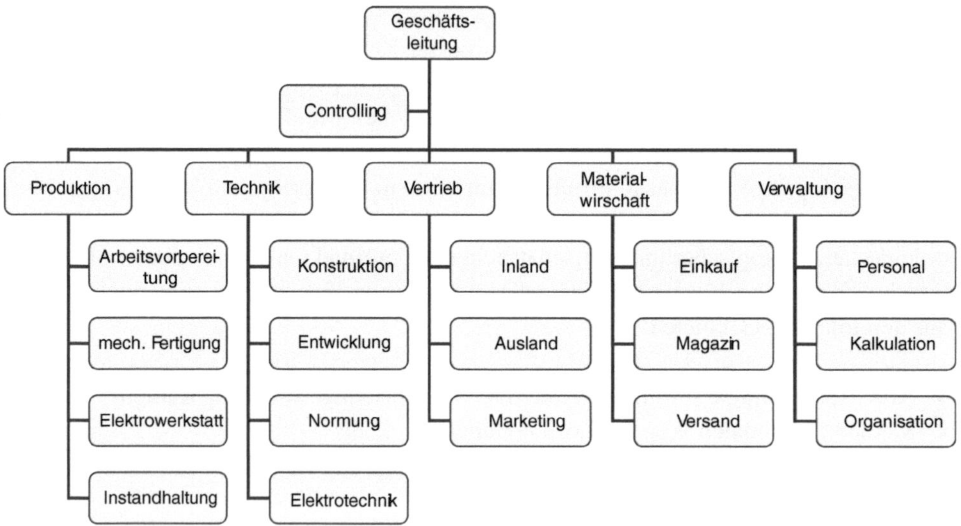

Abb. 1.2 Aufbauorganisation eines mittelständischen Betriebes

In früheren Darstellungen der Zusammenhänge wurde die Konstruktion oft in das Zentrum der Betrachtung gestellt. Die meisten frühen, entscheidenden technischen Entwicklungen wurden ja auch von Einzelerfindern getätigt, für sie selber und ihre Umgebung stand der technische Entwurf, unmittelbar mit der Fertigung verbunden, tatsächlich im Mittelpunkt bzw. an erster Stelle, so wie es auch die anschauliche Darstellung in Abb. 1.1 zeigt.

Die Abbildung zeigt aber auch, dass mit steigender Betriebsgröße sich die Notwendigkeit der Arbeitsteilung ergibt und damit, nach betriebswirtschaftlichen Erkenntnissen im klassischen Sinn, auch eine Verantwortungsteilung. In vielen modernen Unternehmen führte diese Entwicklung inzwischen dazu, dass einzelne Produktionsschritte, je nach Bedarf, nicht mehr im eigenen Betrieb durchgeführt werden. Eine sehr verbreitete Organisationsform, die heute noch oft in mittelständischen Betrieben anzutreffen ist, ist die Stab/Linien-Organisation (Abb. 1.2). In dieser Abbildung ist die Konstruktion unter dem Begriff „Technik" angesiedelt und steht, wie deutlich erkennbar ist, nicht an erster Stelle.

Eine Ahnung davon, dass die verschiedenen Arbeits- und Verantwortungsbereiche im Betrieb aber nicht isoliert nebeneinander agieren dürfen, gibt die Darstellung der Informationsflüsse in Abb. 1.3. Hier wird deutlich, wie viele Wechselwirkungen erforderlich sind, um den Prozess von der Definition eines Produktes bis zu seiner Fertigstellung ablaufen zu lassen.

Einen realistischen Eindruck vermittelt auch eine Darstellung aus anderer Quelle (VDI-Richtlinie 2220), die die Gesamtsituation im Produktentstehungsprozess (PEP) verdeutlicht (Abb. 1.4). In der verwirrenden Vielfalt der betrieblichen Aktivitäten ist die Konstruktion kaum noch auf Anhieb auszumachen. Trotzdem muss die zentrale Verantwortlichkeit des Konstrukteurs für „sein" Produkt betont werden, insbesondere was die Herstellkosten, den Gebrauchswert und die Produkthaftung betrifft. Wenn irgendetwas nicht „stimmt", muss „die Konstruktion" dafür geradestehen.

Außer der Stab/Linien-Form wurden für die so genannte Aufbauorganisation eines Betriebes weitere Varianten entwickelt z. B.:

- Sparten (Divisionen)
- Matrixorganisation
- Profitcenter.

Zusätzlich wird auch noch in Einzel- oder Massenproduktion differenziert. Die Durchführung einzelner Vorhaben in der Form von „Projekten" ergänzt die Anstrengungen, möglichst schnell und mit geringsten Kosten eine Aufgabenstellung zu bewältigen. Unabhängig von der Form der Aufbauorganisation muss der Konstrukteur jederzeit bereit sein, seinen Beitrag zu leisten formale Hindernisse zu überwinden und die moderne Sicht der „Integrierten Produktentwicklung" zu unterstützen, wie es die einprägsame Darstellung in Abb. 1.5 zeigt.

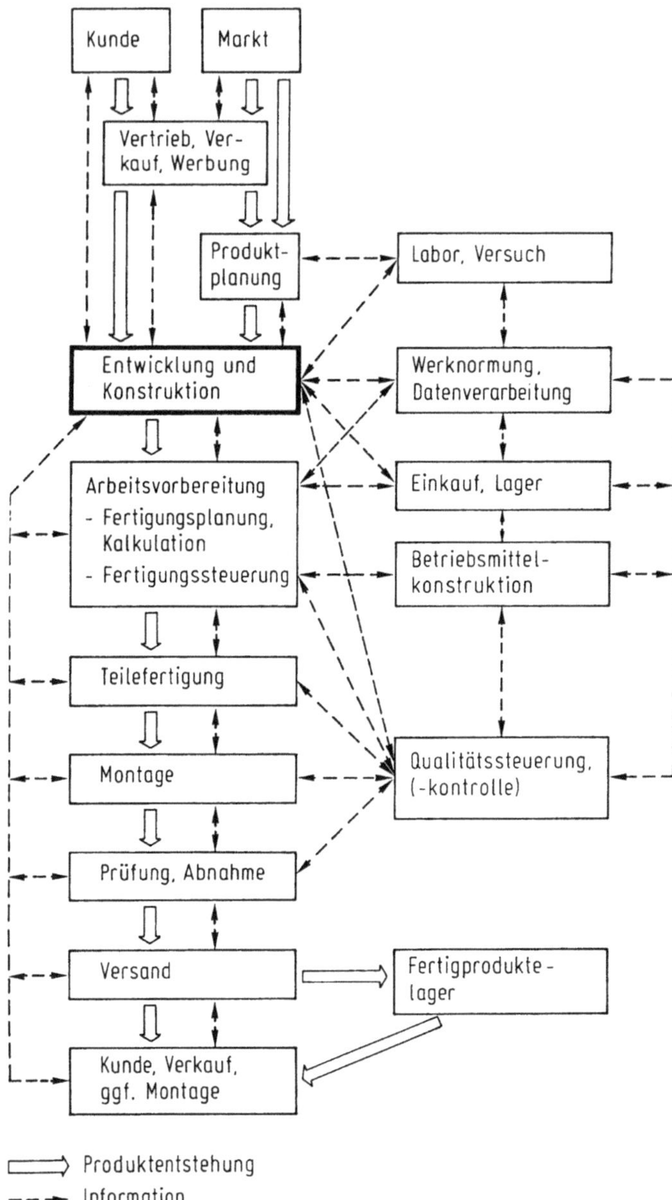

Abb. 1.3 Informationsflüsse zwischen Produktionsbereichen [PaBe07]

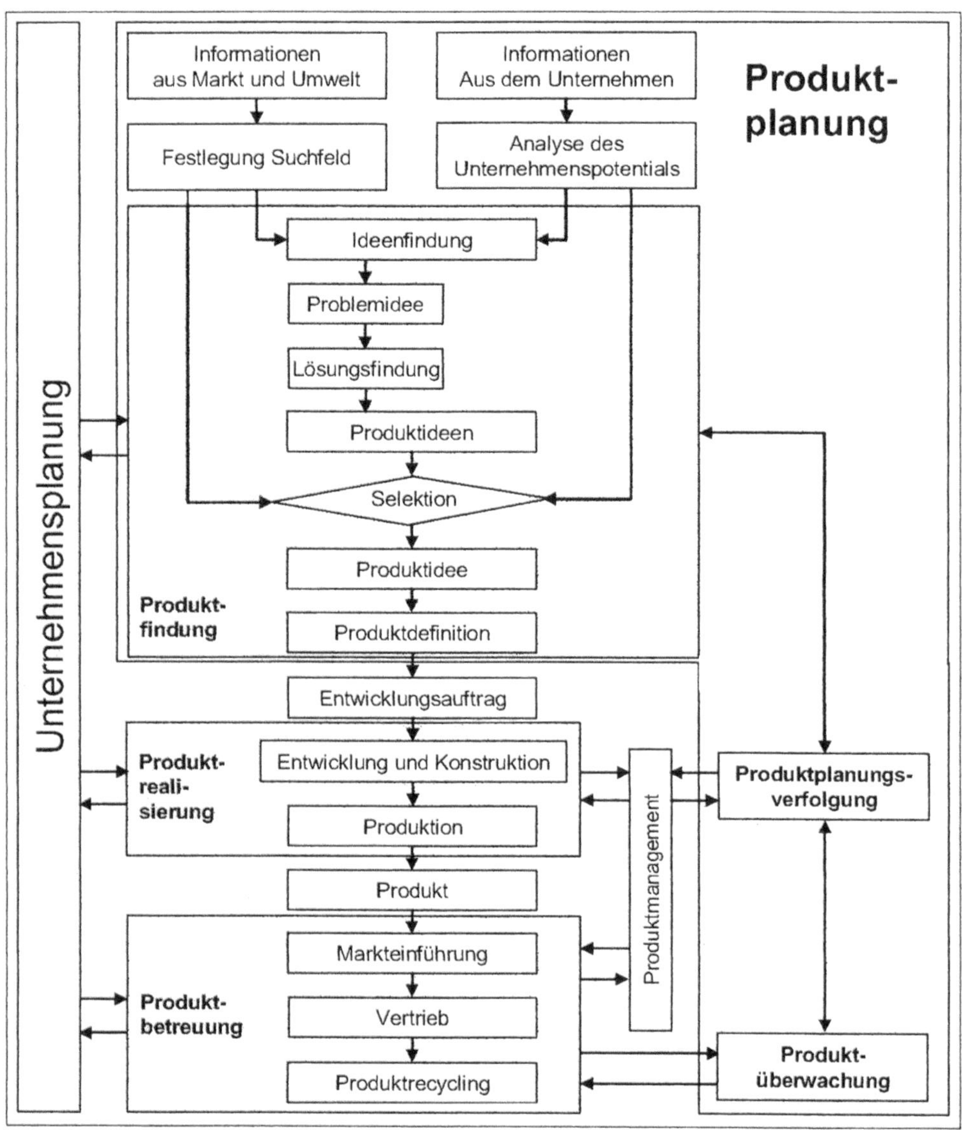

Abb. 1.4 Stellung der Konstruktion im Produktentstehungsprozess. (Nach VDI-Richtl. 2220 [Sei05])

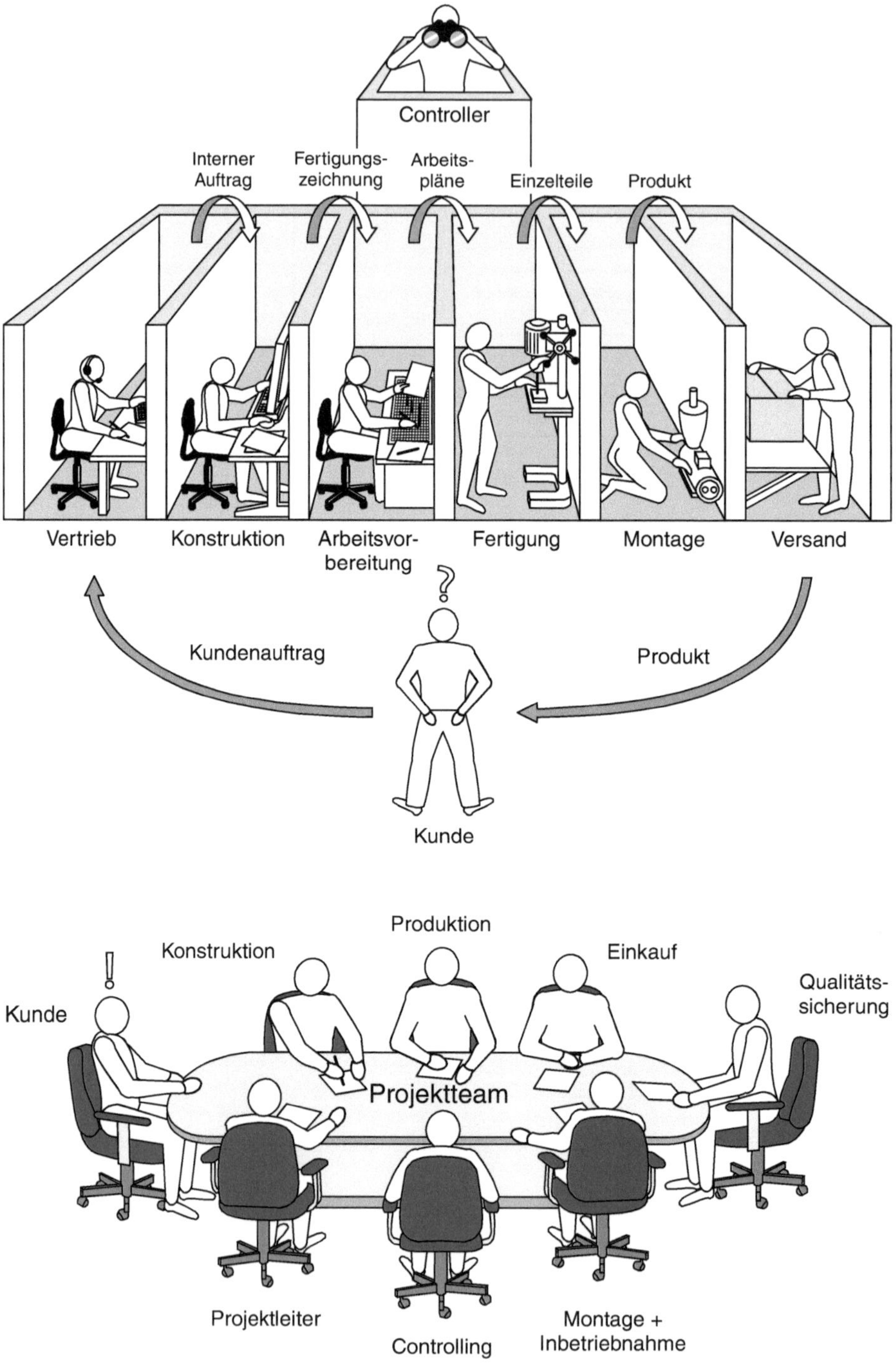
Controller
Interner Auftrag
Fertigungs-zeichnung
Arbeits-pläne
Einzelteile
Produkt
Vertrieb
Konstruktion
Arbeitsvor-bereitung
Fertigung
Montage
Versand
Kundenauftrag
Produkt
Kunde
Produktion
Konstruktion
Einkauf
Kunde
Qualitäts-sicherung
Projektteam
Projektleiter
Controlling
Montage + Inbetriebnahme

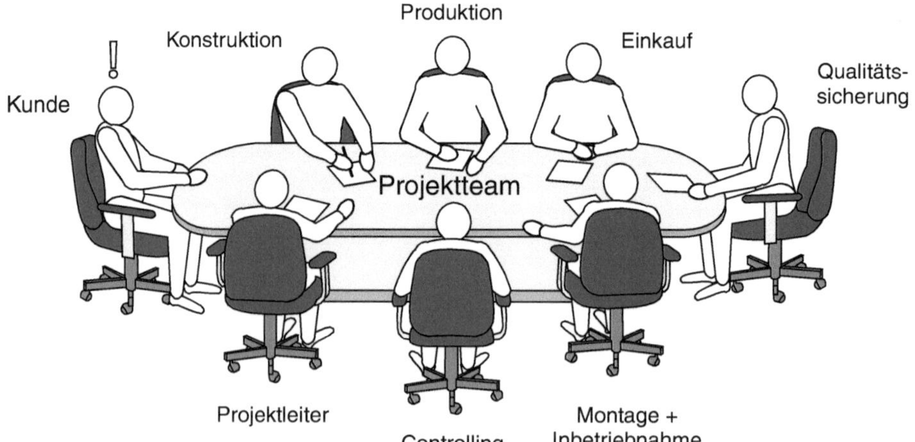

Abb. 1.5 Entwicklung der Zusammenarbeit, vom Abteilungsdenken zur Teamarbeit. (Nach [Ehr13])

1.3 Methodische und technische Hilfen für die Konstruktion

Die Notwendigkeit, die Entstehung eines Produktes durch die sog. **integrierte Produktentwicklung** möglichst effizient zu gestalten, hat zu einem ganzen System von **Methoden** geführt. Die wohl vollständigste Übersicht der einzelnen Arten und Methoden enthält Abb. 1.6. Es muss aber betont werden, dass es kein einheitliches Methodensystem gibt, sondern sich unterschiedliche Schwerpunkte der Vorgehensweise gebildet haben, die grob gegliedert werden können in:

- **Simultaneous Engineering**: in erster Linie zur Verkürzung der Entstehungszeit eines Produktes gedacht, beinhaltet die parallele Bearbeitung mehrerer Entwicklungsschritte.
- **Qualitätsmanagement**: auch unter Begriffen wie „Total Quality Management (TQM)" bekannt, dient dazu, optimale Abläufe für den gesamten Prozess der Produktentstehung z. B. auch mithilfe von Quality Function Deployment (QFD), ausgehend von den Kundenansprüchen zu finden.
- **Target Costing**: Zielsetzung, entweder für die Herstellkosten oder die Gesamtkosten (life-cycle-costs) für Entstehung, Gebrauch und Entsorgung eines Produktes.

Die verschiedenen Vorgehensweisen beeinflussen sich auch gegenseitig, was die Übersicht nicht einfacher macht. Zum besseren Verständnis der in Abb. 1.6 verwendeten Kurzbezeichnungen, werden die wichtigsten kurz erläutert:

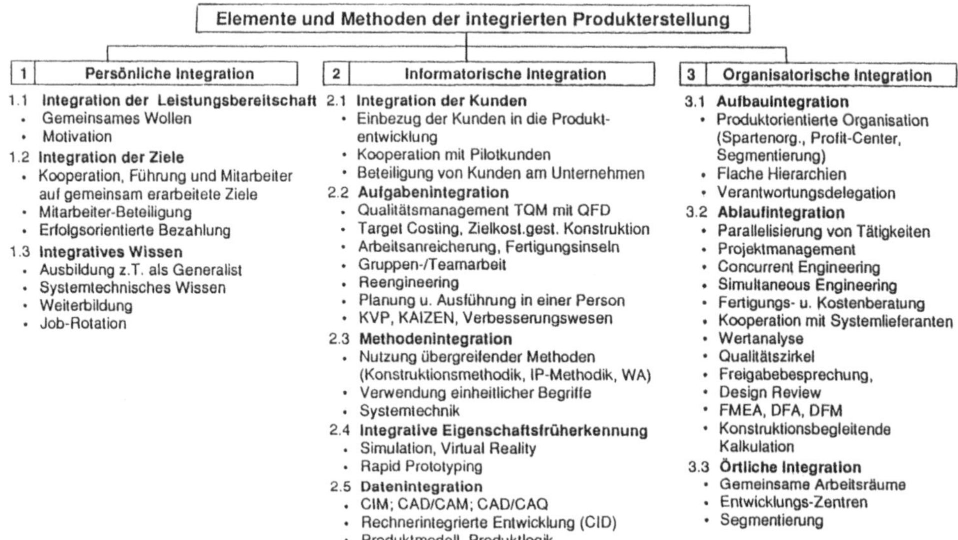

Abb. 1.6 Arten und Methoden der Integration [Ehr13]

- **QFD**: Quality Function Deployment, in dem Buch von *Akao* [Aka92] übersetzt mit: „Planung und Entwicklung der Qualitätsfunktionen eines Produkts entsprechend der vom Kunden geforderten Qualitätseigenschaften." In der VDI-Richtlinie 2247 sind die wichtigsten Informationen hierzu zusammengefasst.
- **KVP**: im Japanischen unter dem Begriff **KAIZEN** bekannt, bedeutet: „kontinuierlicher Verbesserungsprozess", eigenverantwortliche kritische Betrachtung des eigenen Arbeitsbereiches und Vorschläge zur Verbesserung.
- **FBA**: Fehlerbaumanalyse (DIN 25424)
- **FMEA**: Fehlermöglichkeits- und Einflussanalyse; formalisierte Methode zur systematischen Erfassung und Folgenabschätzung von Fehlern in Konstruktion, Produktion und Gebrauch (DIN 25448).
- **WA**: Wertanalyse, Methode zur Steigerung des Wertes eines Produktes oder einer Dienstleistung bei Senkung der Kosten, orientiert sich an den Funktionen; nur in Teamarbeit durchzuführen (DIN 69910 und VDI-Richtlinie 2800).
- **C-Techniken**

Alle Kurzbezeichnungen, die mit einem C beginnen, sind computerunterstützte Techniken zur Steigerung der Effizienz im Konstruktions- und Produktionsprozess, z. B.:

- **CAD**: Computer Aided Design, zunächst als Ersatz des Zeichenbretts entwickeltes Zeichensystem auf dem Computer, heute umfassendes Konstruktions- und Organisationssystem im Konstruktionsbüro für Zeichnungen (2D und 3D), Stücklistenverwaltung und Bemessungsberechnungen.
- **CAM**: Computer Aided Manufacturing, Integration der Konstruktionsdaten aus dem CAD in die Produktion, z. B. mit Rechnermodellen für die Kopierfertigung oder Steuerungsdaten für NC-Maschinen.
- **CAQ**: Computer Aided Quality Management, Systeme zur Unterstützung der integrierten Produktentwicklung (kein Ersatz für logisches Denken).

1.4 Normen und Verbände

Zur Unterstützung des Konstrukteurs wurden spezielle Normen und Richtlinien entwickelt, auf die an dieser Stelle nur hingewiesen werden kann:

DIN ISO 9000 bis **9004** betreffen in erster Linie formale Hilfen für die Sicherung der Qualität eines Produkts oder Herstellungsprozesses (*Jackson*). Hier sind z. B. Regeln für das sog. Auditing (Qualitätsüberwachung) und für die Erstellung von Qualitätshandbüchern festgelegt, die die Verantwortung für das Einhalten der Standards im betrieblichen Ablauf ausweisen. Der Qualitätsbegriff beinhaltet dabei die Gesamtheit der Eigenschaften und Merkmale eines Produkts bezogen auf die Eignung zur Erfüllung festgelegter und vorausgesetzter Erfordernisse (Erfüllung der explizit formulierten und implizit gewollten Kundenwünsche).

Zusätzlich wird darauf verwiesen, dass aktuelle Informationen über Normen auch in der Datenbank DITR (**DI**N Software **I**nformationsdienst über **T**echnische **R**egeln) recherchiert werden können.

Die **VDI-Richtlinien** (VDI = Verein Deutscher Ingenieure) geben kurze Zusammenfassungen der in den erwähnten Lehrbüchern beschriebenen methodischen oder technischen Hilfen.

Die wichtigsten VDI-Richtlinien für die Konstruktionstätigkeit sind:

- 2210 bis 2217: Datenverarbeitung in der Konstruktion
- 2220, 2221, 2222, 2223: Produktplanung, methodisches Konstruieren
- 2225: Kostenaspekte
- 2234, 2235: Wirtschaftliches Konstruieren
- 2800: Wertanalyse
- 2803: Funktionenanalyse.

Fazit

Gute Kenntnisse der Methodik verbessern die Aussicht, eine Konstruktionsaufgabe erfolgreich zu bewältigen. Insbesondere noch wenig erfahrene Konstrukteure sollten sich aber zusätzlich umfassend über die einschlägigen Normen und VDI-Richtlinien informieren.

Literatur

[Con13] Conrad, K.-J.: Grundlagen der Konstruktionslehre. 6. Aufl., Hanser Verlag München (2013)

[Ehr13] Ehrlenspiel, K.: Integrierte Produktentwicklung. 5. Aufl., Hanser Verlag München (2013)

[Vos91] Voß, E.: Industriebetriebslehre für Ingenieure. 6. Aufl., Hanser Verlag München (1991)

[PaBe07] Pahl, G.; Beitz, W.: Konstruktionslehre. 7. Aufl., Springer, Berlin Heidelberg (2007)

[Aka92] Akao, Y.: QFD – Quality Funktion Deployment. Verlag Moderne Industrie, Landsberg (1992)

[Red52] Redtenbacher, F.: Prinzipien der Mechanik und des Maschinenbaus. Bassermann, Mannheim (1852)

[Sei05] Seidel, M.: Methodische Produktplanung Informationsmanagement im Engineering, Bd. 1. Universitätsverlag Karlsruhe, Karlsruhe (2005)

2 Notwendigkeit des methodischen Konstruierens

2.1 Produktlebenslauf

Aus den organisatorischen Zusammenhängen, in die die Konstruktion gestellt ist, kann man die Komplexität der sachlichen Verknüpfungen und daraus die Notwendigkeit erkennen, dass nur eine enge Zusammenarbeit zwischen der Konstruktionsabteilung und allen anderen an der Produktentstehung beteiligten Bereichen zum Erfolg führen kann. Im Lebenslauf eines Produkts (Abb. 2.1), wie er sich von der Entstehung des Marktbedürfnisses bis zur Entsorgung darstellt, ist aber zu erkennen, dass die Konstruktion in direktem Wege eingebunden ist. Es lässt sich aus dieser Darstellung die grundsätzliche Erkenntnis ableiten, dass der Konstrukteur nur erfolgreich sein kann, wenn das von ihm entwickelte Produkt den Bedürfnissen des Marktes einerseits und denen der ökologischen Entsorgung andererseits genügt.

Es ist aber nicht ausreichend, den Lebenslauf (auch Lebenszyklus genannt) eines Produkts sozusagen ausschließlich sequentiell zu betrachten, weil dadurch nur ein Teilaspekt deutlich wird. Er muss zusätzlich chronologisch und aus der Sicht der Kosten, des Erlöses am Markt und des Gewinns für das Unternehmen betrachtet werden. Die verschiedenen Phasen des Lebenslaufs stellen sich dann in einer Kurve dar (Abb. 2.2), die zeitliche und sachliche Zusammenhänge deutlich macht und erkennen lässt, wann es notwendig ist, die Entwicklung für ein verbessertes oder ganz neues Produkt in die Wege zu leiten. Denn schon vor dem Erreichen des so genannten **Break-Even-Punktes**, das ist der Zeitpunkt, an dem der Erlös am Markt die Kosten für die Vorleistungen abdeckt, müssen in der Regel bereits Maßnahmen zur Weiterentwicklung des Produkts eingeleitet werden. Es ist daher wichtig, durch die aufmerksame Beobachtung des Marktgeschehens und des Wettbewerbs, die richtigen Signale zu erkennen und rechtzeitig zu handeln.

Also ist die Konstruktionstätigkeit, wenn sie erfolgreich sein will, auch immer ein Planungsvorgang, der außerdem mit anderen Planungsvorgängen im Betriebsgeschehen in Verbindung steht.

P. Naefe, *Methodisches Konstruieren*, https://doi.org/10.1007/978-3-658-22636-7_2

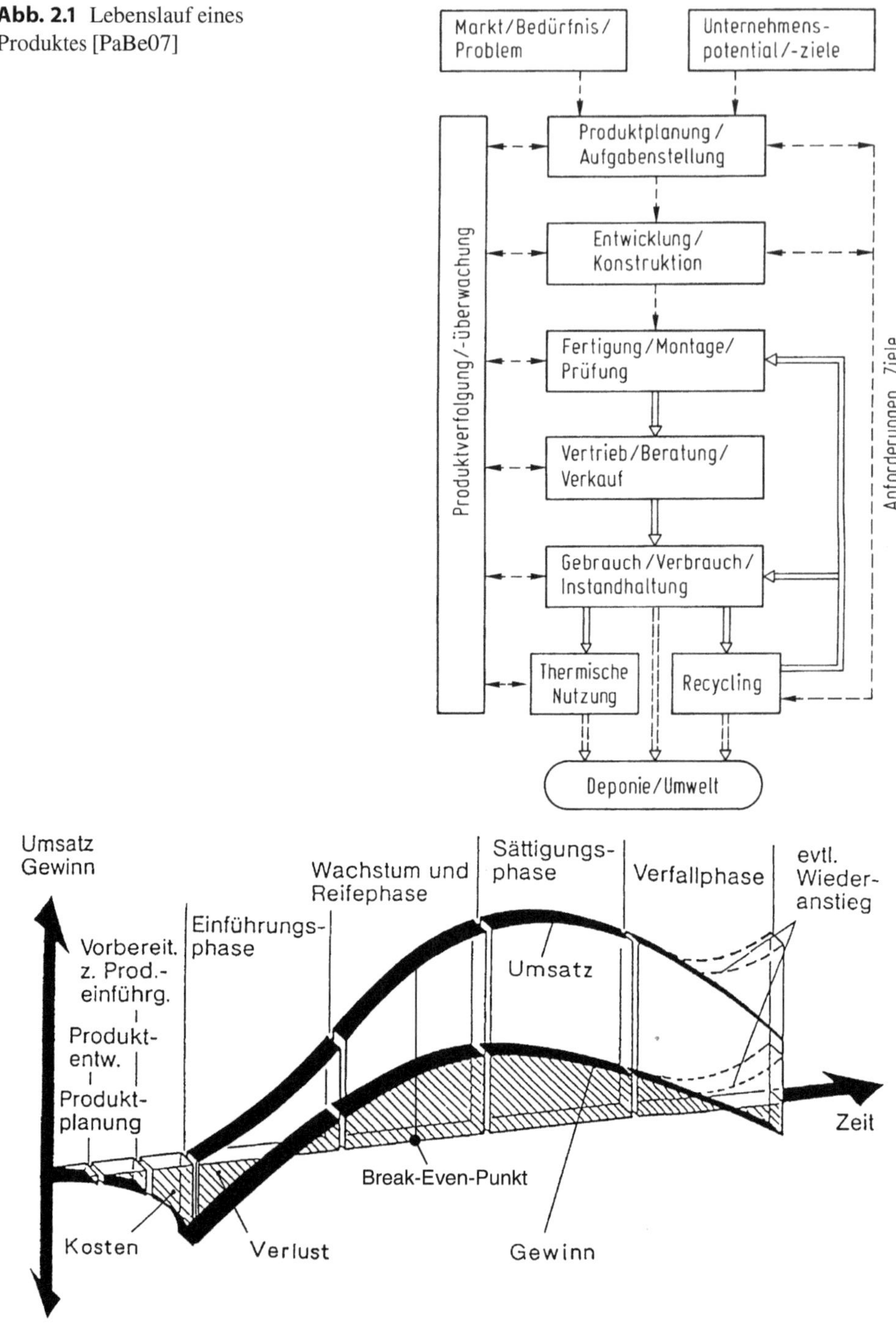

Abb. 2.1 Lebenslauf eines Produktes [PaBe07]

Abb. 2.2 Entwicklung von Erlösen und Kosten über der Marktlebensdauer eines Produktes [PaBe07]

2.2 Integrierte Produktentwicklung

Die Aufgabenstellungen zur Entwicklung eines Produkts waren, wie bereits angedeutet, in den letzten 150 Jahren einem starken Wandel unterworfen. War noch in der Mitte des 19. Jahrhunderts der erfahrene Spezialist (Meister, Ingenieur, Künstler) die zentrale Figur, so entwickelte sich zunächst in der industriellen Revolution die Arbeitsteilung (Abb. 2.3). Diese Aufteilung in spezialisierte Arbeitsbereiche umfasste nicht nur die ausführenden, sondern auch die planenden Tätigkeiten. Diese Methode konnte sich so lange halten, wie die folgenden Merkmale zutrafen:

- Produkt über längeren Zeitraum nahezu unverändert (Lebenszyklus lang)
- wenige Varianten
- enge Ausrichtung eines Betriebes auf ein Spezialgebiet (z. B. nur mechanische oder elektrische Produkte)
- geringes Bildungsniveau der Werker (Notwendigkeit der direkten Arbeitsanweisung)
- Verkäufermarkt (große Nachfrage, wenig und meist nur nationale Konkurrenz).

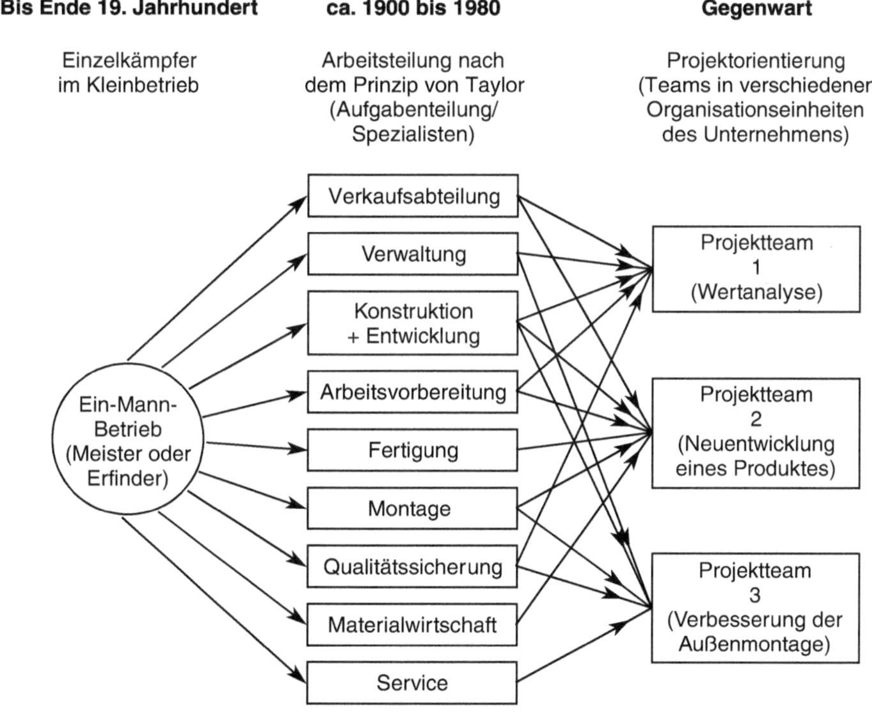

Abb. 2.3 Vom „Allround-Menschen" zu den Spezialisten und deren Integration in Teams. (Nach [Ehr13])

Inzwischen hat sich diese Situation gründlich gewandelt, die Merkmale sind heute:

- Produktlebenszyklus kurz (hoher Innovationsdruck)
- große Variantenzahl (um Attraktivität des Produktes zu steigern)
- komplexe Produkte (mechanische, elektrische und elektronische Bereiche eng verbunden)
- Käufermarkt (internationale Konkurrenz, Preisdruck)
- hohe Qualitätserwartung
- Werker wollen sich mit dem Produkt identifizieren und über Abläufe mitentscheiden.

Es kann deshalb zu mannigfaltigen Problemen kommen, wenn die Kooperation der in den Produktlebenslauf eingebundenen Akteure nicht richtig funktioniert.

Ein Lösungsansatz, der sich etwa von 1980 an entwickelte, ist die integrierte Produktentwicklung. Dieser Begriff soll verdeutlichen, dass alle Stellen eng und unmittelbar zusammenarbeiten müssen. Es wird versucht, eine gemeinsame Zielrichtung zwischen geforderter Qualität, zeitlichem Ablauf und den Kosten zu definieren und laufend positiv zu beeinflussen. Zusätzlich soll durch geeignete Planungsmittel ein zeitlich, zumindest zum Teil, paralleler Ablauf erreicht werden, wo früher rein sequentiell gearbeitet wurde. Schließlich hilft die Bildung von Teams, besetzt mit Spezialisten aus den betroffenen Bereichen, Reibungsverluste so klein wie möglich zu halten und bei Problemen schnell zu reagieren (Projektmanagement). Das alles kann aber nur funktionieren, wenn es durch die entsprechende Bewusstseinsbildung innerhalb des Betriebes unterstützt wird (s. Abb. 1.5).

Aus dem vorstehend beschriebenen wird deutlich, wie komplex der Vorgang der Produktentwicklung insgesamt ist und es ist natürlich erforderlich, insgesamt planmäßig (d. h. methodisch) vorzugehen.

2.3 Herkunft und Bewältigung der Aufgabenstellung

Um vorab einige wichtige Begriffe der Methodenlehre zu klären, ist es erforderlich, kurz auf die große Vielzahl der Merkmale einzugehen, die eine Konstruktion direkt betreffen können und die sog. Aufgabenstellung charakterisieren. In Abb. 2.4 ist eine gute Übersicht gegeben, wie die einfach klingenden Begriffe in Abb. 2.1:

- Markt, Bedürfnis, Problem
- Unternehmenspotential, Ziel
- Aufgabenstellung

sich in ihrer tatsächlichen Variantenvielfalt darstellen. Diese Aufstellung der Klassifizierungsmerkmale ist natürlich unvollständig, kennt doch der Maschinenbau unter dem Begriff „Branche od. Produkte“ nach VDMA (Verband Deutscher Maschinen- und Anlagenbau) ca. 17.000 verschiedene Produktarten.

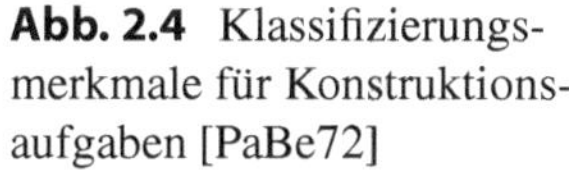

Abb. 2.4 Klassifizierungsmerkmale für Konstruktionsaufgaben [PaBe72]

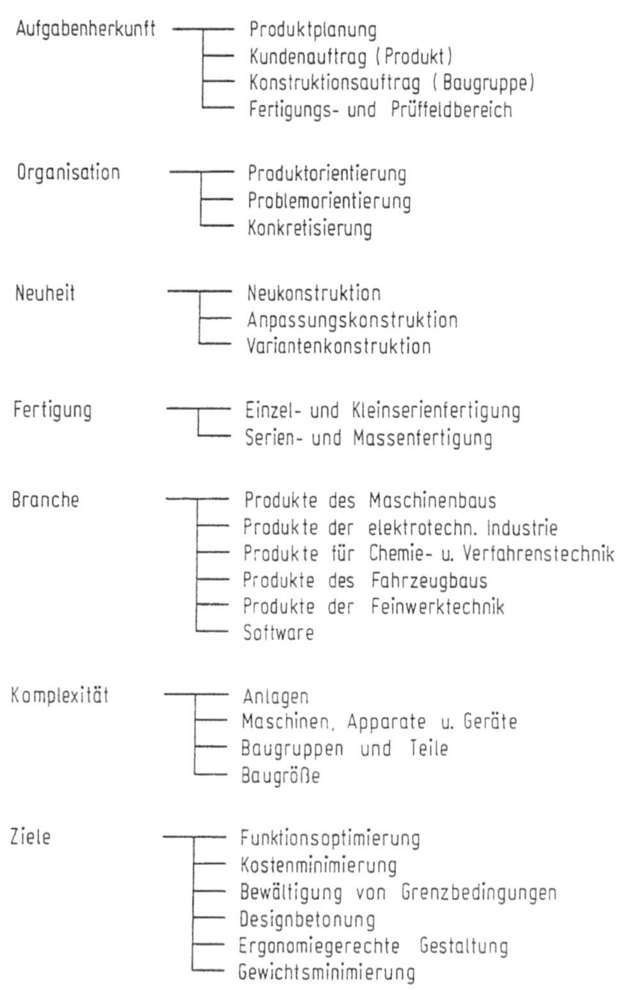

Auf das Merkmal „Neuheit“ und die drei in Abb. 2.4 ihm zugeordneten Begriffe wird aber wegen ihrer zentralen Bedeutung für den Konstrukteur und seine besonderen Aufgaben genauer eingegangen.

2.3.1 Konstruktionsarten

Wegen der sehr unterschiedlichen Voraussetzungen und Ziele bei einer Konstruktionsaufgabe ist auch die sog. Bearbeitungstiefe unterschiedlich groß. Es haben sich drei

Kategorien gebildet, die zum besseren Verständnis kurz erläutert werden, nämlich:

- Neukonstruktion
- Anpassungskonstruktion
- Variantenkonstruktion.

Neukonstruktion
Wenn eine Aufgabenstellung, die neue Probleme aufwirft, zu einer neuen prinzipiellen Lösung führen soll, spricht man von Neukonstruktion. Es kann sein, dass die Lösung durch die neue Kombination an sich bekannter Lösungsprinzipien erfolgt, oder es müssen neue Technologien, Wirkprinzipien oder Werkstoffe gefunden werden. Nach VDMA sind ca. 30 % aller Konstruktionsaufgaben dieser Kategorie zuzuordnen. Diese Marge kann allerdings, je nach Branche und Betriebsgröße, bis auf 10 % sinken. Mit anderen Worten, die an sich interessanteste und anspruchsvollste Aufgabe für den Konstrukteur nimmt den geringsten Umfang seiner gesamten Tätigkeit ein. Dabei sei vermerkt, dass sich der Begriff der Neukonstruktion durchaus sowohl auf ein komplexes Produkt, eine Baugruppe oder einzelne Teile beziehen kann.

Anpassungskonstruktion
Die Anpassungskonstruktion befasst sich mit der Anpassung der Gestalt, des Werkstoffs oder der Abmessungen von bekannten Lösungsprinzipien. Dabei können einzelne Funktionsträger durchaus einer Neukonstruktion unterzogen werden. Auch veränderte Fertigungsverfahren können eine Anpassungskonstruktion erfordern. Diese Kategorie kommt am häufigsten vor, nach VDMA zu ca. 37 %.

Variantenkonstruktion
Wenn Gestalt und Werkstoff vorgegeben sind und im Wesentlichen nur noch Maße geändert werden müssen (Kundenforderungen, Baureihen), spricht man von Variantenkonstruktion. Auch bei Maschinen, die bezüglich der Beanspruchung und/oder des Durchsatzes (Pumpen) oder der Leistung (Motoren) an veränderte Anforderungen angepasst werden sollen, sind Variantenkonstruktionen erforderlich. Der Anteil von ca. 30 % könnte erhöht werden, wenn das Bestreben, durch Baureihen und Baukästen zu rationalisieren, konsequenter verfolgt würde. Neue Techniken (CAD oder andere organisatorischen Hilfsmittel wie z. B. Sachmerkmalskataloge) helfen dabei, ähnliche Teile innerhalb eines vorhandenen Bestandes leichter aufzufinden, die dann nur noch leicht abgeändert werden müssen.

2.3.2 Aufgabe oder Problem?

Ob eine Aufgabenstellung, der sich der Konstrukteur gegenübersieht, als eine Aufgabe oder ein Problem bezeichnet werden kann, hängt unter anderem von ihrer Komplexität,

Tab. 2.1 Problemmatrix: Einteilung von Konstruktionsaufgaben und -problemen. (Nach [Ehr13])

		Zieldefinition	
		klares Ziel erkennbar	Ziel nicht klar erkennbar
Verfügbarkeit der Mittel	Mittel hinreichend verfügbar	I. Aufgabe Variantenkonstruktion nach bekannter Vorgehensweise	III. Zielproblem Neukonstruktion mit bekanntem Know-How aber die Anforderungen an das Produkt sind noch nicht endgültig geklärt
	Mittel unzureichend verfügbar	II. Mittelproblem Anpassungskonstruktion mit begrenzten Freiräumen aber noch nicht klarer Vorgehensweise	IV. Ziel- und Mittelproblem Neukonstruktion Anforderungen an das Produkt sind unklar und es handelt sich um ein neues Anwendungsgebiet (Mangel an Know-How)

seinem Wissen und von äußeren Einflüssen ab. Wie man ein Problem erkennen kann und wie es methodisch (im Prinzip) zu lösen ist, wird im Folgenden behandelt. Dabei ist leider vorab festzustellen, dass keine allgemeingültige Regel für „die Problemlösung an sich" existiert. Je allgemeiner die Strategie, desto schwieriger ist ihre Anwendung für spezielle Problemlösungen, sie ist auch kein Ersatz für mangelndes Fachwissen im Detail.

Die Abgrenzung zwischen Problem und Aufgabe kann folgendermaßen erfolgen:

Aufgabe: Anforderung für deren Bewältigung Mittel und Methoden (Vorgehensweisen) bekannt sind

Problem: Ziel ungefähr bekannt (nicht genau definiert). Mittel und Vorgehensweise (noch) unbekannt

Ein Problem hat drei Komponenten:

- unerwünschter Ausgangszustand „A"
- erwünschter Endzustand „E" (noch unklar definiert)
- sachliche oder emotionale Barriere zwischen „A" und „E"

Die Unterscheidung zwischen Problem und Aufgabe wird aber in der Regel subjektiv sein. Der Neuling in einem Sachgebiet hat zunächst mit jeder Aufgabenstellung ein leidiges Problem, ein Routinier sieht überall nur reizvolle Aufgaben. Da dieses Unterscheidungsproblem also nicht allgemeingültig zu lösen ist, wird im Folgenden nur noch der Begriff „**Aufgabenstellung**" verwendet.

Überträgt man die allgemeine Betrachtung von Problem und Aufgabe auf den technischen Bereich (Konstruktion), so fällt es schon leichter, konkrete Ansätze für die Lösung zu finden. Dabei geht man von der Annahme aus, dass es gelingt, ein zunächst noch unklares Ziel im Laufe der Bearbeitung der Aufgabenstellung, zu konkretisieren. Durch die Definition weniger Parameter zur Klassifikation der Aufgabenstellung entsteht die in Tab. 2.1 gezeigte Matrix.

Der Begriff „Mittel" bezieht sich hier auf die Möglichkeiten der Berechnung und Versuchsdurchführung und auf verfügbare oder beschaffbare Informationen. Die vier Felder lassen sich folgendermaßen interpretieren:

I. mehr oder weniger Routine, Ausstattung an technischen Hilfsmitteln entspricht dem Standard, Anwendung der Mittel lässt sich formalisieren
II. Anforderungen (Restriktionen) übersteigen den bisher bekannten Rahmen, z. B. Anwendungsbereiche, Umweltbedingungen usw., widersprüchliche Zielsetzungen oder der Kundenwunsch übersteigt die Möglichkeiten des Betriebes
III. Anforderungen können zunächst nicht konkretisiert werden, z. B. ungenaue (verbale) Angaben durch Kunden oder ungenaue Formulierung des Ziels. Maßstab des Vergleichs zur Konkurrenz nicht definiert
IV. Vorstoß in Neuland, grundlegende Erkenntnisse fehlen, umfangreiche Sammlung von Wissen und Methoden erforderlich.

Natürlich hat die Darstellung, wie alle Vereinfachungen, den Nachteil, dass sie vergröbernd wirkt. Es entsteht der Eindruck, dass die Konstruktion eines einfach strukturierten Produktes und die eines komplizierten im Prinzip gleich ablaufen. Das ist natürlich nicht der Fall, der Umfang und die Art der einzusetzenden Methoden zur Lösung der Aufgabenstellung hängen auch von ihrer Komplexität ab. Außerdem können Zeitvorgaben, die sich während der Bearbeitung ändern, aus einer Aufgabe schnell ein Problem machen.

2.3.3 Prinzipielle Vorgehensweise

Der Denkprozess des Menschen lässt sich grundsätzlich in zwei Kategorien einordnen:

1. unbewusst, intuitiv, schnell (Normalbetrieb)
2. bewusst, methodisch, langsam (Rationalbetrieb).

Es ist sehr verschieden, eben auch wieder abhängig vom Umfang an Wissen und Erfahrung, ob ein Konstrukteur die Aufgabenstellung in der ersten oder zweiten Kategorie des Denkens bewältigt. Die grundsätzliche (am meisten verbreitete) Einstellung hierzu wird die sein, dass jemand, wenn er intuitiv nicht mehr weiterkommt, er es methodisch versuchen wird. Eine kleine Hilfe, das eine vom anderen abzugrenzen, kann Abb. 2.5 geben. Die Kriterien sind leider nicht quantifizierbar, so dass die Grenze für jeden Konstrukteur unterschiedlich verlaufen wird.

Grundsätzlich kann aber zusammengefasst werden:

- Normalbetrieb bevorzugen (hohe Effizienz)
- auch im Normalbetrieb ab und zu innehalten, Standort und Ziel überprüfen
- bei Problemsituation auf Rationalbetrieb „umschalten"
- Dokumentation des Vorgehens (sollte immer erfolgen)
- für beide „Betriebsarten" gilt: so abstrakt wie nötig, so konkret wie möglich

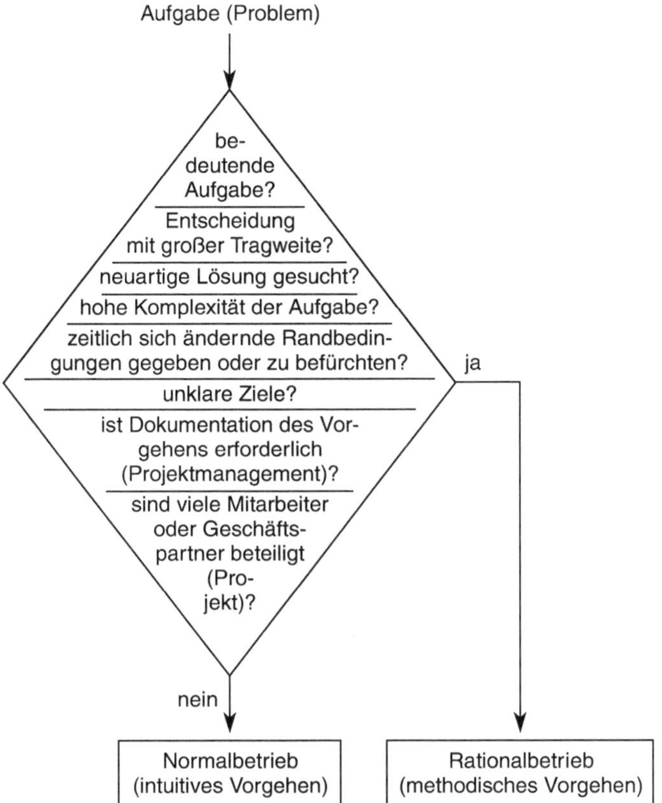

Abb. 2.5 Wann methodisches, bewusstes Arbeiten im „Rationalbetrieb" und wann intuitives Arbeiten im „Normalbetrieb"? (Nach [Ehr13])

Wegen der Begrenztheit des menschlichen Gedächtnisses und zu besseren Übersicht sind die folgenden, einfachen Methoden und Hilfen empfehlenswert:

- systematisches, sequentielles Arbeiten (vom Qualitativen zum Quantitativen, vom Abstrakten zum Konkreten)
- Gliederung der Aufgabenstellung (Teilziele definieren)
- zuerst das Wichtigste (vom Groben zum Feinen)
- Informationen speichern (Notizen, Skizzen anfertigen)
- iteratives Vorgehen (schleifenartig zum Anfang zurückkehren und alles neu durchdenken)
- Alternativen suchen (konkrete Kriterien zur Auswahl formulieren)
- Arbeitsgruppen bilden (keiner ist alleine so schlau wie alle zusammen)
- Informationssysteme nutzen zum Abspeichern der Ergebnisse und Beschaffung von Wissen anderer (Dokumente, Literatur, EDV-Systeme)

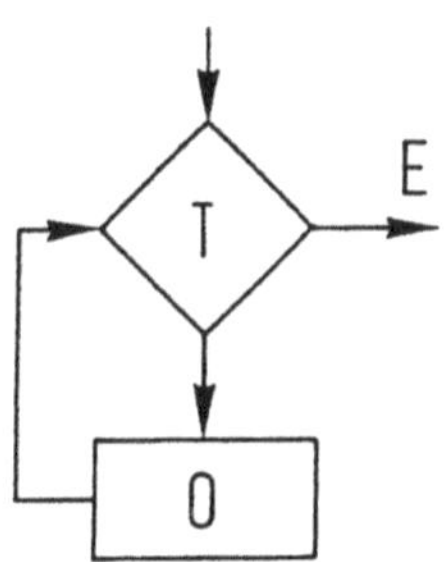

Abb. 2.6 Das TOTE-Schema [PaBe07]

Das iterative Vorgehen wird im englischen Sprachgebrauch auch „Trial and Error“ genannt. Es besteht darin, dass man versucht, eine Aufgabe dadurch zu lösen, dass man, am (vermeintlichen) Ziel angekommen, überprüft, ob man es (gemäß den Vorgaben) tatsächlich erreicht hat. Glaubt man, das Ergebnis verbessern zu können, wird ein neuer Versuch gestartet. Diese schleifenartige Vorgehensweise lässt sich nach der Art eines Ablaufdiagramms darstellen (Abb. 2.6) und hat nach den Anfangsbuchstaben der verwendeten englischen Begriffe „Test-Operate-Test-Exit“ die Bezeichnung TOTE-Schema erhalten.

Der Ausgang (EXIT) aus der Schleife ist erst möglich, wenn durch wiederholte Anpassung des erreichten Zustandes (OPERATE) und erneute Abfrage (TEST) das Ziel erreicht worden ist. Dieses Vorgehen eignet sich für die Lösung von technischen Aufgabenstellungen am besten, es wird aber auch bei der Lösung komplexer mathematischer Probleme z. B. in Rechenprogrammen benutzt. Damit die Anzahl der Durchläufe nicht zu groß wird, ist es wichtig, die zulässige Abweichung (Toleranz) vom gesteckten Ziel immer wieder zu überprüfen (Optimierung). Natürlich ist es möglich, auch innerhalb des Operate-Schrittes wieder TOTE-Zyklen anzusiedeln das wird Rekursion genannt.

Angewendet auf konkrete technische Aufgabenstellungen, entsteht aus der elementaren aber wenig konkreten Logik des TOTE-Schemas eine grundsätzliche methodische Vorgehensweise (Abb. 2.7).

Unter Punkt b) in der Abbildung ist zu erkennen, wie durch die Anwendung des unter Punkt a) dargestellten Prinzips der Weg von der Aufgabenstellung zur Lösung gefunden wird. Die in c) gewählte Darstellung deutet in den einzelnen Arbeitsschritten (I–III) Maßnahmen an, die zum besseren Verständnis detaillierter ausgeführt werden müssen.

I. Aufgabe klären (Ziel suchen)
   - Aufgabe analysieren
   - Aufgabe formulieren
   - Aufgabe strukturieren
II. Lösungssuche
   - mögliche Wirkmechanismen ermitteln
   - Wirkzusammenhänge beschreiben (darstellen)

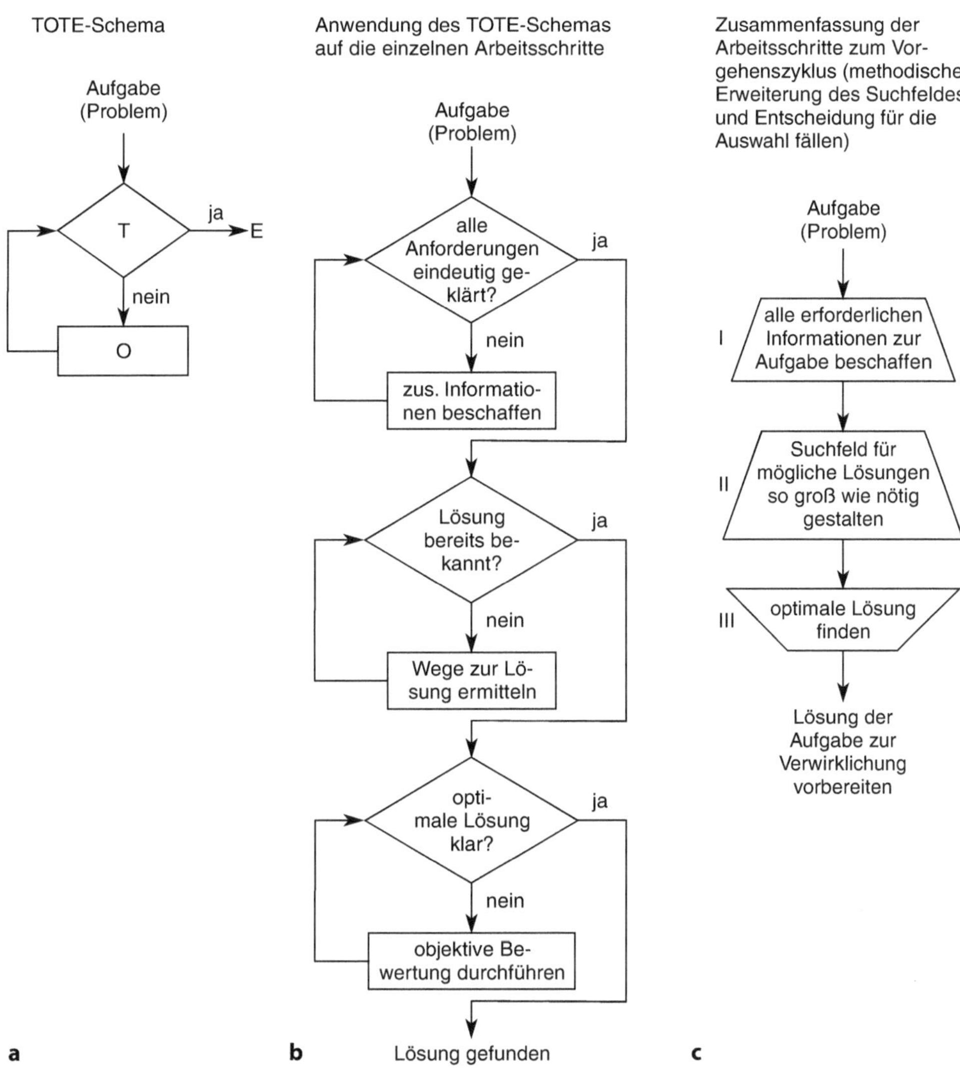

Abb. 2.7 Ableitung des Vorgehenszyklus aus dem TOTE-Schema. (Nach [Ehr13])

III. Lösungen auswählen
- mögliche Lösungen analysieren
- Lösungen bewerten (Rangfolge bilden)
- Lösung festlegen (entscheiden)

Zum Arbeitsschritt II ist zu sagen, dass die Aufgabe „Lösungen suchen“ nach verschiedenen **Methoden** erfolgen kann. Außerdem soll der Plural andeuten, dass mehrere

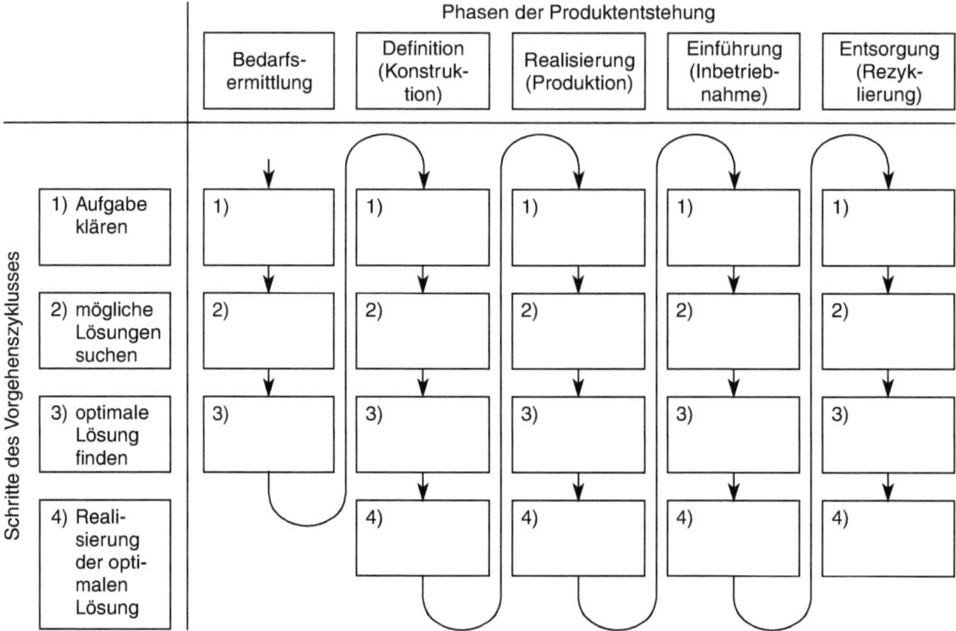

Abb. 2.8 Der Vorgehenszyklus eingebettet in die Entstehungsphasen eines Systems bzw. Produktes. (Nach [Ehr13])

Lösungsvarianten zu suchen sind, aus denen später dann die beste ausgewählt werden kann (muss).

Innerhalb der Arbeitsschritte I–III in Punkt c) von Abb. 2.7 können wieder Iterationen vorkommen, die zur Optimierung des Arbeitsergebnisses beitragen. Es ist aber auch möglich, Iterationsschritte zwischen den Schritten I–III vorzunehmen. Selbstverständlich ist diese Vorgehensweise nicht nur auf die Konstruktionstätigkeit anwendbar, sondern auf den gesamten Lebenszyklus eines Produktes oder Systems (Abb. 2.8).

Die Anzahl an Methoden, die zur Problemlösung beitragen könnten ist so groß, dass sie an dieser Stelle nicht im Einzelnen behandelt werden können. Sie haben außerdem den Nachteil, dass sie zwar allgemein anwendbar sind, aber theoretisches Wissen und in der Regel eine Schulung erfordern. Im Folgenden wird deshalb nur auf einen elementaren Ansatz zur Problemlösung eingegangen, der aus dem Lehrbuch von *Jakoby* [Jak15] stammt. Eine Gemeinsamkeit aller **Problemlösungsmethoden** besteht in der generellen Vorgehensweise (s. Abb. 2.9).

Es ist sofort erkennbar, dass durch die Pfeile auch in diesem Prozess Informationsflüsse markiert sind, die ein schleifenförmiges Vorgehen andeuten, wie es auch im Produktlebenslauf dargestellt ist (s. Abb. 2.1). Für die beiden ersten Schritte können die folgenden methodischen Hilfen angeboten werden.

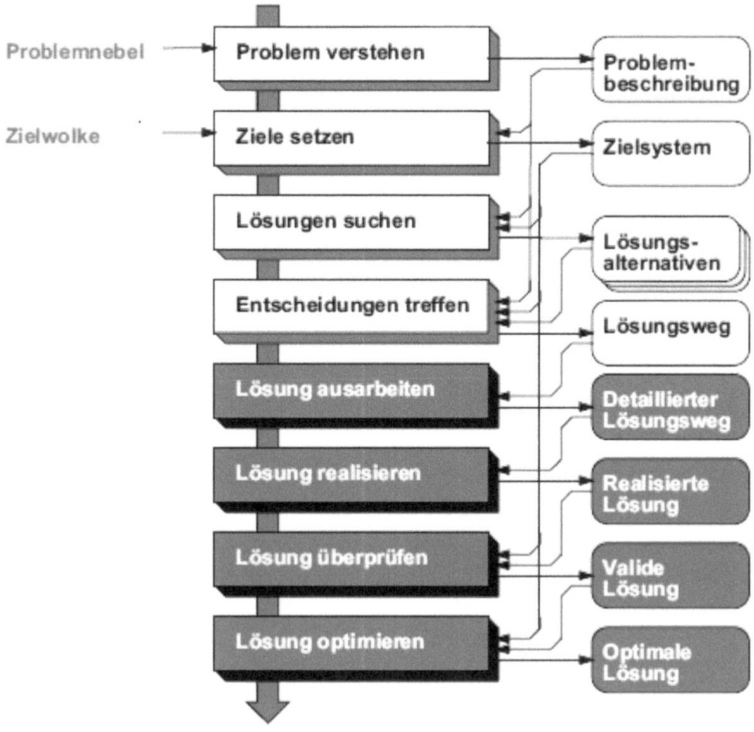

Abb. 2.9 Der allgemeine Ablauf eines Problemlösungsprozesses [Jak15]

Problem verstehen

Um in den **Problemlösungsprozess** einsteigen zu können, ist es erforderlich, sich die beiden folgenden Fragen zu stellen: Woraus genau besteht das Problem? Was gehört zum Problem und was nicht?

Auf der Suche nach Informationen zum Sachverhalt können zusätzlich die folgenden vier **Was-Fragen** helfen:

Was ist gegeben? (wo genau stehe ich?)

Was ist gesucht? (wo will ich hin?)

Was kann ich tun? (welche Handlungsmöglichkeiten habe ich?)

Was hindert behindert mich? (woraus besteht das Hindernis, was könnte schief gehen?)

In der zweiten Frage ist die Forderung enthalten, dass man das **Ziel** klar formulieren muss. Hierfür ist die Vorgehensweise **SMART** zu empfehlen, die in Tab. 2.2 dargestellt ist.

Trotz methodischen Vorgehens kann es immer zu Fehlern kommen, die bei allem menschlichen Handeln leider unvermeidlich sind. Es gehört eben Selbstvertrauen und Kompetenz des Konstrukteurs (Denkvermögen, Fachkenntnis, Überzeugungskraft) dazu,

Tab. 2.2 Die Inhalte einer **SMART**en Zielplanung [Jak15]

Kriterium	Merkmal	Gegenteil
Spezifisch	Klar definiert, nachvollziehbar, präzise, konkret, verständlich	Vage und allgemein
Messbar	Kriterien für Zielerreichung	Nicht überprüfbar, interpretierbar
Attraktiv	Positiv und aktiv formuliert, motivierend, aktionsorientiert	„vermeiden"
Realistisch	Erreichbar, beeinflussbar gegebenenfalls in Teilziele aufbrechen	Unerreichbar
Terminiert	Fester, spätester Zielerreichungszeitpunkt	Open end

bei einer noch unklaren Zielvorstellung den ersten Schritt des Iterationszyklus zu wagen. Es ist deshalb ratsam, sich die Einstellung zu eigen zu machen: „Ein entdeckter Fehler eröffnet die Chance, sich zu verbessern." Die Suche nach dem Schuldigen verzögert nur die Weiterentwicklung und schadet der Motivation.

Es ist äußerst wichtig, **Fehler** möglichst früh in einem Produktentwicklungszyklus zu erkennen und zu beseitigen. Die menschliche Eigenschaft, einen Fehler zunächst zu vertuschen, kann sonst sehr teuer werden. Oft steht die Fehlerursache im Zusammenhang mit der Systemumgebung, es ist deshalb erforderlich, den Begriff „**System**" etwas ausführlicher zu erläutern. Es kann sich bei der Fehlerursache, außer der ungenügenden Beachtung der äußeren Einflüsse auf die anzustrebende Lösung, nämlich auch um eine nicht richtig gewählte Abgrenzung der Aufgabe handeln (Schnittstellenproblem).

2.4 Systemtechnik

Die Systemtechnik ist eine noch junge Wissenschaft, die in den letzten 50 Jahren aus der allgemeinen Systemtheorie entstanden ist. Als Systeme sind Gebilde zu verstehen, die aus technischen Elementen aufgebaut sein können oder sich im Laufe der Evolution auch aus natürlichen (biologischen, zoologischen, geografischen) Wirkungen entwickelt haben (Abb. 2.10), es sind auch Kombinationen verschiedener Wirkungen oder Ursachen denkbar.

Die Abbildung zeigt, dass auch unter künstlichen Systemen keinesfalls nur technische zu verstehen sind, es sind hiermit lediglich die Systeme gemeint, die durch die menschliche Einwirkung entstanden. In der Konstruktionsmethodik werden aber nur die technischen Systeme behandelt. Diese so genannten technischen Gebilde (meist als Produkte oder Erzeugnisse bezeichnet) werden in der systematischen Zuordnung nach ihren Umsätzen: Energie, Stoff oder Information (in Abb. 2.10 unten) in:

- Maschinen
- Apparate
- Geräte

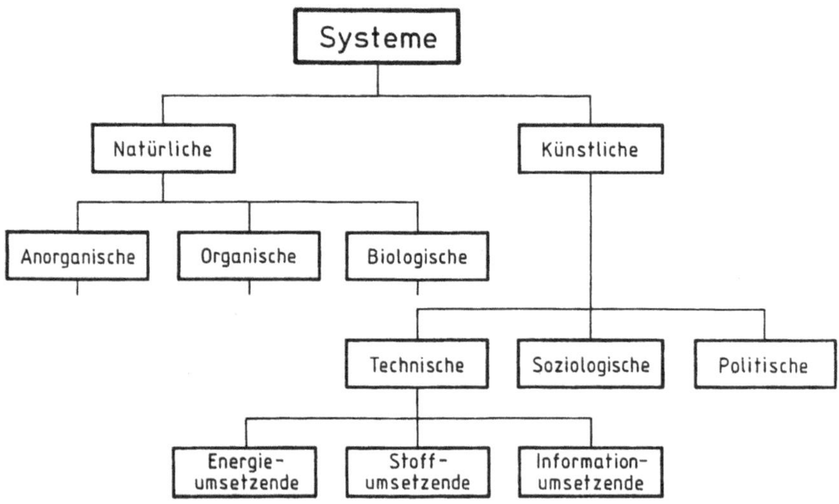

Abb. 2.10 Übersicht über natürliche und künstliche Systeme [Kol98]

unterschieden, das kann natürlich auf alle Erzeugnisse der heute bekannten Branchen bezogen werden, also nicht nur auf den Maschinenbau.

Die Gleichartigkeit des logischen Aufbaus, die sich in der Theorie der technischen Systeme und der des Konstruktionsprozesses (Abb. 2.11) finden ließ, hat dazu geführt, dass die Methodenlehre für das Konstruieren auf dieser Analogie aufbaut.

Das Ziel der Systemtechnik oder „Systems Engineering" ist letztlich die Bereitstellung interdisziplinärer Methoden und Hilfsmittel zur Analyse und Planung (Synthese) für die optimale Gestaltung komplexer technischer Gebilde. Es ist heute nämlich einfach nicht mehr möglich, in der Ausbildung zum Konstrukteur alle bekannten Produkte in all ihren Einzelheiten zu lehren, dafür sind es zu viele. Es ist deshalb notwendig, das Schwergewicht in der Ingenieurausbildung auf das Erlernen von Arbeitsmethoden zu legen, die es ermöglichen, Analogieschlüsse zwischen verschiedenen Produkten mit ähnlichen Strukturen zu ziehen, d. h. **Methodenkompetenz** zu vermitteln.

2.4.1 Der Systembegriff

Der Aufbau eines Systems in allgemeiner aber doch schon konkreterer Form ist in Abb. 2.12 dargestellt. Systeme bestehen im Prinzip aus Elementen und ggf. Teilsystemen, die Eigenschaften besitzen und durch Beziehungen miteinander verknüpft sind. Ein wichtiges Merkmal ist die Systemgrenze, die beschreibt, wie und wo das System gegenüber seiner Umgebung abgegrenzt ist. Mit dieser Umgebung tritt das System durch die Ein- und Ausgangsgröße in Verbindung, damit ist auch die Eigenschaft des Gesamtsystems (Zweckfunktion) beschreibbar.

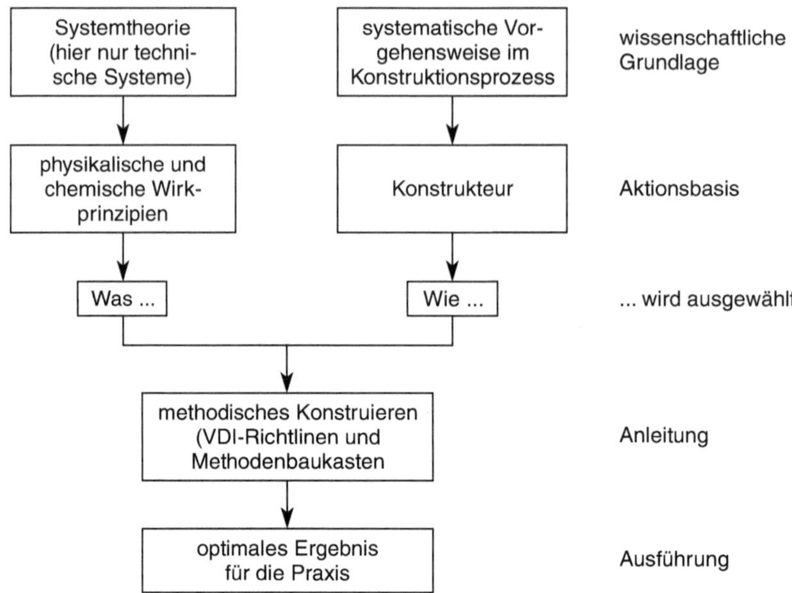

Abb. 2.11 Der Zusammenhang zwischen der Theorie technischer Systeme und der Theorie der Konstruktionsprozesse. (Nach [Ehr13])

Bei technischen Systemen bestehen der Eingang und der Ausgang aus den in Abb. 2.10 dargestellten „Umsätzen“ (Energie, Stoff, Information). In den meisten Fällen sind aber außer dem sog. Hauptumsatz auch noch Nebenumsätze erforderlich. So ist zum Beispiel

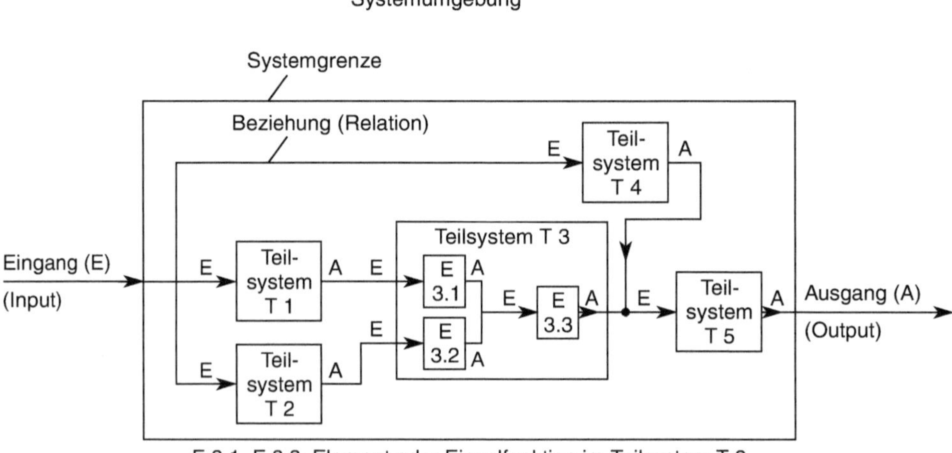

Abb. 2.12 Prinzipieller Aufbau eines Systems. (Nach [Ehr13])

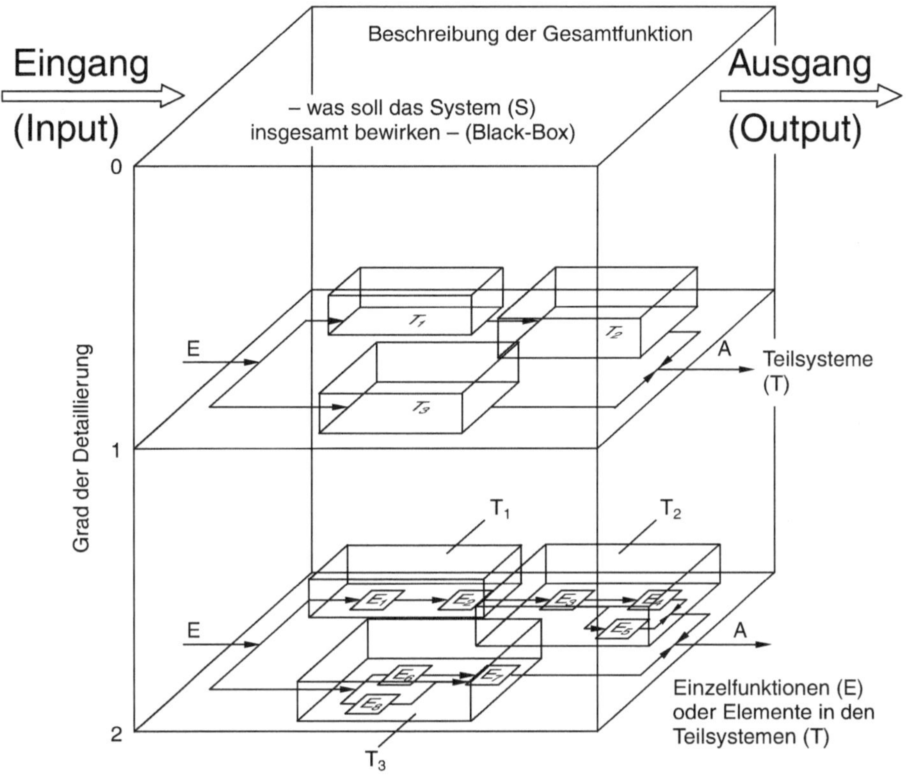

Abb. 2.13 Die Struktur eines Systems in unterschiedlicher Detaillierung. (Nach [Ehr13])

für die Funktionsfähigkeit eines elektrischen Antriebs (Hauptumsatz Energie) eine bestimmte Menge an Steuersignalen erforderlich (Nebenumsatz Information). Der Aufbau von komplexen Systemen kann aus dieser Betrachtung heraus in zwei Richtungen erfolgen. Man kann einen Gesamtzusammenhang (System) in Teilsysteme und weiter in Elemente zerlegen (Top-down), oder aber aus Funktionen (Elementen) Teilzusammenhänge erzeugen, die wiederum ein Gesamtsystem bilden (Bottom-up), beide Vorgehensweisen können in Abb. 2.13 nachvollzogen werden. Die Beziehungen der Elemente untereinander bilden die Struktur. Dem Konstrukteur obliegt es, die Systemgrenze entsprechend der Aufgabenstellung festzulegen. Eine schlechte Definition dieser Grenze (Schnittstelle zur Umgebung) ist in der Praxis eine häufige Ursache für Fehler. Es werden z. B. Elemente oder Einflussgrößen der Systemumgebung zugeordnet, die zur Bewältigung der Konstruktionsaufgabe eher in das System übernommen werden müssten. Andererseits passiert es auch, dass der Konstrukteur sich seine Aufgabe dadurch unnötig erschwert, dass er Elemente oder Teilsysteme in das zu bearbeitende System übernimmt, die besser der Umgebung oder einem benachbarten System angehören sollten.

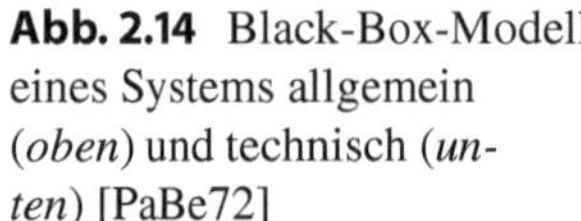

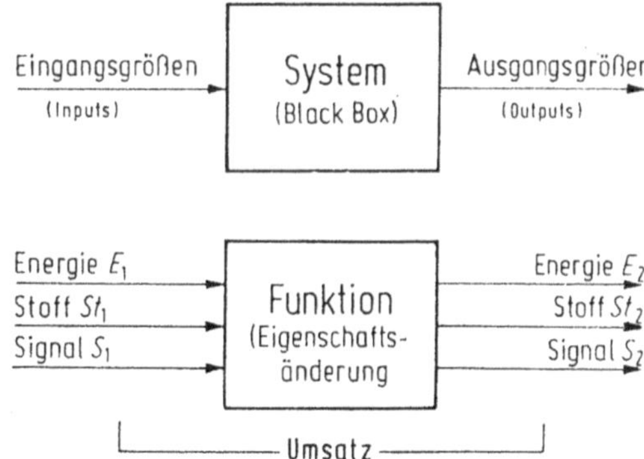

Abb. 2.14 Black-Box-Modell eines Systems allgemein (*oben*) und technisch (*unten*) [PaBe72]

Bei der Darstellung des Systems auf der obersten Ebene und der Beschreibung durch „Input“ und „Output“ spielen zunächst seine inneren Zusammenhänge keine Rolle. Der Begriff der „Black Box“ ist der Regelungstechnik entlehnt und bedeutet, dass man sich zunächst darauf beschränkt, die Gesamtwirkung zu beschreiben, ohne Einzelheiten des Systems zu kennen. Die Systemtechnik ist im technischen Bereich auch als Anwendung aus der Kybernetik stammender Erkenntnisse begreifbar. Die Analogie der technischen Systeme zur allgemeinen Systemtechnik zeigt Abb. 2.14.

Unter der Funktion ist dabei der gewollte Zusammenhang zwischen Ein- und Ausgang zu verstehen, und zwar sowohl beim Gesamtsystem (S), dem Teilsystem (T_i) und auch dem Element (E_n) des Teilsystems (s. Abb. 2.13). Dieser Zusammenhang kann sowohl statisch als auch dynamisch (zeitlich variabel) sein, im letzteren Fall muss die Beschreibung von Input und Output dann auch eine Zeitrelation enthalten. Die Verknüpfung der Teilfunktionen zur Gesamtfunktion führt, analog zum Systemaufbau, zu der so genannten Funktionenstruktur. Dieser Aufbau lässt es zu, dass bei gleich bleibender Gesamtfunktion auf den darunter liegenden Ebenen Varianten in der Reihenfolge der Elemente (Teilfunktionen) oder ihren Relationen (Zuordnungen) möglich sind. Gegebenenfalls sind auch noch Varianten der Wirkmechanismen (physikal. Effekte) in den Einzelfunktionen in Betracht zu ziehen (Abb. 2.15).

2.4.2 Klassifikation technischer Systeme

Bei der Vielfalt der technischen Systeme, die bereits existieren, ist es hilfreich, sie aufgrund ihrer ähnlichen Eigenschaften in Gruppen einzuteilen (klassifizieren). Durch diese Ordnung, nach einem festzulegenden Hauptmerkmal, kann eine bessere Übersicht und Vergleichbarkeit geschaffen werden. Die Hauptmerkmale sind nach DIN 2330 in zwei Gruppen unterteilt (Tab. 2.3):

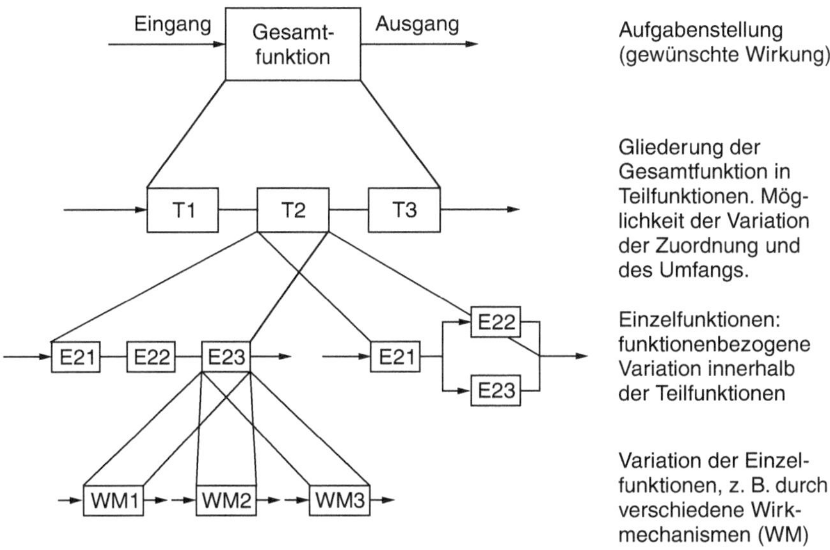

Abb. 2.15 Vorgehen bei der Entwicklung eines technischen Systems. (Nach [PaBe72])

- Beschaffenheitsmerkmal, wird durch den Konstrukteur unmittelbar festgelegt aber aufgrund von Funktions- und Relationsmerkmalen. Unter einem Funktionsmerkmal wird eine qualitativ oder quantitativ beschreibbare Eigenschaft verstanden (Zweck des Produktes).
- Relationsmerkmal, stellt die Verbindung des Produktes zur Umgebung her (wichtig für die Nutzung des sozio-ökonomischen technischen Systems).

Tab. 2.3 Gliederung der Produktmerkmale. (Nach DIN 2330)

Produktmerkmale	
Beschaffenheitsmerkmale	**Relationsmerkmale**
welche geometrische Gestalt hat das Produkt, welche materiellen Eigenschaften hat es	welche funktionalen Eigenschaften hat das Produkt
• äußere Form (Gestalt) • Größe (Abmessungen) • Werkstoff • Rauheit der Oberflächen • Farbe	• Herstellkosten • Schwingungsverhalten • Beständigkeit (z. B. gegen Temperatur oder chem. Einflüsse) • Belastbarkeit
vom Konstrukteur unmittelbar festgelegt	vom Anwender oder Konstrukteur mittelbar festgelegt oder unmittelbar gefordert

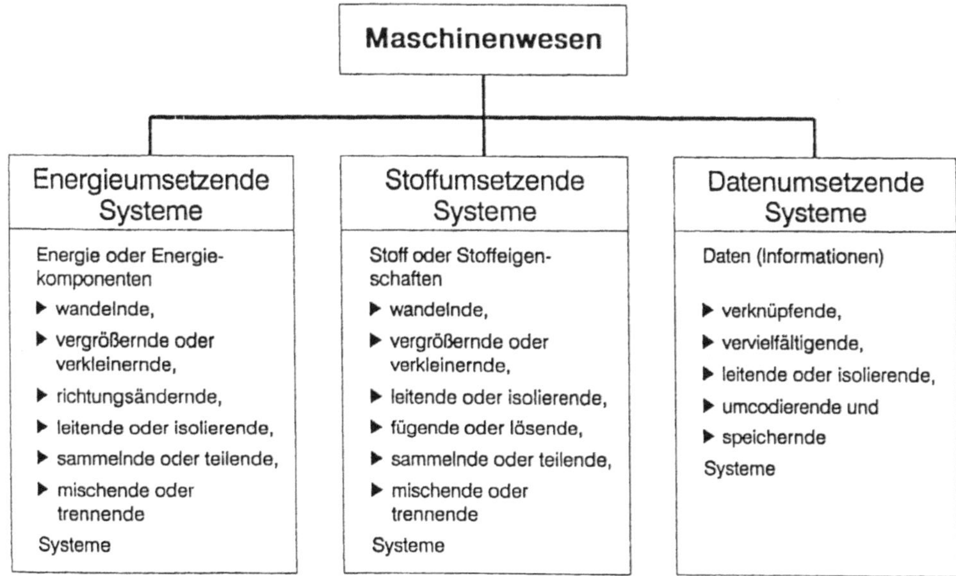

Abb. 2.16 Gliederung des Maschinenwesens in die Bereiche: Energie-, Stoff- und Informationen-umsetzende Systeme und deren elementare Tätigkeiten [Kol98]

Im Prinzip können technische Systeme nach jedem ihrer Merkmale klassifiziert werden. Es haben sich im Wesentlichen die folgenden Einteilungen durchgesetzt:

Klassifikation nach dem Hauptumsatz

Die auch in der Norm beschriebene Einteilung nach der Hauptumsatzart erfolgt, wie bereits erwähnt, in:

- Energieumsatz (Maschine)
- Stoffumsatz (Apparat)
- Informationsumsatz (Gerät)

Entsprechend der sog. elementaren Tätigkeit von technischen Systemen zeigt Abb. 2.16 was die einzelnen Systeme (hier im Maschinenbau) mit dem jeweiligen Umsatz „machen".

Diese Tätigkeiten werden auch als Grundoperationen oder allgemein anwendbare Funktionen bezeichnet und mit Hilfe von verschiedenen Symbolen als Einzelfunktionen dargestellt, wobei der so genannte Wirkmechanismus (das physikalische Wirkprinzip) zur Erfüllung der einzelnen Funktion, je nach dem jeweiligen Umsatz und/oder den Anforderungen an das Produkt, verschieden sein kann. Abhängig vom Autor des entsprechenden Lehrbuches (*Koller, Pahl/Beitz, Roth*) variiert das Aussehen der Symbole, die in Abb. 2.17 dargestellten sind dem Buch von *Pahl/Beitz* entnommen.

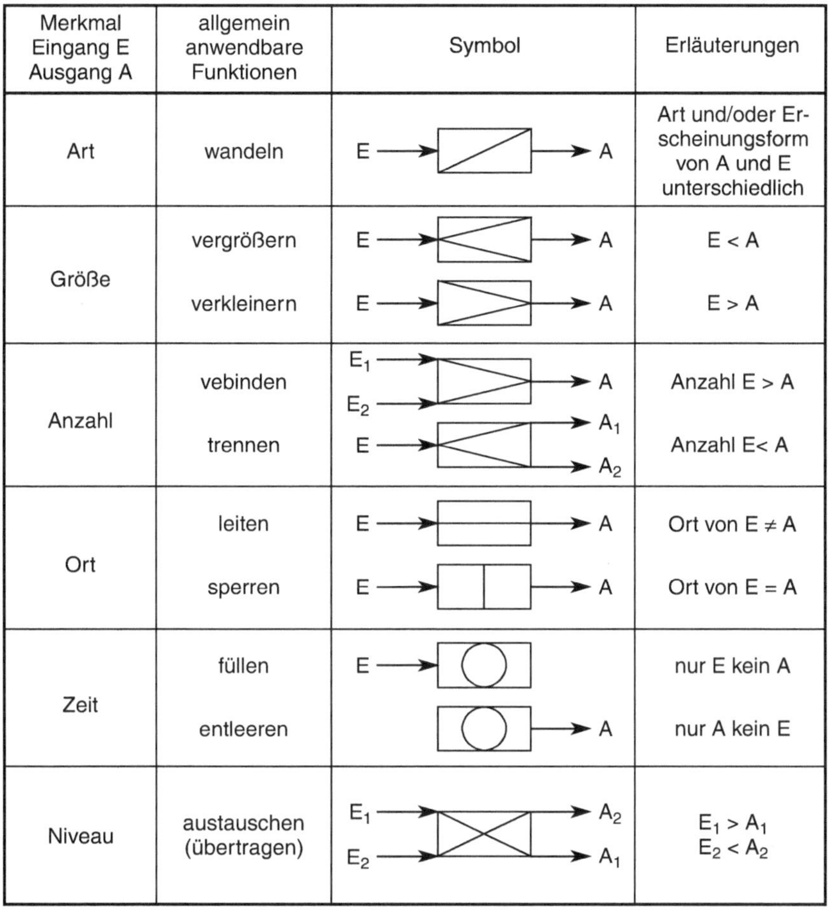

Merkmal Eingang E Ausgang A	allgemein anwendbare Funktionen	Symbol	Erläuterungen
Art	wandeln	E A	Art und/oder Erscheinungsform von A und E unterschiedlich
Größe	vergrößern	E A	$E < A$
	verkleinern	E A	$E > A$
Anzahl	vebinden	E_1 E_2 A	Anzahl $E > A$
	trennen	E A_1 A_2	Anzahl $E < A$
Ort	leiten	E A	Ort von $E \neq A$
	sperren	E A	Ort von $E = A$
Zeit	füllen	E	nur E kein A
	entleeren	A	nur A kein E
Niveau	austauschen (übertragen)	E_1 E_2 A_2 A_1	$E_1 > A_1$ $E_2 < A_2$

Abb. 2.17 Allgemein anwendbare Funktionen, abgeleitet von den Merkmalen Art, Größe, Anzahl, Ort und Zeit, um das Merkmal Niveau ergänzt. (Nach [PaBe07])

Klassifikation nach der Komplexität

Im Gegensatz zum subjektiv empfundenen Begriff „Kompliziertheit" ist „Komplexität" objektiv abhängig von der Anzahl und Verschiedenheit der Teile eines Systems. Neben übergeordneten Begriffen und Beispielen, sind in Abb. 2.18 Angaben darüber gemacht, aus wie vielen Teilen man sich die den einzelnen so genannten Komplexitätsstufen zugeordneten Systeme zusammengesetzt denken kann.

Eine steigende Komplexität entsteht aber auch dadurch, dass zu dem Hauptumsatz immer mehr Nebenumsätze hinzukommen. So war z. B. eine Werkzeugmaschine vor 40 Jahren zwar elektrisch angetrieben, aber ihre anderen Funktionen zum Teil von Hand mechanisch bewegt und gesteuert. Heute sind oft zusätzliche hydraulische Systeme für die Bewegungen einzelner Komponenten und elektronische für die Steuerung vorgesehen.

Komplexitätsstufe	Teilsystem Gestaltelemente	Erläuterungen	Beispiel
1	Ecke, Spitze	Schnittpunkt von Bauteilkanten, zu einer Spitze zulaufende Bauteil-Teiloberflächen	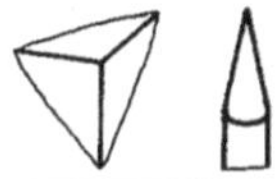 Bauteil-Ecke, Nadelspitze etc.
2	Kante 1. u. 2. Ordnung, Flächenberandung	Berandung einer Fläche, kanten- oder tangentenförmiger Übergang zweier Teiloberflächen (1. oder 2. Ableitung unstetig)	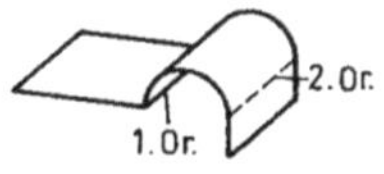 1. Or. 2. Or. Bauteil-Kanten 1. u. 2. Ordnung
3	Teiloberfläche, Wirkfläche	Teile der Oberfläche eines Bauteils	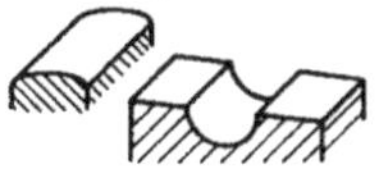 Lagerlauffläche, Zylinderlauffläche etc.
4	Wirkflächenpaar	Zusammenwirkende Teiloberflächen zweier Bauteile	 Lagerwellen- und -schalenflächen Wälzflächenpaar etc.
5	Teilkörper	Teilkörper aus denen man sich ein Bauteil zusammengesetzt denken kann	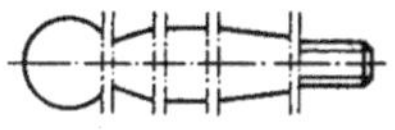 Kegelstumpf, Zylinder etc.
6	Bauteil, Bauelement	Nicht weiter demontierbares Teil eines technischen Gebildes	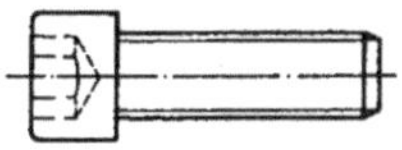 Schraube, Bolzen, Feder etc.
7	Baugruppe	Eigenständiges (eigenes Gestell) funktionsfähiges Subsystem, aus wenigstens 2 Bauteilen bestehend	 Wälzlager, Getriebemotor Führung etc.
8	Maschine, Gerät, Apparat	Technisches System zur Realisierung eines bestimmten Energie-, Stoff- oder Informationsumsetzungsprozesses	 Dampfturbine, Werkzeugmaschine Datengeräte etc.
9	Anlagen, Einrichtungen, Aggregate	Technisches System, bestehend aus mehreren Maschinen, Geräten und / oder Apparaten	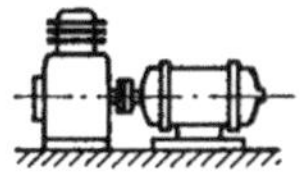 Walzwerkanlage Notstromaggregat etc.
10	Technisches System	Komplexe technische Systeme, wie z.B. Flugsystem (Flugzeuge, Flugplatz, Flugsicherung), Fahrzeugsysteme (Auto, Straße) etc.	 Verkehrssystem. Fernsprechsystem etc.

Abb. 2.18 Klassifikation technischer Systeme nach ihrer Komplexität [Kol98]

Weitere Klassifikationsmerkmale

Entsprechend den vorstehend beschriebenen Eigenschaften und weiterer Merkmale lassen sich technische Systeme folgendermaßen unterscheiden, bzw. in Gruppen von Systemen mit gleichen Merkmalen zusammenfassen:

Tab. 2.4 Parameter und Eigenschaften technischer Systeme (Produkte) bezüglich Gebrauch, Werdegang, Eigenstörungen, Gesellschaft und Umwelt [Kol98]

	Produkteigenschaften		
Produktbestimmende Parameter	**Gebrauch und Werdegang betreffende Eigenschaften**	**Eigenstörungen mindernde Eigenschaften**	**Gesellschaft und Umwelt betreffende Eigenschaften**
Funktionen und Funktionsstrukturen Effekte und Effektstrukturen Effektträger und Effektträgerstrukturen Gestalt/Gestaltparameter Oberflächen/Oberflächenparameter energetische Zustände	Gebrauchs-, Entwicklungs-, Fertigungs-, Montage-, Prüf-, Lager- und Transport-, Vertriebs-, Instandhaltungs-, Recycling- und Entsorgungseigenschaften Kosten	energiearm verschleißarm reibungsarm schwingungsarm störungsarm (entstört) spielfrei höhere Festigkeit höhere Genauigkeit	Unempfindlich gegenüber Umwelteinflüssen • Spritzwasser • UV-Strahlung • Stäube Umweltstörungen reduziert • Schadstoff- und Geräuschemissionen Sicherheit (Gesetze, Vorschriften) Schutzrechte Ressourcen

- Funktionenstrukturen und funktionelle Lösungen
- physikalische Effekte
- äußere Gestalt oder Gestaltelemente (z. B. axial/radial wirkende Pumpen)
- Werkstoffe (Stahl/Holz)
- Anzahl (Einzel- oder Massenfertigung)
- Herstellungsverfahren (Schweißkonstruktion/Guss)
- Größe
- Automatisierungsgrad
- Gewicht (Leichtbau/Massivbau).

Eine gute Ergänzung zu den in Tab. 2.3 dargestellten Merkmalen ist die Tab. 2.4. In Erweiterung des Begriffs „Konstruieren" kann man also sagen, der Konstrukteur muss die an ein Produkt gestellten Forderungen in entsprechende Eigenschaften umsetzen.

2.4.3 Systematisches Konstruieren

Die fundamentale Erkenntnis aus der Systemtheorie für das Konstruieren ist die, dass außer dem Erkennen des Hauptumsatzes, eine komplexe Aufgabenstellung zur besseren Bewältigung in einzelne Elemente zerlegt werden sollte, entsprechend sind die Arbeitsschritte gegliedert. Die Hauptphasen jeder Konstruktionstätigkeit sind die Analyse und die

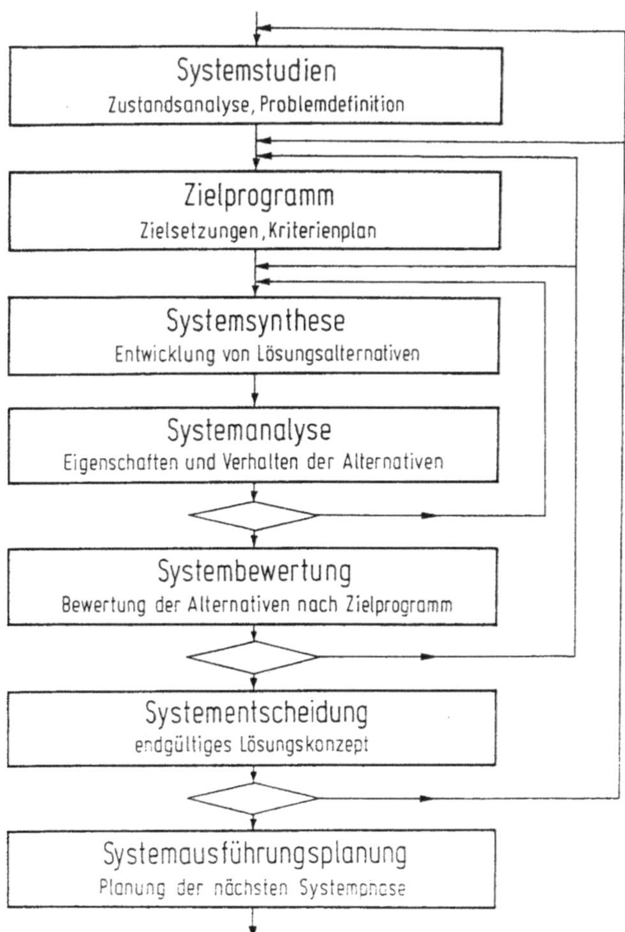

Abb. 2.19 Die Vorgehensschritte der Systemtechnik [PaBe07]

Synthese. Analyse ist die Gewinnung von Information und Erkenntnis über Zusammenhänge, Synthese ist die Verarbeitung dieser Informationen. Entsprechend dem bereits in Abschn. 2.3.3 dargestellten Vorgehenszyklus ergibt sich daraus ein Informationsumsatz wie in einem Regelsystem (Iteration).

Die logisch aufeinander folgenden Vorgehensschritte der Systemtechnik mit ihren Entscheidungsstellen und zyklischen Verläufen sind in Abb. 2.19 dargestellt.

Die Umsetzung des Vorgehens der Systemtechnik in konkrete Arbeitsschritte des Konstruktionsprozesses zeigt die Tab. 2.5, hier sind auch schon erste Hinweise auf Methoden zu entnehmen, die später erläutert werden.

Die beschriebene Vorgehensweise ist im Prinzip auf jeder Ebene in der Struktur des technischen Systems anwendbar. Es ist sogar möglich, ohne genaue Kenntnis des Gesamt-

Tab. 2.5 Gegenüberstellung der Begriffe aus Systemtechnik und Konstruktionstechnik. (Nach [PaBe03])

Systemtechnik	**Konstruktionstechnik**
Systemstudien	Marktanalyse, Trendstudien, Kundenaufträge, Anforderungsliste
Zielprogramm	Analyse der Anforderungsliste
Systemsynthese	Ausarbeiten von Lösungskonzepten und Gestaltvarianten
Systemanalyse	Fehlerkritik, Schwachstellensuche, Modelle, Prototypen
Systembewertung	Technisch/wirtschaftliche Bewertung (VDI-Richtl. 2225), Nutzwertanalyse, Wertanalyse
Systementscheidung	Endgültiges Lösungskonzept, endgültiger Konstruktionsentwurf
Systemausführungsplanung	Prinzipskizze, maßstäblicher Entwurf, Ausarbeiten der Fertigungsunterlagen

systems, einzelne Teilbereiche oder Funktionen separat zu bearbeiten, wenn nur die Ein- und Ausgangsgröße und die (Teil-)Systemgrenze jeweils genügend genau beschrieben werden. Für das Finden der optimalen Lösung ist es unerlässlich, immer das schrittweise Vorgehen und die Denkrichtung vom Abstrakten zum Konkreten einzuhalten. Eine erste prägnante Formulierung einer Vorgehensweise erfolgte bereits 1956 durch *Hansen*:

- bestimme den Kern der Aufgabe (Hauptzweck)
- kombiniere die möglichen Aufbauelemente zweckmäßig
- bestimme die in jeder Variante enthaltenen Mängel und suche nach Verbesserung
- ermittle die Lösung mit den wenigsten Mängeln
- schaffe die erforderlichen Fertigungsunterlagen.

Fazit

Zum besseren Verständnis für das systematische Vorgehen beim Konstruieren ist es sinnvoll, sich zunächst über den Verlauf des Lebenszyklus eines Produktes am Markt klar zu werden. Eine genaue Analyse über die Herkunft der Konstruktionsaufgabe und woraus sie im Einzelnen besteht, hilft, gegebenenfalls auftretende Probleme zu erkennen und zu lösen. Dabei ist die Anwendung der Systemtechnik eine große Hilfe.

Literatur

[PaBe07] Pahl, G.; Beitz, W.: Konstruktionslehre. 7. Aufl., Springer, Berlin Heidelberg (2007)

[PaBe03] Pahl, G.; Beitz, W.: Konstruktionslehre. 5. Aufl., Springer , Berlin Heidelberg (2003)

[PaBe72] Pahl, G.; Beitz, W.: Für die Konstruktionspraxis. Aufsatzreihe in der Zeitschrift „Konstruktion", Heft 2 und 10, 24 (1972), Springer-VDI Verlag, Düsseldorf

[Ehr13] Ehrlenspiel, K.: Integrierte Produktentwicklung. 5. Aufl., Hanser Verlag München (2013)

[Jak15] Jakoby, W.: Projektmanagement für Ingenieure. 3. Aufl., Springer Fachmedien Wiesbaden (2015)

[Kol98] Koller, R.: Konstruktionslehre für den Maschinenbau. 4. Aufl., Springer, Heidelberg (1998)

Arbeitsschritte des Konstruktionsprozesses und Methodenauswahl

3

In den vorangegangenen Kapiteln sind bereits kurze Andeutungen zu methodischen und technischen Hilfen beim Konstruieren gemacht worden. Die Ansätze zur Entwicklung der verschiedenen Methoden sind historisch bedingt und personenabhängig, sie werden in der einschlägigen Literatur ausführlich beschrieben. Die Anwendung der verschiedenen Methoden kann, je nach dem Fortschritt der Konstruktionsarbeit oder der Art der Konstruktion von sehr unterschiedlichem Umfang und Nutzen sein. Außerdem wird die Persönlichkeit des Konstrukteurs bei deren Bewertung eine große Rolle spielen, es kann deshalb nicht sinnvoll sein, ihn auf eine bestimmte Auswahl festzulegen zu wollen. Die Methodenlehre soll vielmehr eine Hilfe sein, in jedem Arbeitsschritt bei der Bewältigung seiner Aufgabenstellung die jeweils geeignete Unterstützung anzubieten.

3.1 Konstruieren als Informationsumsatz

Der Vorgang des Konstruierens ist, in Anlehnung an die Systemtechnik, als Informationsumsatz aufzufassen. Also wird die „Black Box" Konstruktion mit der Eingangsgröße „Aufgabenstellung, Planung o. ä." durch die Umgebung (Markt, Vertrieb, etc.) beaufschlagt und hat die Ausgangsgröße „technische Unterlagen (Fertigungszeichnung, Stückliste, Bedienungsanleitung)" zu liefern, damit die Fertigung eines „technischen Systems (Produkt)", bestehend aus einer Funktionenstruktur erfolgen kann. Dabei steht die Konstruktion über ihre Systemgrenze hinaus mit zahlreichen anderen Funktionsträgern im „System (Betrieb)" in Verbindung.

Der Informationsumsatz kann in drei Phasen aufgeteilt werden:

- **Informationsgewinnung** aus der Aufgabenstellung, dem Lasten- und Pflichtenheft, Berechnungen, bereits vorhandenen Fertigungsunterlagen, Normen, Patenten, Literatur, Versuchen, Besprechungen

P. Naefe, *Methodisches Konstruieren*, https://doi.org/10.1007/978-3-658-22636-7_3

- **Informationsverarbeitung** durch Analyse der erhaltenen Informationen und deren Umsetzung (Synthese) auf die vorliegende Aufgabenstellung mit dem Ziel, ein Lösungskonzept zu erstellen
- **Informationsausgabe** durch Festlegung der optimalen Lösung und Erstellung verwendbarer Fertigungsunterlagen oder die Formulierung einer Aufgabenstellung für einen externen Dienstleister (Konstruktionsbüro oder Lieferant)

Es kann bei dieser Arbeitsweise natürlich vorkommen, oder besser gesagt, es ist üblich, dass der Informationsumsatz, mit dem Ziel der Verbesserung der Lösung, mehrere Male durchlaufen wird (Iteration), wie es bereits mit dem TOTE-Schema (s. Abb. 2.6 und 2.7) beschrieben wurde. Die Größe der zu durchlaufenden Schleife kann dabei einen einzelnen Arbeitsschritt umfassen oder die gesamte Konstruktionsaufgabe. Ziel des methodischen Vorgehens ist es, die Zahl und den Umfang der Iterationsschleifen möglichst klein zu halten, um eine hohe Effizienz zu erreichen. Es wird aber auch deutlich, dass der Arbeitsfluss des Konstruierens nicht in ein starr abzuarbeitendes Ablaufschema gepresst werden kann.

3.2 Arbeitsfluss beim Konstruieren

Ausgehend von der (natürlich) schriftlich zu formulierenden Aufgabenstellung wurden für die unterschiedlichsten Arbeitsgebiete, abgeleitet aus der Systemtechnik, von verschiedenen Autoren und Institutionen konkrete Abläufe entwickelt. An dieser Stelle wird zunächst auf die für den Maschinenbau wichtigen, in der VDI-Richtlinie 2221 beschriebenen, **Phasen** eingegangen (s. a. Abb. 3.3). Der Konstruktionsprozess ist dort nämlich in sieben Schritte und vier Phasen gegliedert. Die Inhalte der Phasen sind:

Phase I: Planen, Klären und Präzisieren der Aufgabenstellung durch informative Festlegung
Phase II: Konzipieren durch prinzipielle Festlegung
Phase III: Entwerfen, d. h. gestalterische Festlegung der angestrebten Lösung
Phase IV: Ausarbeiten, d. h. Erstellung der erforderlichen Unterlagen

Diese Phasen bedürfen der näheren Erläuterung, die zum Teil in Abb. 3.1 enthalten ist, sie sind leider in manchen Fällen aber auch nicht scharf voneinander abgegrenzt (s. Abb. 3.3).

Einen guten Überblick über den zeitlichen Aufwand beim Konstruieren, der natürlich je nach Betrieb und Aufgabenstellung schwankt, gibt Abb. 3.1.

Die Zahlenangaben stammen aus einer Umfrage, die zu einer Zeit durchgeführt wurde, als es noch wenig CAD-Unterstützung in der Konstruktion gab. Inzwischen konnte durch den Einsatz von EDV-unterstützten Arbeitstechniken der Zeitaufwand für die Tätigkeiten „Fertigungsunterlagen erstellen, Ändern und Korrigieren“ stark reduziert werden. Welchen Anteil die einzelnen Phasen am Gesamtaufwand der Konstruktion haben, ist in Abb. 3.2 dargestellt. Die unterschiedliche Schraffur und Balkendicke soll andeuten, dass

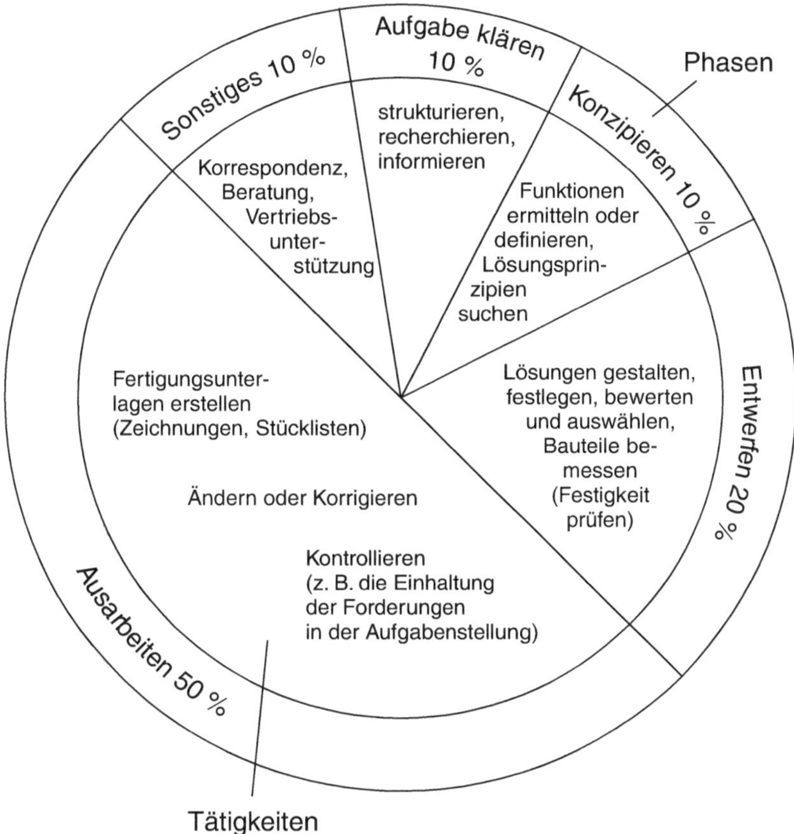

Abb. 3.1 Zeitliche Häufigkeit von Phasen und Tätigkeiten in Konstruktionsabteilungen. (Nach [Ehr13])

anzustreben ist, die Anwendung der Methodenlehre auch in die dritte Phase auszuweiten, die CAD-Unterstützung in den meisten Fällen aber auf die vierte Phase konzentriert ist. Das in Abb. 3.2 (unten) dargestellte Kästchen zeigt den Anteil an kreativen und schematisch ablaufenden Tätigkeiten in den verschiedenen Phasen.

3.2.1 VDI-Richtlinien

Unter der Mitwirkung maßgeblicher Vertreter der Methodenlehre in Deutschland (siehe Abschn. 1.1), wurden in den VDI-Richtlinien 2221 und 2222 die Phasen des Konstruierens definiert und ein Arbeitsplan gemäß den bereits angesprochenen Phasen entwickelt (s. Abb. 3.3).

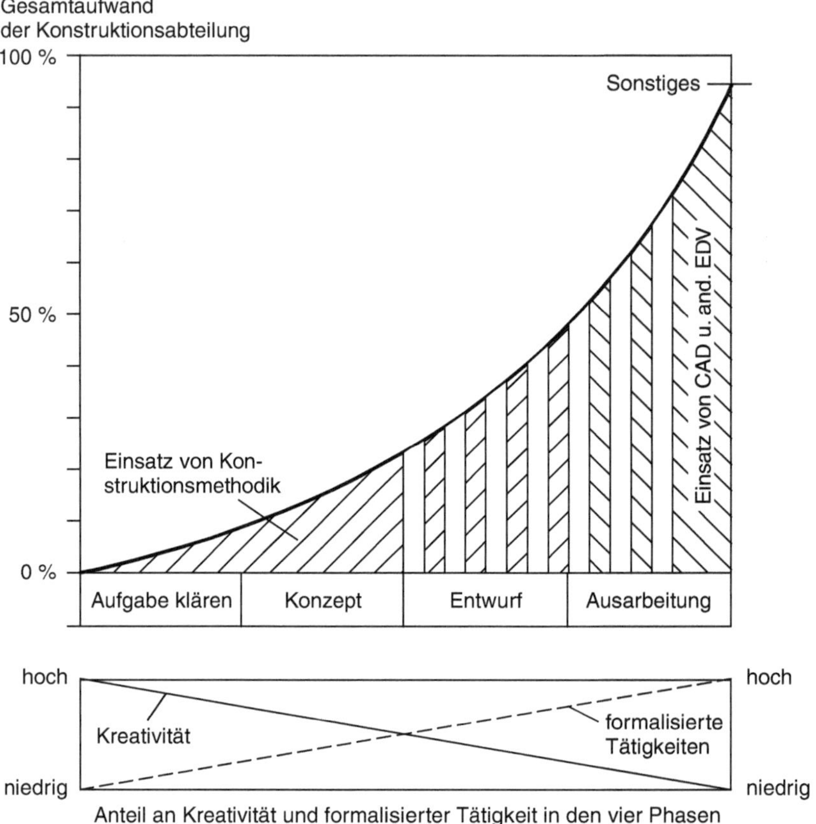

Abb. 3.2 Arbeitsaufwand im Konstruktionsbüro. (Nach [Ehr13])

Inzwischen ist eine Überarbeitung der VDI-Richtlinie 2221 fertig gestellt worden, die im März 2018 veröffentlicht werden soll. Der darin abgebildete Arbeitsablauf unterscheidet sich aber von dem in Abb. 3.3 dargestellten im Wesentlichen nur dadurch, dass zwischen Schritt 3 und 4 ein zusätzlicher Schritt „Bewertung und Auswahl des Lösungskonzeptes" eingeführt worden ist. Diese Aktivität kann aber in der Praxis sowohl dem Schritt 3 als auch Schritt 5 zugeordnet werden. Es wird nämlich in beiden oft erforderlich, eine Bewertung vorzunehmen, um die Anzahl der vorgeschlagenen Konzepte oder Module zu reduzieren. Die Definition und Beschreibung der Phasen, die sich in Blatt 2 der neuen Richtlinie befinden, unterscheiden sich allerdings grundsätzlich von den in diesem Abschnitt enthaltenen Ausführungen.

Die Bezeichnungen der Arbeitsschritte 1 bis 7 wurden ebenfalls in der Richtlinie festgelegt und dienen der besseren Verständigung. Die Inhalte der Arbeitsschritte mit den anzustrebenden Arbeitsergebnissen sind:

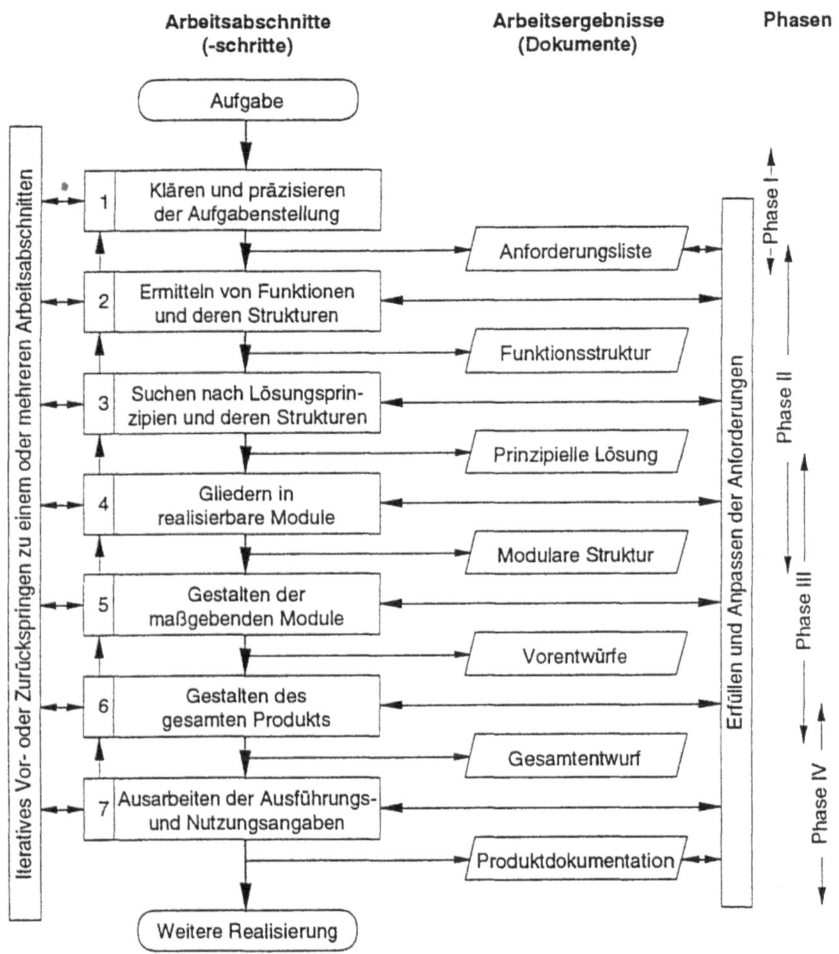

Abb. 3.3 Generelles Vorgehen beim Entwickeln und Konstruieren. (VDI-Richtl. 2221)

1) *Klären der Aufgabenstellung*
Dieser Arbeitsschritt dient dazu, alle Zusammenhänge, die mit der Aufgabe verknüpft sind, zu klären. Hier handelt es sich darum, Informationen zu beschaffen mit dem Ziel, die sog. Anforderungsliste aufstellen zu können. Gegebenenfalls wird auch das organisatorische Gerüst (Zeitablauf, Personalbedarf) erstellt. Hier stimmen Arbeitsschritt und Phase I im Wesentlichen überein.
2) *Ermitteln der Funktionen*
In diesem Arbeitsschritt versucht der Konstrukteur sich eine Vorstellung darüber zu verschaffen, wie und mit welchen Mitteln die geforderte Gesamtfunktion prinzipiell

oder qualitativ erfüllt werden kann (s. Abb. 5.7 und 5.17). Gegebenenfalls erfolgt die Zerlegung der Aufgabe in Teilaufgaben (Teilfunktionen), es entsteht eine so genannte Funktionenstruktur (s. Abschn. 5.3.3).

3) *Suchen nach Lösungsprinzipien*
Für die ermittelten Funktionen werden Lösungsprinzipien gesucht. Dabei können bereits bekannte, einzelne Wirkmechanismen neu zusammengesetzt oder neue ermittelt werden. Es entsteht, gegebenenfalls nach Bewertung mehrerer Varianten, eine prinzipielle Lösung (Konzept).
4) *Gliedern in realisierbare Module*
Das Konzept wird, meist mit Hilfe von Skizzen, in realisierbare Formen übergeführt. Die bisher qualitativ beschriebenen Funktionen werden quantitativ darstellbar. Es entsteht eine modulare Struktur des Produktes unter Berücksichtigung des Nutzwertes.
5) *Gestalten der Module*
Aus den vorläufig gestalteten Strukturen werden Baugruppen, weitgehend mit konkreten Einzelteilen, entworfen. Stark iterativ geprägter Arbeitsschritt mit ständiger Synthese aus dem erreichten (Zeichnung) und Analyse (Bewertung, evtl. durch Versuche überprüft). Das Ergebnis sind ggf. noch mehrere maßstäbliche Vorentwürfe.
6) *Gestalten des Produktes*
Die endgültige Festlegung der gesamten Struktur. Gegebenenfalls, nach erneutem Vergleich der Nutzwerte der einzelnen Entwürfe, erfolgt nun die Erstellung eines endgültigen Entwurfs mit allen Einzelteilen, Stücklisten und Prüfung durch die Fertigungsplanung. Das Produkt kann mit dem Gesamtentwurf dem Vertrieb oder Kunden präsentiert werden.
7) *Ausarbeitung der Nutzungsunterlagen*
Erstellung aller für Fertigung und Nutzung des Produktes erforderlichen Unterlagen. Endgültige Festlegung aller Maße und Toleranzen, Leistungsdaten, Sicherheitshinweise und Betriebsanleitungen.

Wie in Abb. 3.3 erkennbar, überschneiden sich die Phasen, die Arbeitsschritte können also im Grenzbereich zwei Phasen gleichzeitig oder jeweils nur einer Phase zugeordnet werden. Im Einzelfall richtet sich das nach der Komplexität des Produktes. Die vertikalen Balken rechts und links sollen deutlich machen, dass die einzelnen Arbeitsschritte durch iteratives Vorgehen untereinander verbunden sind. Das Anpassen der Aufgabenstellungen darf aber nicht ausufern. Es ist nahezu unmöglich, eine kostenmäßig vernünftige Entwicklung durchzuführen, wenn diese Balken tatsächlich bis in die letzte Phase reichen. Das so genannte „Einfrieren", d. h. ein Festschreiben der Anforderungsliste, ist spätestens in der dritten Phase angebracht. Eine Änderung des Gesamtentwurfes sollte dann nur noch unter Auflagen möglich gemacht werden, z. B. ist festzulegen, wie und durch wen die gegebenenfalls entstehenden Mehrkosten getragen werden.

In Abb. 3.4 sind die drei Konstruktionsarten und ihr Einsatz in den vier nach VDI-Richtlinie 2221 definierten Phasen dargestellt. Es ist erkennbar, dass nicht in jeder

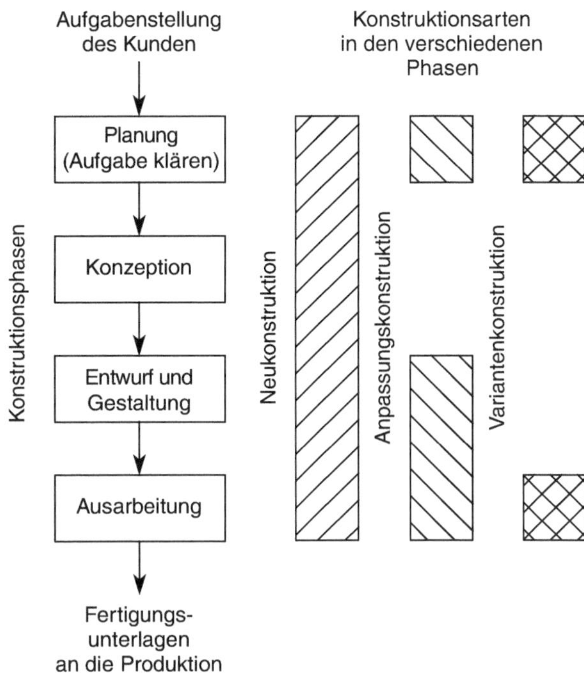

Abb. 3.4 Zuordnung der Konstruktionsarten zu den Konstruktionsphasen. (Nach [Ehr13])

Konstruktionsart alle Phasen Verwendung finden müssen. Auf jeden Fall ist es aber zwingend erforderlich, dass die Planung (Klärung und Präzisierung der Aufgabenstellung) in allen Konstruktionsarten erfolgt.

3.2.2 Leitfaden zur Weiterentwicklung von Bauteilen

Eine Arbeitsweise, die von dem in der VDI-Richtlinie 2221 beschriebenen Vorgehen (Abb. 3.3) abweicht, wird in einer Publikation des Instituts für Konstruktion und Produktentwicklung der Hochschule für Angewandte Wissenschaft in Hamburg beschrieben [MER14]. Die Autoren gehen davon aus, dass die weitaus meisten Aufgabenstellungen für Konstrukteure (ca. 90 %) darin bestehen, bereits bekannte technische Produkte weiter zu entwickeln (zu optimieren). Dabei wird in der Publikation vorausgesetzt, dass in der Regel ein bereits vorhandenes Bauteil als Ausgangspunkt dient. Als Einstieg in den Konstruktionsprozess wird deshalb eine Betrachtungsweise empfohlen, die mit dem **Produkt-Benchmarking** eng verbunden ist. Für die Beschreibung der Vorgehensweise (Abb. 3.5) werden die übergeordneten Begriffe „Reverse-Engineering“ und „Forward-Engineering“ verwendet. Ähnlich wie bei der VDI-Richtlinie 2221, erfolgt das Vorgehen in Schritten, im Gegensatz zu der Richtlinie geschieht der Arbeitsablauf aber nicht

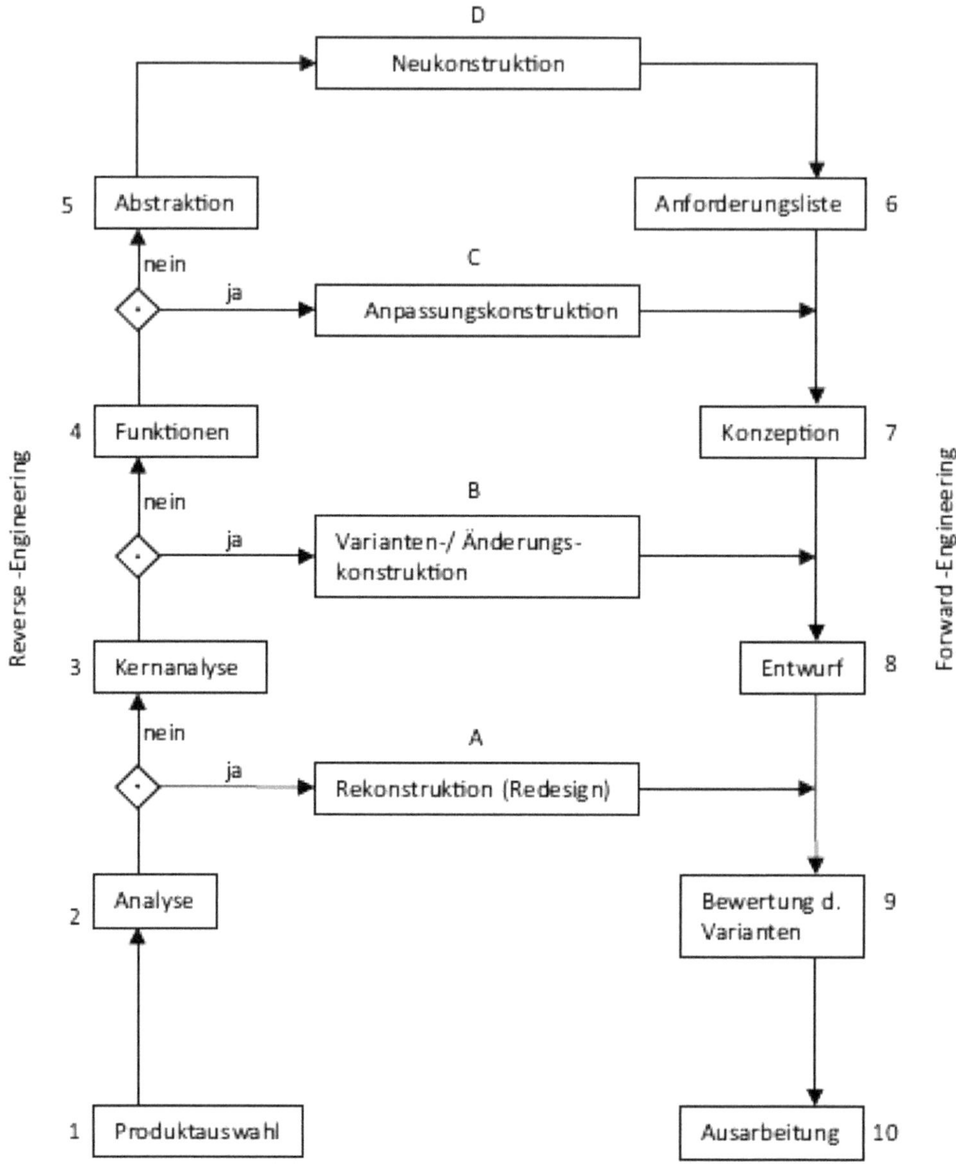

Abb. 3.5 Leitfaden zur methodischen Weiterentwicklung von technischen Produkten Baugruppen oder -teilen. (Nach [MER14])

einfach von oben nach unten, sondern zunächst von unten nach oben (links beginnend) und dann von oben nach unten (rechts endend). Der abgebildete Ablauf entspricht nicht genau der Darstellung in der erwähnten Publikation sondern wurde leicht modifiziert, damit eine engere begriffliche Verbindung zu der hier behandelten Konstruktionsmethodik entsteht.

Zum besseren Verständnis dieser Darstellung sollen die folgenden Erläuterungen dienen:

- Grundsätzlich muss sich die Vorgehensweise nicht auf Bauteile beschränken. Eine Konstruktionsaufgabe kann sich ja auch auf Baugruppen und/oder auf komplexe technische Produkte beziehen, die mit der gleichen prinzipiellen Sichtweise behandelt werden können.
- Der Begriff „Weiterentwicklung" wurde in die Abbildung nicht übernommen, sondern in die als Brücke bezeichneten Rahmen B–D wurden die Bezeichnungen für die Konstruktionsarten eingetragen, die in der Konstruktionsmethodik üblicherweise verwendet werden.
- Im Rahmen A steht zusätzlich „Re-Design", in Erweiterung zu dem im Original verwendeten Begriff „Rekonstruktion", dadurch soll die Verbindung zum **Benchmarking** (s. Abschn. 4.1.3) deutlich gemacht werden. Bei dieser Methode wird auf der untersten Ebene vorausgesetzt, dass man das eigene Produkt mit mindestens einem der Konkurrenz direkt vergleichen kann, um Möglichkeiten der Optimierung herauszufinden.
- Beim Reverse-Engineering wird grundsätzlich davon ausgegangen, dass bereits ein Produkt existiert. Mit Kernanalyse (Schritt 3) ist gemeint, dass nach der Analyse des Produktaufbaus (Schritt 2) die Ermittlung der genauen Eigenschaften der Strukturelemente erfolgt.
- Beim Forward-Engineering ist ein bereits existierendes Produkt nicht zwingend erforderlich. Wie bei der Vorgehensweise nach VDI-Richtlinie 2221 kann es sich auch um die Neukonstruktion eines Produktes handeln, dann beginnt der Arbeitsprozess mit dem Rahmen D (die Schritte 4 und 5 werden dann Bestandteil des Schrittes 7).
- Zur besseren Verbindung der Darstellung des Forward-Engineerings mit der Konstruktionsmethodik wurden in die Schritte 6 bis 10 die Bezeichnungen der vier Phasen eingetragen. Die Phase „Ausarbeitung" erstreckt sich dabei auf die Schritte 9 und 10 und zwar mit den Aktivitäten: Bewertung und Auswahl von gegebenenfalls vorhandener Lösungsvarianten und Ausarbeitung der Fertigungsunterlagen für die endgültig gewählte Lösung.
- Auch beim Leitfaden (s. Abb. 3.5) kann natürlich ein iteratives (schleifenförmiges) Vorgehen sinnvoll sein und zwar sowohl beim Reverse- als auch beim Forward-Engineering. Wegen besserer Übersichtlichkeit wurde auf eine Darstellung dieser Arbeitsweise in der Abbildung verzichtet.

3.3 Methodenauswahl

Zur Unterstützung der systematischen Bearbeitung der in Abschn. 3.2.1 näher erläuterten Arbeitsschritte sind Methoden entwickelt worden, die man grob in „allgemein einsetzbare" und „speziell problemorientierte" unterscheiden kann. Selbstverständlich können hier nicht alle Methoden ausführlich behandelt, ja nicht einmal im Einzelnen erwähnt werden. Trotzdem ist es nützlich, sich wenigstens einen kleinen Einblick zu verschaffen. Es werden die allgemein einsetzbaren Methoden zuerst behandelt, weil sie im Prinzip in jeder Phase der Konstruktionsarbeit angewendet werden können. Je nach Können und Erfahrung des Konstrukteurs, aber auch je nach der Struktur und dem Umfang der Aufgabenstellung kann es nützlich sein, zwischen allgemein anwendbaren und speziellen Methoden innerhalb eines Arbeitsschrittes zu wechseln. Es sei an dieser Stelle ausdrücklich darauf verwiesen, dass auch bei Anwendung strenger Methodik die Intuition nicht zu kurz kommen darf. Schließlich kann man den Begriff „Innovation" auch als das intelligente Verstoßen gegen bestehende Regeln interpretieren.

3.3.1 Allgemein einsetzbare Methoden

Eine der wichtigsten Grundlagen für die Arbeit des Konstrukteurs ist die **umfassende Information** über den sog. Stand der Technik. Das Wissen über die bereits bekannten Möglichkeiten zur Lösung einer Aufgabenstellung dient dazu, Doppelarbeit zu vermeiden. Außer den gedruckten Quellen (inklusive Prospekte der Konkurrenz) gewinnen Datenbanksysteme und das Internet in letzter Zeit zunehmend an Bedeutung.

Eine wesentliche Erweiterung seines Blickfeldes kann der Konstrukteur durch die Beobachtung natürlicher Systeme erzielen. Die Übertragung von „Konstruktionsprinzipien" aus der Pflanzen- und Tierwelt, die systematisch in den Gebieten „Bionik" oder „Biomechanik" erforscht werden, hat bereits zu fortschrittlichen Konstruktionsideen geführt. Zum Beispiel ist der Leichtbau, insbesondere die Waben- und Sandwichbauweise, teilweise von Halmkonstruktionen der Gräser abgeleitet worden.

Auch die **Analyse bekannter technischer Systeme** dient dem Konstrukteur dazu, schrittweise neue oder verbesserte Varianten zu entwickeln. Durch konsequente Hinterfragung jeder einzelnen Strukturebene eines technischen Systems im Hinblick auf:

- Funktion (physikalisches Wirkprinzip, Wirkmechanismus)
- Werkstoff
- Anwendungsnutzen

lassen sich Anregungen zur Innovation finden.

Nach der Auffassung, dass die Konstruktionsarbeit auch als **Umkehrung des physikalischen Experimentes** betrachtet werden kann, ist schließlich der Versuch eine wichtige

Unterstützung für den Konstrukteur. Hierbei ist es allerdings oft erforderlich, mit Modellen zu arbeiten, um die Kosten in vertretbaren Größen zu halten. Die genaue **Kenntnis der entsprechenden Modellgesetze** ist für Ähnlichkeitsbetrachtungen, z. B. maßstäblich verkleinerter Modelle umströmter Körper, unerlässlich. In der letzten Zeit sind für die Unterstützung dieser Methode auch zahlreiche **Computersimulationen** entwickelt worden, die teilweise die Modellherstellung und die Durchführung von Laborversuchen ersetzen können.

Außerdem ist die Kenntnis der **Berechnungsmethoden für die Bemessung** von Bauteilen für den Konstrukteur eine wichtige Hilfe, die entscheidenden Einflussgrößen zu erkennen und für die Gestaltung entsprechend zu nutzen.

3.3.2 Spezielle Methoden (Methodenbaukasten)

In der Literatur gibt es zahlreiche Stellen, an denen spezielle Methoden beschrieben werden, mit denen der Konstrukteur arbeiten kann. Ob eine Stelle dabei ist, die alle heute bekannten Methoden auch nur aufzählt, geschweige denn im Einzelnen erläutert, ist nicht bekannt. Es kommt erschwerend hinzu, dass viele Methoden nicht nur in einem der in Abschn. 3.2.1 beschriebenen Arbeitsschritte anwendbar sind, sondern oft in mehreren. Der Konstrukteur ist gehalten, sich je nach der Aufgabenstellung die für ihn richtige Methode auszusuchen und dabei eine sinnvolle und angemessene Auswahl aus dem Angebot zu treffen. Bis auf wenige Ausnahmen gibt es keine Methoden, die man anwenden **muss**, es gibt auch kein festes Rezept für deren Auswahl. Hinzu kommt, dass Methoden mit mehr oder weniger großem Aufwand an Kosten und Zeit erlernt und den betrieblichen Anforderungen angepasst werden müssen. Als allgemeine Anforderungen an den so genannten Methodenbaukasten gilt:

- Verknüpfung zwischen Aufgabe und geeigneter Methode deutlich machen
- Beschreibung der Methode liefern
- Auswahlkriterien für die Methodenwahl angeben
- didaktische Hilfen zum Erlernen und Anwenden der Methode zur Verfügung stellen.

Eine Zusammenfassung so genannter Kriterien, die eine Methode erfüllen muss, zeigt Tab. 3.1.

Je nach den Möglichkeiten, die sich aus der Prüfung der Kriterien in der jeweiligen persönlichen und betrieblichen Situation ergeben, kann man zusätzlich zur Orientierung einen Methodenbaukasten zurate ziehen. Dabei handelt es sich um eine Matrix von Methoden und deren Zuordnung zu den Phasen des Konstruktionsprozesses (Tab. 3.2). Ein ähnlicher Methodenbaukastens, ist unter Angabe zahlreicher Literaturstellen auch in der VDI-Richtlinie 2221 zu finden. Eine Methode zur Auswahl von Methoden ist allerdings nicht dabei, außerdem kommen immer noch welche hinzu, die entweder neu sind oder

Tab. 3.1 Checkliste für die Auswahl von Methoden aus dem Methodenbaukasten. (Nach [Ehr13])

Auswahlkriterien für die Anwendung der Methode	Fragen, die sich der potentielle Anwender stellen muss
Was muss die Methode unterstützen oder leisten?	In welcher Phase des Arbeitsablaufes soll die Methode eingesetzt werden? Soll analytisch (top down) oder synthetisierend (bottom up) vorgegangen werden? Wie genau muss die Methode sein? Wie sicher ist die Anwendung (gibt es Alternativen)?
Sind die erforderlichen Randbedingungen erfüllt?	Sind alle erforderlichen Informationen vorhanden oder beschaffbar? Ist die erforderliche Zeit für Schulung und Durchführung vorhanden? Sind die erforderlichen Finanzmittel vorhanden oder beschaffbar?
Ist die Methode im Betrieb anwendbar?	Gibt es bereits Kenntnisse zu Methoden im Betrieb? Ist eine externe Beratung erforderlich? Wie soll die Einführung der Methode erfolgen? Ist sie für Teamarbeit (Projektarbeit) geeignet? Für welche Betriebseinheit oder Mitarbeiter ist das methodische Vorgehen geplant?
Sind die erforderlichen Hilfsmittel vorhanden?	Ist EDV-Unterstützung erforderlich (oder schon vorhanden)? Können die eventuell erforderlichen Versuche durchgeführt werden (Technikum, Personal, Zeit, Messgeräte)?

Tab. 3.2 Beispiel für einen Methodenbaukasten

Methoden (Werkzeuge)	**Planen**	**Konzipieren**	**Gestalten**	**Ausarbeiten**
Trendstudien, Marktanalyse (QFD, ABC-Analyse, Target Costing, Wertanalyse (WA), Benchmarking, Reengineering)	•	•		
Kreativitätstechniken (Brainstorming, Synektik, Mind Map)	•	•		
Iteration	○	•	•	○
Bewertungsmethoden (Nutzwertanalyse, techn./wirtsch. Vergleich (VDI-R. 2225), Dominanzmatrix)		•	•	○
Ordnungssysteme (Morphologischer Kasten, Kataloge)		•	•	
Funktionenstruktur (FAST-Diagramm, Soll-/Iststruktur)	•	•	○	
Arbeits-/Zeitplanung (Netzplan, Projektmanagement)	•	•	•	•
Datenintegration (CAD, Rapid Prototyping)		○	•	•
Baustruktur (Montagegruppen)			○	•

• besonders geeignet

○ geeignet

aus bereits bestehenden abgeleitet werden. Manche Methoden sind auch aus den Gebieten Psychologie oder Design übernommen worden.

Für die Auswahl von speziellen Methoden ist es hilfreich, die folgenden Fragestellungen sorgfältig zu überprüfen:

- welche Genauigkeit ist erforderlich (z. B. von Berechnungsmethoden, ±10 %)?
- welcher Zeitrahmen steht zur Verfügung?
- ist eine Methode (z. B. Wertanalyse) im Betrieb bereits bekannt?
- wie hoch dürfen die Kosten sein (Personalbedarf, Hilfsmittel, Schulung)?

damit ein angemessenes Verhältnis zwischen Aufwand und Nutzen erreicht wird.

Wegen der großen Vielfalt an Methoden kann in diesem Buch, das eine Einführung in das methodische Konstruieren geben soll, nur auf eine begrenzte Auswahl eingegangen werden. Die in den folgenden Kapiteln beschriebenen Methoden und Werkzeuge haben sich in der Praxis bewährt und können damit als besonders wichtig angesehen werden.

Fazit

Beim Konstruktionsprozess handelt es sich im Wesentlichen um einen Informationsumsatz. Die notwendigen Aktivitäten werden in diesem Kapitel kurz erläutert. Sie variieren aber, je nach Umfang und/oder Komplexität der Aufgabe, sehr stark. Eine wichtige Hilfe beim Ausüben seiner Tätigkeit ist für den Konstrukteur unter anderem der Arbeitsfluss nach VDI-Richtlinie 2221.

Das Angebot an Methoden, die zusätzlich zur Unterstützung zur Verfügung stehen, ist sehr umfangreich. Für deren Auswahl ist es deshalb sinnvoll, sich genau über die Randbedingungen in Bezug auf die Aufgabenstellung, die eigenen Fähigkeiten und das betriebliche Umfeld im Klaren zu sein.

Literatur

[Ehr13] Ehrlenspiel, K.: Integrierte Produktentwicklung. 5. Aufl., Hanser Verlag München (2013)

[MER14] Meyer-Eschenbach, A.; Rudholz, D.: Entwicklung eines Leitfadens zur methodischen Weiterentwicklung von Bauteilen anhand von Praxisbeispielen. IPK an der Hochschule für angewandte Wissenschaft Hamburg (2014)

4 Aufgabenstellung

Zur Formulierung einer Aufgabenstellung für die Entwicklung und/oder Konstruktion ist es zwingend notwendig, erst zu definieren, welche Art von Produkt zum wirtschaftlichen Erfolg des Betriebes in einem bestimmten Zeitrahmen überhaupt beitragen kann. Eine marktgerechte Produktplanung ist die wichtigste Voraussetzung für das Weiterbestehen eines Unternehmens. Je nach Branche und Fertigungsmethoden (Massengüter, Einzelfertigung) wird deshalb für diese Aktivität ein unterschiedlich großer Aufwand betrieben, um eine optimale Kundenorientierung in der jeweiligen Konkurrenzsituation zu erzielen. Zusätzlich muss das so genannte Potential des eigenen Betriebes (Produktionsprozesse, Know-how) zum geplanten Produkt passen. Der Vollständigkeit halber wird deshalb auf die Methoden der Produktplanung kurz eingegangen.

4.1 Produktplanung

Mit der Produktplanung ist der Begriff „Marketing" eng verbunden. Es kommt darauf an, im heute fast überall vorhandenen „Käufermarkt":

- den Kunden zu kennen
- auf ihn zu hören und seine Wünsche zu verstehen
- Produkte gezielt, ohne überflüssige Eigenschaften, zu entwickeln.

Konsequenterweise ergibt sich das folgende Vorgehen:

- Analysieren der Situation (Produktlebenszyklus, Konkurrenzsituation (Marktpreis), Stand der Technik, Ertragsprognose)
- Suchstrategie (Marktlücken, Trends, Stärken des Unternehmens, Richtung festlegen)
- Produktideen finden und auswählen (neue Funktionsprinzipien oder -kombinationen, Kosten/Nutzenanalyse)
- Produktdefinition (vorläufige Anforderungsliste)

P. Naefe, *Methodisches Konstruieren*, https://doi.org/10.1007/978-3-658-22636-7_4

Von den zahlreichen Methoden, die in diesem Bereich (s. a. Abb. 1.4 unter Produkt- und Unternehmensplanung) eingesetzt werden können, werden im Folgenden drei näher erläutert.

4.1.1 ABC-Analyse

Hierbei handelt es sich um ein einfaches und seit längerer Zeit bekanntes Hilfsmittel das dazu dient, Wichtiges von weniger Wichtigem zu unterscheiden und damit unübersichtliche Verhältnisse zu strukturieren. Mit dieser Methode analysiert man so genannte Massenphänomene, indem sie in Gruppen gegliedert werden:

- A, wichtig, groß
- B, weniger wichtig, mittel
- C, unwichtig, klein

Die Ermittlung der Gruppengrenzen erfolgt in mehreren Schritten. Zunächst werden die Details des zu betrachteten Phänomens zur besseren Übersicht in einer Liste erfasst, z. B. die Umsatzzahlen verschiedener Produkte eines Unternehmens in € pro Betrachtungseinheit (s. Tab. 4.1, Spalte 3). Dann werden die einzelnen Beträge in prozentuale Anteile umgerechnet (Spalte 4).

Danach erfolgt die Auswertung in einem so genannten Pareto-Diagramm (Abb. 4.1) indem die %-Anteile, beginnend mit dem größten Anteil, der Reihe nach kumuliert dargestellt werden.

In dem Diagramm erkennt man, dass in diesem Fall mit drei Produkten von 13 ca. 72 % des Gesamtumsatzes erzielt wird, diese sind also die wichtigsten und sind der Gruppe A

Tab. 4.1 ABC-Produktanalyse. (Nach [Ehr13])

Nummer	Produkt-bezeichnung	Umsatz pro Jahr in Mill. €	Umsatz pro Jahr in %
1	CE	1,2	1,62
2	E	1,6	2,16
3	GT	2,0	2,70
4	KO	1,4	1,89
5	LS	9,5	12,84
6	M	27,0	36,49
7	SL	1,7	2,30
8	TD	1,8	2,43
9	TI	1,9	2,57
10	TT	1,9	2,57
11	XL	3,0	4,05
12	XS	17,0	22,97
13	XXS	4,0	5,41
	Summe:	74,0	100,00

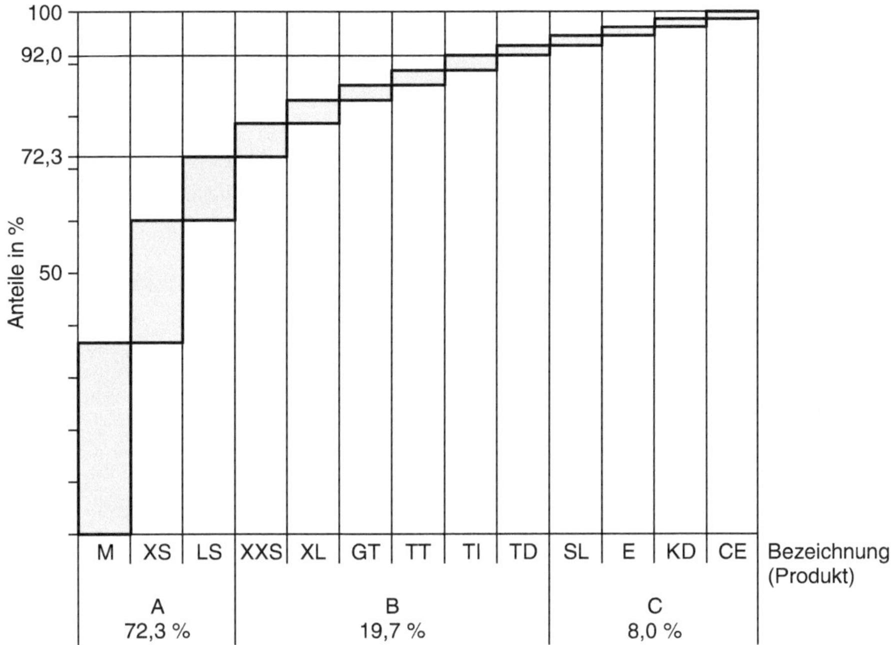

Abb. 4.1 Pareto-Diagramm zur Auswertung der ABC-Analyse

zuzuordnen. Weitere sechs Produkte erzielen 20 % des Umsatzes (Gruppe B), während die restlichen vier Produkte nur noch 8 % ausmachen (Gruppe C).

Die in diesem Beispiel dargestellte prozentuale Aufteilung entspricht in etwa der theoretisch empfohlenen in 75, 20 und 5 % für A, B und C. Diese Abgrenzung ist nicht immer exakt einzuhalten und kann in angemessenen Rahmen variiert werden.

Außer im Bereich der Produktplanung, kann die ABC-Analyse auch angewendet werden, um z. B. die Struktur der Herstellkosten eines Erzeugnisses zu analysieren und dort Wichtiges von weniger Wichtigem zu unterscheiden (s. a. Abschn. 6.2.2).

4.1.2 Wertanalyse

Eine Festlegung des Arbeitsflusses für die Entwicklung von Produkten erfolgte, parallel zu den VDI-Richtlinien 2221 und 2222, in dem System der Wertanalyse, abgekürzt WA. Dieses System geht auf den Chefeinkäufer des amerikanischen Konzerns General Electric *L. D. Miles* zurück und wurde 1947 „erfunden“. *Miles* bediente sich bekannter Methoden, wie z. B. Teamarbeit (keiner ist alleine so schlau wie alle zusammen), Funktionenbegriff, Analysetechnik und Arbeitstechniken zur systematischen Ideenfindung. Dabei wurde von ihm die folgende Definition gegeben:

„WA ist eine organisierte Anstrengung, die Funktionen eines Produktes mit niedrigsten Kosten zu realisieren, ohne Qualität, Zuverlässigkeit und Marktfähigkeit negativ zu beeinflussen."

Wobei zu erwähnen ist, dass mit „Produkt" nicht nur Erzeugnisse, sondern auch Verwaltungsvorgänge oder Produktionsabläufe gemeint sein können.

Die Wertanalyse, wie sie in der Literatur [VDIZ95] genauer beschrieben wird, basiert auf den folgenden fünf Charakteristika:

- Funktionenstruktur
- Werte-Konzept
- ganzheitliche Betrachtungsweise
- starkes Einbeziehen des Menschen und seiner Verhaltensweisen
- interdisziplinäre Teamarbeit

und verfügt damit über gute (systematische, methodische) Voraussetzungen, um an der Lösung von Aufgabenstellungen im Zusammenhang mit der Entwicklung und Optimierung von Produkten mitzuwirken. Dabei hilft unter anderem, dass mit Hilfe der Funktionenstruktur (Bausteine, Systeme) auch die Variantenvielfalt z. B. in Baureihen oder Baukästen besser überschaubar (beherrschbar) wird (s. Variantenmanagement Kap. 8).

In der DIN 69910 (1973), die inzwischen durch die VDI-Richtlinie 2800 (aktueller Entwurf v. von 2010) ersetzt (bzw. ergänzt) wurde, findet sich die folgende Definition:

Wertanalyse ist das systematische analytische Durchdringen von Funktionenstrukturen mit dem Ziel einer abgestimmten Beeinflussung von deren Elementen (z. B. Kosten, Nutzen) in Richtung einer Wertsteigerung. Sie bietet methodische Hilfe sowohl für eine Entscheidungsvorbereitung (z. B. Abgrenzung von Aufgaben, Beschreibung der Funktionen, Finden von Lösungen) als auch für die Verwirklichung im Rahmen der vorgegebenen Zielsetzung.

Wesentliche Merkmale der Wertanalyse sind:

- Orientierung an quantifizierter Zielvorgabe
- funktionsorientierte Analyse und auf Logik wie auf Zufall (z. B. durch Brainstorming) beruhende Lösungssuche
- interdisziplinäre, nach Arbeitsplan ausgerichtete Gruppenarbeit
- auf menschliche Eigenarten zugeschnittenes Vorgehen.

Ziele und Anwendung werden folgendermaßen beschrieben:

Ziele

- Produktivitätssteigerung
- Nutzensteigerung (für Hersteller, Anwender, Allgemeinheit)
- Qualitätsverbesserung

Anwendung

- neue Produkte optimal gestalten
- bestehende Produkte verbessern
- neue Arbeitsabläufe und Hilfsmittel gestalten
- bestehende Arbeitsabläufe und Hilfsmittel verbessern
- andere nicht gegenständliche Objekte (Abläufe, Prozesse) gestalten oder optimieren

Die Definition in der VDI-Richtlinie 2800 beginnt mit dem Satz:

„Die Wertanalyse ist ein Wirksystem zum Lösen komplexer Probleme in Systemen, die nicht oder nicht vollständig algorithmierbar sind."

Der Inhalt der VDI-Richtlinie kann in allen Teilen als mit der DIN 69910 übereinstimmend und lediglich mit anderen Worten beschrieben angesehen werden. Die in der WA verwendeten Begriffe sind in der DIN und der VDI-Richtlinie genau definiert. Die wichtigsten sind die Unterscheidung der Vorgehensweisen in:

Wertverbesserung (WV) als Behandlung eines bereits bestehenden Objektes

Wertgestaltung (WG) als Behandlung eines noch nicht vorhandenen, also neu zu entwickelnden Objektes

Der Begriff **„Wert"** wird in der VDI-Richtlinie 2800 im Wesentlichen auf die in der Nutzwertanalyse (Näheres hierzu s. Abschn. 5.4.4.1) und auch in [PaBe03] beschriebene (quantifizierte) Wertermittlung reduziert, mit:

$$W_i = \sum g_i \cdot w_{ij}$$

in der die Bewertungskriterien gewichtet und mit den Einzelwerten multipliziert werden. Die einfachste in Worte gefasste Definition lautet:

„Wert stellt die niedrigsten Kosten dar, die nötig sind, die festgelegten Funktionen einer Leistung zuverlässig zu erfüllen." [VDIZ95]

Oder als Berechnungsansatz:

$$Wert = \frac{Funktion}{Kosten}$$

Also, Wertverbesserung bedeutet entweder die Funktion zu verbessern oder die Kosten zur Erfüllung einer Funktion zu senken. Der Begriff „Funktion" wird im Sinne der WA als jede einzelne Wirkung des Wertanalyseobjektes verstanden, genaueres ist hierzu aus dem Abschn. 5.2 zu entnehmen. An dieser Stelle sei lediglich noch einmal auf die in der WA gebräuchliche Unterscheidung in **Gebrauchs-** und **Geltungsfunktionen** hingewiesen (Tab. 4.2 und Abb. 4.2).

Das macht die Einschätzung des tatsächlichen Wertes eines WA-Objekts nicht gerade einfacher, man kann sich aber mit der pragmatischen Betrachtung helfen, die Folgendes besagt:

Tab. 4.2 Beispiele für Gebrauchs- und Geltungsfunktionen verschiedener Wertanalyse-Objekte [VDIZ95]

Wertanalyse-Objekt	Gebrauchsfunktion	Geltungsfunktion
Bleistift	Linien fixieren Mine halten Mine schützen u.a.	Aufmerksamkeit erzeugen u.a.
Schreibtisch	Arbeitsfläche bieten Ablage ermöglichen u.a.	Repräsentation ermöglichen u.a.
Lack	Korrosion verhindern u.a.	Aussehen verbessern u.a.
Vordruck	Information speichern EDV-Einsatz zulassen u.a.	Verwaltungsimage fördern u.a.

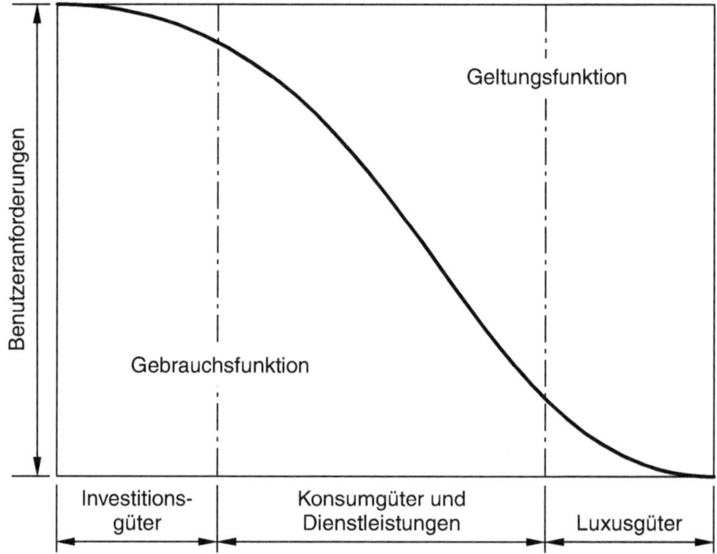

Abb. 4.2 Benutzeranforderungen bei verschiedenen Wertanalyse-Objekten in Abhängigkeit von Gebrauchs- und Geltungsfunktionen [VDIZ95]

„Weder der teuerste Bleistift noch der billigste hat den höheren Wert, sondern derjenige mit der längsten Schreibdauer je Geldeinheit.“

Der Begriff des Wertes lässt sich auf drei Maßstäbe beziehen, deren Gewichtung (relative Wichtigkeit) aber leider auch von subjektiven Betrachtungen abhängt:

- **Qualität** steht für Erwartungen an Funktionserfüllung, Leistung, Zuverlässigkeit, Güte usw.

- **Rentabilität** fasst alle ökonomischen Fakten zusammen, allerdings im Hinblick auf die Qualität
- **Aktualität**, ebenfalls ohne Vernachlässigung der Qualität, als Sammelbegriff für alle zeitabhängigen Zusammenhänge (Termine, Markt, Neuheit, Mode usw.)

Die erwähnte DIN 69910 und die VDI-Richtlinie 2800 liefern noch weitere Erläuterungen zu Begriffen, die man kennen muss, wenn man sich mit der Wertanalyse befassen will. Der bei weitem wichtigste Begriff ist aber der des **Arbeitsplanes**, der eine detaillierte Beschreibung liefert, wie man bei der Durchführung eines Wertanalyseprojektes vorgehen muss, um mit hoher Wahrscheinlichkeit zum gesteckten Ziel zu gelangen. Der Arbeitsplan war ursprünglich in sechs Grundschritte gegliedert (in der neuesten Version der VDI-Richtlinie sind es mehr), die jeweils mehrere Teilschritte enthalten. In der Dissertation von *M. Pauwels* [Pau01] werden zusätzlich ausführliche Hilfestellungen beschrieben, die für den Neuling sehr nützlich sein können. Es werden für jeden Grundschritt des Arbeitsplans Ausführungen darüber gemacht:

- **was** soll im jeweiligen Schritt gemacht werden
- **warum** muss es gemacht werden
- **wie** ist die genaue Vorgehensweise
- welche **möglichen Schwierigkeiten (Probleme)** können auftreten.

Wertanalyse ist keine Methode, die einfach so nebenbei in das normale Geschehen eines Betriebes eingeführt werden kann, sie ist eine Managementaufgabe (und damit in der Regel ein Projekt, das strukturiert und organisiert werden muss). Die Einführung bedarf einer gründlichen Vorbereitung und eine unabdingbare Voraussetzung muss erfüllt werden:

Die Unternehmensleitung (der Chef) muss das Projekt rückhaltlos unterstützen!

Zu den Vorbedingungen für einen erfolgreichen Einsatz gehören:

- Die Information der Führungskräfte, u. a. darüber, dass ein Ergebnis von 10–30 % Kostenreduzierung erwartet wird.
- Die Feststellung und Vermittlung, dass die WA eine Ergänzung der funktionalen Organisation ist, um das vorhandene Wissen gezielt zu nutzen. Abteilungsaufgaben, Kompetenzen und Verantwortungen werden temporär beeinflusst.
- Die Information zu vermitteln, dass die besten Fach- und Führungskräfte ihre Arbeitszeit für die Dauer des Projektes zu ca. 5 % zur Verfügung stellen müssen.
- Festzustellen, dass es erforderlich sein wird, eine (externe) Beratung zur Schulung der Betriebsangehörigen und zur Moderation und Koordination der Aktivitäten einzusetzen.

Auf den Arbeitsplan der Wertanalyse wird wegen seines Umfanges an dieser Stelle nicht eingegangen, es sei nur noch einmal auf die DIN 69910 und die VDI-Richtlinie 2800 verwiesen. Eine modifizierte Version ist der Dissertation von *M. Pauwels* [Pau01] entnommen (Tab. 4.3 und 4.4), die Anmerkungen zu den Teilschritten sind hier in die drei

Tab. 4.3 Der modifizierte Wertanalyse-Arbeitsplan (Teil 1a und 1b [Pau01])

	WA-Teilschritt	Anmerkungen: **Was-Ebene**	Anmerkungen: **Wie-Ebene**	**Mögliche Probleme**
Grundschritt 1: Projekt vorbereiten	1.1 Objekt auswählen	Aussuchen des WA-Objekts nach höchster Priorität: • Unzufriedenheit im Unternehmen • Unzureichender Wert des Objekts	• Indikatoren beachten • Wirtschaftlichkeit betrachten • Evtl. Potentialanalyse anwenden	• Interessenkonflikte verschiedener Abteilungen • Schwachstellen sind zwar bekannt, werden aber nicht benannt
	1.2 Grobziel mit Bedingungen festlegen, Untersuchungsrahmen abgrenzen	• Grobziele inkl. Bedingungen, Restriktionen und Systemgrenzen festlegen • Grobziele quantifizieren • Projektabschluß definieren • Teammotivation steigern	• Grobziel zieleorientiert beschreiben • Thema des Projekts, Grobziele und weitere Bedingungen schriftlich fixieren • Evtl. WA-Zieleentwicklung anwenden	• Grobziele sind zu detailliert • Systemgrenzen sind zu eng • Rahmenbedingungen sind zu eng definiert • Grobziel bezieht sich auf Symptome, nicht auf Ursachen
	1.3 Projektorganisation festlegen	Zur Projektorganisation gehören: • Auftraggeber • Evtl. Lenkungsausschuß • Evtl. WA-Koordinator, • WA-Moderator • Teammitglieder	• Evtl. Lenkungsausschuß mit Bereichsvorgesetzten und WA-Koordinator besetzen • WA-Moderator benennen • WA-Projekt in Matrix-Organisation ausführen • Team interdisziplinär besetzen • Beachten persönlicher und fachlicher Qualifikationen	• Konflikte zwischen Unternehmensbereichen und Projekt • Keine geeigneten Mitarbeiter verfügbar • Inadäquate Teamzusammensetzung
	1.4 Einzelziele aus Grobzielen herleiten	• Grobziele durch Einzelziele spezifizieren und ggf. ergänzen • Einzelziele mit dem Auftraggeber abstimmen	• Einzelziele (z. B. bezüglich Kosten, Funktionen, Markt, Terminen, Qualität) quantifizieren und mit Bedingungen versehen. • Evtl. QFD anwenden	• Zu wenig Informationen über das Objekt • Team befindet sich in einer sehr frühen Team-Entwicklungsphase
	1.5 Projektablauf planen	• Termine im Rahmen der vom Auftraggeber vorgegebenen Terminziele planen	• WA-Arbeitsplan ist Ablaufplan • Projektspezifisch Einzeltermine planen • Teamsitzungen organisieren	• Unzureichende Termineplanung
Grundschritt 2: Objektsituation analysieren	2.1 Objekt- und Umfeldinformationen beschaffen	• Sammeln, Auswählen, Ordnen und Überprüfen von Informationen • Betrachten von Objekt und Objekt-Umfeld	• Beschaffen der Informationen vorwiegend in Einzelarbeit • Verarbeiten der Informationen im Team • Informationen zum Objekt und dessen Umfeld berücksichtigen • Aufnehmen relevanter Informationen in die Projektdokumentation	• Bewußt oder unbewußt verfälschte bzw. zurückgehaltene Informationen • Zu geringer Sorgfaltsgrad • Evtl. großer Zeitaufwand
	2.2 Kosten-informationen beschaffen	• Ermitteln aller Kosten bezüglich des zu überarbeitenden Objekts	• Schaffen einer akzeptierten Grundlage der Kostenbetrachtung • Unterscheiden in „durch Projekt beeinflußbare Kosten" und „nicht durch Projekt beeinflußbare Kosten" • Umrechnen von nicht direkt in pekuniären Einheiten ausdrückbaren Einflüssen in Kosten	• Alleiniges Konzentrieren auf Herstellkosten • Vernachlässigen einmaliger Kosten • Evtl. großer Personal- und Zeitaufwand
	2.3 Funktionen ermitteln	• Charakteristisches Merkmal der WA • Ermitteln aller Funktionen des Objekts	• Einsatz der Funktionenanalyse • Funktionen sammeln, gliedern und strukturieren • Evtl. Metaplantechnik anwenden	• Erfahrung mit Funktionenanalyse notwendig • Unzureichende Funktionenbenennung • Mangelnde Sorgfalt
	2.4 Lösungsbedingende Vorgaben (LBV) ermitteln	• LBV sind Anforderungen an das Objekt, die nicht in Form von Funktionen beschrieben werden können	• LBV bei betreffender Funktion oder in Liste führen	• Mangelnde Sorgfalt • Falsche Einschätzungen
	2.5 Kosten den Funktionen zuordnen	• Charakteristisches Merkmal der WA • Kosten den Funktionen zuordnen	• Anteile der Bauteile-Kosten an den Funktionen schätzen	• Mangelnde Sorgfalt • Falsche Schätzungen
Grundschritt 3: Sollzustand beschreiben	3.1 Informationen auswerten	• Informationen zieleorientiert auswerten • Informationeauswertung ist ein Lernprozeß • Herausbilden von Bewertungskriterien	• Wissenstand berücksichtigen • „Subjektiv" und „Objektiv" unterscheiden • Strukturen schaffen • Evtl. QFD einsetzen	• Bewußt oder unbewußt verfälschte bzw. zurückgehaltene Informationen • Zu geringer Sorgfaltsgrad • Evtl. großer Zeitaufwand
	3.2 Soll-Funktionen festlegen	• Ermitteln der Soll-Funktionen auf Basis der Ist-Funktionen	• Einsatz der Funktionenanalyse • Funktionen sammeln, gliedern und strukturieren. • Nur lösungsneutrale Funktionen ermitteln • Abstraktionsgrad optimieren	• Erfahrung mit Funktionenanalyse notwendig • Unzureichende Funktionenbenennung • Mangelnde Sorgfalt
	3.3 Lösungsbedingende Vorgaben (LBV) festlegen	• LBV des Ist-Zustands auf Gültigkeit überprüfen • Neue LBV ermitteln	• Aktualität und Notwendigkeit überprüfen • LBV bei betreffender Funktion oder in Liste führen	• Mangelnde Sorgfalt • Feststellen der Lösungsrelevanz
	3.4 Kostenziele den Soll-Funktionen zuordnen	• Durch die Verteilung der Zielkosten auf die einzelnen Soll-Funktionen kann später den Grad der Annäherung der Lösungen an das Kostenziel feststellt werden.	• Kosten den Funktionen zuordnen • Zuordnung so, daß die Summe der Soll-Funktionen-Kosten das Kostenziel nicht übersteigt.	• Unzureichende Schätzungen • Mangelnde Sorgfalt

Tab. 4.4 Der modifizierte Wertanalyse-Arbeitsplan (Teil 2a und 2b [Pau01])

	WA-Teilschritt	Anmerkungen: Was-Ebene	Anmerkungen: Wie-Ebene	Mögliche Probleme
Grundschritt 4: Lösungsideen entwickeln	4.1 Vorhandene Ideen sammeln	• Zu einzelnen Funktionen bzw. Funktionengruppen bereits vorhandene Lösungsideen sammeln.	• Grundlage sind die Soll-Funktionen • Auflisten aller bereits eingegangener Vorschläge von Mitarbeitern, Kunden, Zulieferern u. dgl. • Auswerten von Markt- und Wettbewerbsinformationen, Datenbanken, einschlägigem Schrifttum u. a. m. • Alle Ideen aufnehmen • Keine Bewertung	• Vorzeitige Bewertung • Suche nach Teillösungen für Funktionen ungewohnt, eher Suchen nach Gesamtlösung
	4.2 Neue Ideen entwickeln	• Zu einzelnen Funktionen bzw. Funktionengruppen neue Lösungsideen entwickeln	• Anwenden von Ideenfindungstechniken • Alle Ideen aufnehmen • Keine Bewertung	• Vorzeitige Bewertung • Suche nach Teillösungen für Funktionen ungewohnt, eher Suchen nach Gesamtlösung • Anwenden von Ideenfindungstechniken
Grundschritt 5: Lösungen festlegen	5.1 Bewertungskriterien festlegen	• Vorbereiten der Bewertungsphase	• Basis ist die Sammlung möglicher Kriterien aus Teilschritt 3.1 • Objektiv und nachvollziehbar • Evtl. mehrere Kriterien zu Kriterienfelder zusammenfassen	• Ermitteln der wirklich relevanten Kriterien • Hohe Anzahl an Kriterien
	5.2 Lösungsideen bewerten	• Bewerten aller gefundenen Einzellösungen • Festlegen der Ideen, die weiterverfolgt werden sollen	• Redundante Ideen aussortieren, ähnliche Ideen zusammenfassen • Lösungsideen ordnen • Grobes Bewerten der Lösungsideen • Bewertung schriftlich festhalten	• Bevorzugen konventioneller Ideen • Aussortieren innovativer Lösungen • Keine Konsensbildung
	5.3 Ideen zu Lösungsansätzen verdichten und darstellen	• Verdichten der verbliebenen Ideen zu Lösungsansätzen • Lösungsansätze darstellen (visualisieren)	• Kombinieren und Weiterentwickeln der verbliebenen Ideen • Iterative Vorgehensweise • Evtl. Anwenden von Ideenfindungstechniken, besonders Morphologie • Erstellen von Skizzen, Diagrammen, Grafiken u. dgl. • Keine Bewertung	• Vorzeitige Bewertung • Anwenden der Ideenfindungstechniken
	5.4 Lösungsansätze bewerten	• Bewerten der entwickelten Lösungsansätze • Reduzieren der Gesamtanzahl auf 3 - 5 Lösungsansätze	• Redundante Lösungsansätze aussortieren, ähnliche zusammenfassen • Lösungsansätze ordnen • Bewerten anhand grober Kriterienfelder (Vorteile, Nachteile, Kosten)	• Keine Konsensbildung
	5.5 Lösungen ausarbeiten	• Ausarbeiten der verbliebenen Lösungsansätze zu eindeutigen und abgesicherten Gesamtlösungen	• Erstellen von Zeichnungen, Ablaufdiagrammen, Kostenrechnungen, etc. • Vorwiegend Aufgabe der Fachabteilungen	• Alleingang der Fachabteilungen • Mangelnde Sorgfalt
	5.6 Lösungen bewerten	• Bewerten der ausgearbeiteten Gesamtlösungen • Ermitteln der zu realisierenden Lösung	• Verifizieren der Bewertungskriterien aus Teilschritt 5.1 • Gewichten dieser Kriterien • Evtl. Anwenden der Nutzwert-Analyse	• Keine Konsensbildung • Ermitteln der Gewichtung • Anwenden der Nutzwert-Analyse
	5.7 Entscheidungsvorlage erstellen	• Vorbereiten der Präsentation • Erstellen einer Entscheidungsvorlage	• Relevante Informationen für den Auftraggeber zusammenstellen	• Erstellen der Präsentationsunterlagen • Manipulieren der Informationen
	5.8 Entscheidungen herbeiführen	• Präsentieren der Projektergebnisse • Entscheidung des Auftraggebers herbeiführen	• Präsentation in einem unternehmensüblichen Stil • Aushändigen der Entscheidungsvorlage • Diskutieren der Ergebnisse • Entscheidung des Auftraggebers	• Präsentationsstil und -inhalt unangepaßt • Auftraggeber akzeptiert nicht das Ergebnis
Grundschritt 6: Lösungen verwirklichen	6.1 Realisierung im Detail planen	• Planen aller notwendigen Maßnahmen (z. B. Arbeitsabläufe, Personal- und Finanzaufwand, Termine, Kapazitäten)	• Vorwiegend Einzelarbeit in Fachabteilungen • Team steuert und überwacht Aktivitäten • Involvieren aller betroffenen Bereiche	• Alleingang der Fachabteilungen • Neuauftretende Probleme bezüglich der Realisierung der Lösung • Widerstand einzelner Bereiche
	6.2 Realisierung einleiten	• Präsentieren der Planung • Bewilligen der Planung • Einleiten der Realisierung	• Präsentation der Gesamtplanung oder aber von Arbeitspaketen • Informieren aller betroffenen Bereiche • Beauftragen der entsprechenden Stellen	• Schnittstellenprobleme zwischen einzelnen Arbeitspaketen • Widerstand einzelner Bereiche
	6.3 Realisierung überwachen	• Begleiten der Realisierungsphase durch das Team • Übergeordnetes Überwachen aller Aktivitäten • Ergreifen korrigierender Maßnahmen	• Direktes Überwachen und Steuern durch Fachabteilungen • Teamsitzungen zu festgelegten Terminen und/oder bei Auftreten von Problemen • Evtl. Entscheidungen herbeiführen	• Schnittstellenprobleme • Alleingang der Fachabteilungen
	6.4 Projekt abschließen	• Dokumentation erstellen • Nachbereiten der Lösung • Abschließen des Projekts	• Ermitteln der Zieleannäherung • Ermitteln von Kenngrößen • Erstellen eines Abschlußberichts • Teamentlastung durch Auftraggeber • Auflösen der Projektorganisation	• Vernachlässigen der Nachbereitung • Keine Entlastung des Teams

Ebenen (was, wie, mögliche Probleme) unterteilt, die bereits beschrieben wurden. Nach Aussage des Autors sind hier zu den Erkenntnissen aus den in der Dissertation erwähnten Literaturstellen auch praktische Erfahrungen eingeflossen, die der Autor in zahlreichen Projekten in der Industrie und in Lehrveranstaltungen gemacht hat.

Zur besseren Übersicht bei der Durchführung einer Wertanalyse, stellt die VDI-Richtlinie 2800 in Teil 2 einen Formularsatz zur Verfügung. Es ist dringend zu empfehlen, diese Formblätter zu benutzen, damit nichts übersehen wird, denn **jeder Teilschritt muss bearbeitet werden**. Man kann zwar annehmen, dass beim Vergleich verschiedener WA-Projekte der Umfang der Bearbeitung einzelner Schritte variiert, es darf aber keiner übergangen werden.

Wenn in einem Betrieb die Methode der Wertanalyse noch nicht eingeführt ist, muss der erste Grundschritt noch erweitert werden. Bevor der erste Teilschritt (1.1) begonnen werden kann, ist es erforderlich, den **Willen der Unternehmensführung** die Wertanalyse einzuführen, der Belegschaft in schriftlicher Form bekannt zu machen und zu erklären. Es muss ein **hauptamtlicher Wertanalytiker** bestimmt werden, der direkt an die Unternehmensführung zu berichten hat und es muss ein **offizieller Auftrag** erteilt werden, das **Projekt zu planen und zu starten**. Der hauptamtliche Wertanalytiker muss in der Methode geschult sein und sollte bereits Erfahrung in deren Anwendung haben, damit wird klar, dass bei der Einführung der WA in einen Betrieb hierfür in der Regel ein externer Fachmann zurate zu ziehen ist.

Aus der Erfahrung bei der Durchführung der Wertanalyse sind in Ergänzung zu Tab. 4.3 und 4.4 noch einige Hinweise nützlich, sie sind durch die Ziffern den einzelnen WA-Teilschritten zugeordnet:

1.1 Das auszuwählende WA-Objekt soll im Aufwandsschwerpunkt des Unternehmens liegen (A-Produkt im Sinne der ABC-Analyse)

1.2 Das Ziel muss quantitativ festgelegt werden. Es ist zu definieren, welches Ziel nötig ist, nicht was als möglich angesehen wird.
Es soll eine Kostensenkung von 10–30 % angestrebt werden.
Zeit und Mittel sind im Detail zu planen.

1.3 Die Terminplanung wird auf der Abfolge des Arbeitsplanes aufgebaut.

1.4 Gegebenenfalls muss das Objekt in besser handhabbare Gruppen aufgeteilt werden.

1.5 Mitarbeiter des Teams sind schriftlich zu benennen. Am besten Mitarbeiter vergleichbarer Verantwortung aus den verschiedenen Arbeitsbereichen wählen.
Die Anzahl der Teammitglieder sollte mindestens 4, maximal 8 betragen.
Das Team wählt einen Sprecher, er ist für die organisatorische Abwicklung der Gruppenarbeit verantwortlich (das kann auch ggf. der Wertanalytiker sein).

2.1–2.5 Das Team informiert (durch den Sprecher) die Unternehmensführung regelmäßig über den Fortschritt der Arbeiten.
Informationen aus den Fachbereichen sollen Stärken und Schwächen des Objektes offen legen.
Die funktionsbedingten Eigenschaften dürfen nicht vergessen werden.

3.1–3.4 Abweichungen zwischen IST- und SOLL-Zustand müssen deutlich gemacht werden.
Kostenziele müssen detailliert festgelegt werden.

4.1–4.2 Der Sprecher übernimmt die Aufgabe des Moderators bei der Ideensuche (z. B. Brainstorming, s. Abschn. 5.4.1), d. h. er muss hierfür befähigt sein oder geschult werden.

5.1–5.8 Offensichtlich unerfüllbare Ideen werden vom Team ausgesondert.
Die Teilschritte im Grundschritt 5. nicht nacheinander, sondern in gegenseitiger Ergänzung durchführen.
Es ist evtl. notwendig, spezielle Ermittlungen oder auch Versuche durchzuführen, um die Funktionstüchtigkeit verbliebener Vorschläge zu erhärten.
Wird das Kostenziel erreicht?
Gegebenenfalls werden Iterationsschritte innerhalb des Grundschrittes 5. erforderlich.

6.1 Die besten Lösungen werden der Unternehmensleitung durch das Team (und/oder den Sprecher) präsentiert.
Die Vollständigkeit der Kostenaufstellung (Änderungs- und Restgemeinkosten) muss geprüft werden.

6.2 Plan für die Realisierung erstellen und durch die Unternehmensleitung freigeben lassen.

6.3 Die Fachbereiche berichten an die Unternehmensleitung und den Wertanalytiker regelmäßig über den Fortschritt der Realisierung.
Der Wertanalytiker bespricht regelmäßig (monatlich, wöchentlich) mit dem Team und mit dem im Aktionsplan für die Durchführung benannten Verantwortlichen den Fortschritt der Arbeiten und fordert zur konstruktiven Kritik auf.

6.4 Der Wertanalytiker berichtet abschließend über das Ergebnis des WA-Projektes an die Unternehmensleitung (Zusammenfassung, SOLL/IST-Vergleich).

4.1.3 Benchmarking

Damit ein Unternehmen im internationalen Wettbewerb bestehen kann, muss es bestrebt sein, seine Ergebnisse und Abläufe ständig zu verbessern. Nur so ist es der Konkurrenz im Markt auf Dauer gewachsen. Unter den Bedingungen der weltweit sich beschleunigenden technologischen Entwicklungen ist es aber erforderlich, die eigene Leistung nicht nur am Leistungsstand der direkten Wettbewerber zu messen, sondern an der jeweiligen im internationalen Maßstab gültigen Bestleistung zu orientieren. Auch genügt es oft nicht, nur einzelne Leistungsparameter schrittweise (marginal) zu verbessern, sondern es sind große (revolutionäre) Veränderungen erforderlich, um einen spürbaren Wettbewerbsvorteil zu erreichen.

Die Methode des Benchmarking, die dabei helfen soll, diese Ziele zu realisieren, wurde in den Siebzigerjahren des vorigen Jahrhunderts von der Fa. Xerox entwickelt, als diese feststellen musste, dass die Konkurrenz in der Lage war, Kopiergeräte zu einem Preis anzubieten, der unter den eigenen Herstellkosten lag. In Deutschland wird seit den 1990er Jahren Benchmarking betrieben und durch das **Deutsche Benchmarking Zentrum (DBZ)** sowie dem **Informationszentrum Benchmarking der Fraunhofer-Gesellschaft (IZB)**, beide in Berlin, gefördert und betreut.

Der Begriff **„Benchmarking"** entstammt dem Vermessungswesen und kann als **„Bezugspunkt"** interpretiert werden [SaTi97]. Andere Quellen geben den Ursprung des Wortes auch als aus den Begriffen „Bench" = Werkbank und „Mark" = Markierung zusammengesetzt an. Eine Markierung an einer Werkbank, die z. B. dazu dient, die Länge von zu bearbeitenden Werkstücken vorzugeben. Als Kurzform ist vielleicht die folgende Formulierung nützlich:

„Ein Benchmark ist ein **Referenzpunkt** einer gemessenen Bestleistung [SiKe08]."

Das Benchmarking als Managementmethode wird definiert als:

„Ständiger Prozess des Strebens eines Unternehmens nach Verbesserung seiner Leistung und nach Wettbewerbsvorteilen durch **Orientierung an den Bestleistungen** in der Branche oder anderen Referenzleistungen [SaTi97]."

„Die Suche nach Lösungen, die auf den besten Methoden und Verfahren der Industrie, den so genannten Best Practices, basieren und ein Unternehmen zu Spitzenleistungen führen [Cam94]."

„Ein kontinuierlicher, systematischer Prozess des Messens und Bewertens eigener Produkte, Dienstleistungen, Methoden und Arbeitsprozesse im Vergleich zu denen von Organisationen, deren Praktiken als beste ‚Best Practices' anerkannt werden, mit dem Ziel der Verbesserung [MKG02]."

Es beruht auf der systematischen **Analyse und Bewertung der eigenen Leistung im Vergleich zu**:

- den Leistungen der wichtigsten Wettbewerber
- den Entwicklungstrends der Branche bzw. der Technologie
- den internationalen Bestlösungen zu Erfüllung bestimmter Funktionen

Dabei können zwei **Ziele** verfolgt werden:

- die **bisherige Bestleistung (erheblich) überbieten** zu wollen, um selbst der Beste zu werden
- die Bestleistung anderer als Ausgangspunkt (Orientierung) zu verwenden, um **das eigene Leistungsvermögen zu verbessern**

Durch systematisches Benchmarking lassen sich in der Regel bedeutende Verbesserungen im Hinblick auf den Kundennutzen, der Produkt- und/oder Prozessqualität, der Produktivität, des Zeitmanagements und des Kostenaufwands erzielen. Im Einzelnen sind folgende Wirkungen zu erwarten:

- Konsequente Orientierung des Unternehmens an den Markterfordernissen, Kundenbedürfnissen und Wettbewerbsbedingungen
- Überprüfung von Unternehmenszielen und -strategien
- Aufzeigen von Einflussfaktoren auf die Effektivität (von Produkten und/oder Prozessen)
- Aufdecken von Schwachstellen und/oder Leistungslücken
- Erhöhung der Transparenz von Prozessabläufen
- Identifizierung von Verbesserungsmöglichkeiten sowie Einleitung eines kontinuierlichen Verbesserungsprozesses (KVP)
- Anregung von Innovationsprozessen
- Unterstützung des Qualitätsmanagements
- Früherkennung von Markttendenzen

Bestleistungen und/oder Bestlösungen im Sinne des Benchmarking sind dabei weit mehr als nur die der Wettbewerber. Sie werden ebenso durch die Leistungen von Zulieferern und anderen Partnern, durch Bestlösungen bei der Erfüllung von Funktionen, durch die technologischen Lösungsmöglichkeiten zu einem bestimmten Zeitpunkt sowie durch Forderungen, Wünsche und Ideen von Kunden bestimmt.

Aus diesen Aspekten ergeben sich die in Tab. 4.5 zusammengefassten **Grundfunktionen** des Benchmarking, in der Tabelle sind auch die Kernfragen enthalten, die sich das Unternehmen stellen muss.

Der Benchmarking-Prozess kann generell in fünf **Kernphasen**, denen bestimmte Arbeitsschritte und Methoden zugeordnet sind, eingeteilt werden:

- Zielsetzung
- Interne Analyse
- Vergleich
- Maßnahmenableitung
- Umsetzung

Tab. 4.5 Funktionen des Benchmarking [SaTi97]

Funktion	Zu beantwortende Fragen
1. Mess- und Maßstabs-funktion	· Wo steht das Unternehmen im Vergleich mit der Konkurrenz und mit anderen Unternehmen? · Was sind die weltbesten Problemlösungen (im Sinne von Benchmarks und als objektiver Bewertungsmaßstab)? · Was werden in Zukunft die besten Problemlösungen sein?
2. Erkenntnis-funktion	· Was machen andere Unternehmen besser oder schlechter als das eigene Unternehmen? · Weshalb ist etwas besser oder schlechter, was sind die Ursachen dafür? · Was können wir von anderen übernehmen (bewährte Gesamtlösungen, Teillösungen, Methoden)? · Welche Anpassungen bewährter Vergleichslösungen sind möglich oder notwendig? · Wie können Bestlösungen oder andere Vergleichslösungen als Ausgangspunkt für eigene kreative Problemlösungen genutzt werden?
3. Zielfunktion	· Welche Veränderungen sind notwendig, um die Wettbewerbsposition des Unternehmens (möglichst dauerhaft) zu verbessern? · Welche Ziele (Gesamtziel, Teilziele) sind für die Verbesserung vorzugeben? Können und wollen wir selbst Branchen- bzw. Klassenbester werden? · Welche Voraussetzungen müssen geschaffen werden, um den Verbesserungsprozeß erfolgreich zu gestalten?
4. Implemen-tierungs-funktion	· Welche Maßnahmen sind notwendig, um die geplanten Veränderungen zu realisieren? · Auf welchen Gebieten bestehen besonders günstige Bedingungen für die Verbesserung der Wettbewerbssituation?

Das Fünf-Phasen-Konzept lässt sich sowohl für das prozess- und produkt- als auch das kennzahlenorientierte Benchmarking anwenden, wobei die einzelnen Phasen je nach Betrachtungsobjekt (technisches Produkt oder Prozess) und an die unternehmerischen Schwerpunkte angepasst werden müssen. Daher trifft man in der Praxis hin und wieder auf Darstellungen, die von diesem Modell abweichen. Entscheidend bei der Durchführung eines Benchmarking-Projektes sind die ausdrückliche Prozessorientierung sowie eine Anpassung an die jeweilige „Sprache" des Unternehmens. Durch die Anpassung wird die Akzeptanz für die Durchführung des Projektes sowie ein genaues Verständnis für die Idee des Benchmarking innerhalb des Unternehmens erleichtert (hierzu dient im Besonderen die Phase der Zielsetzung). Darüber hinaus muss jedes Benchmarking-Projekt einem strukturierten und formalisierten Ablauf folgen. Auf diese Weise können **Meilensteine** vereinbart und erzielte Ergebnisse besser kontrolliert werden. Auch werden somit die Reihenfolge und die Inhalte der Prozessschritte für alle Beteiligten leichter nachvollziehbar. Schließlich ermöglicht ein standardisierter Prozess die Orientierung an eventuell bereits vorangegangenen Projekten [MeKo09].

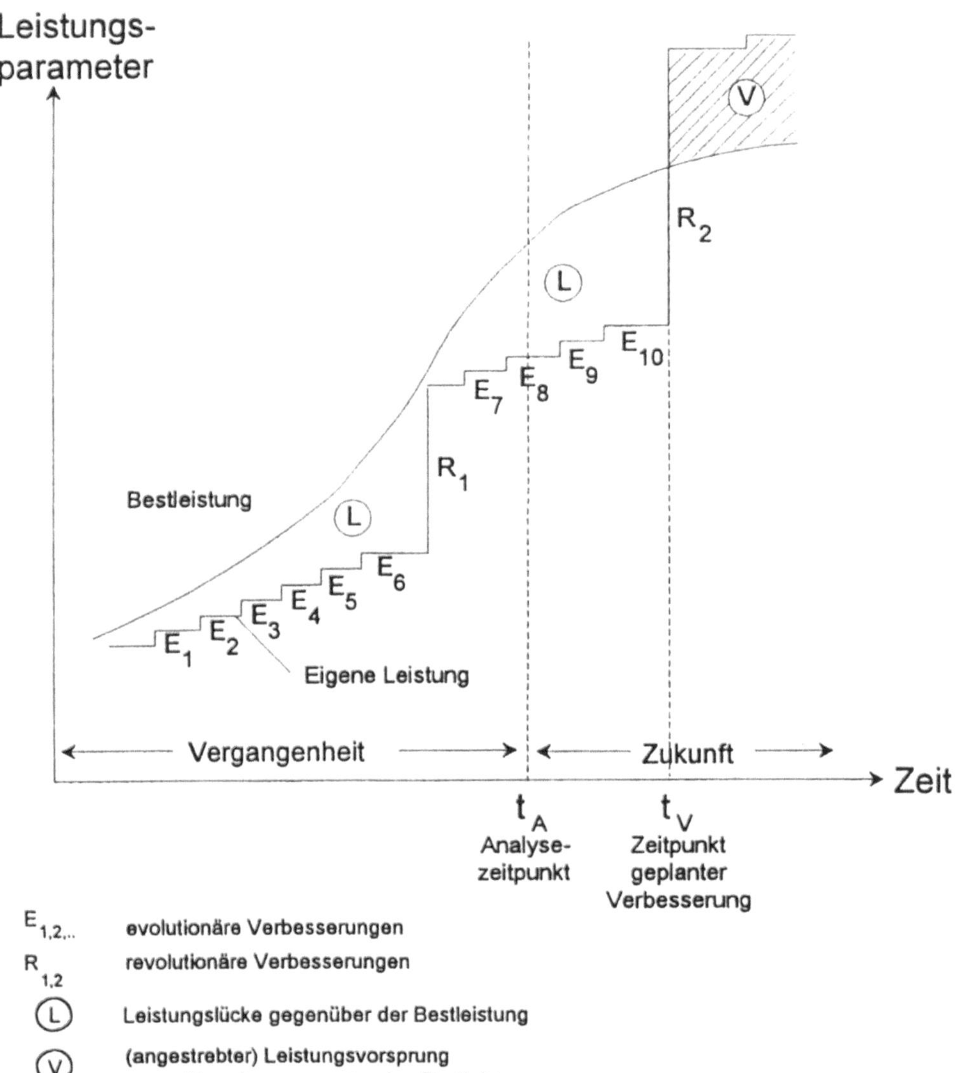

Abb. 4.3 Evolutionäre und revolutionäre Verbesserung in Verbindung mit Benchmarking [SaTi97]

Wesentliche **Kernziele** des Benchmarking-Prozesses sind:

- den **eigenen Geschäftsprozess verstehen** (Stärken und Schwächen aufzeigen)
- zu **wissen, wie es die Besten machen**
- **von den Besten lernen**
- **Überlegenheit gewinnen** durch die Gestaltung von neuen Bestlösungen **im eigenen Unternehmen**

Tab. 4.6 Entwicklungsgenerationen des Benchmarking [SaTi97]

Generation	Bezeichnung	Bemerkungen
1. Generation	**Reverse Engineering**	Analyse von Wettbewerbsprodukten
2. Generation	**Wettbewerbs-orientiertes Benchmarking**	Produkt- und Prozeßvergleich mit Wettbewerbern, 1976 bis 1986 bei XEROX systematisch entwickelt und verfeinert
3. Generation	**Prozeßorientiertes Benchmarking**	Prozeßvergleiche auf der Basis von Analogien zwischen den Geschäftsabläufen von Unternehmen, 1982 bis 1988 in Verbindung mit zunehmender Qualitätsorientierung herausgebildet
4. Generation	**Strategisches Benchmarking**	Veränderung des gesamten Unternehmens und nicht nur einzelner Abläufe (insbesondere in Verbindung mit Geschäftsallianzen)
5. Generation	**Globales Benchmarking**	Umfassende Anwendung des Benchmarking zur "Überbrückung der Unterschiede internationaler Handels-, Kultur- und Geschäftsabläufe"

Die **Veränderungen**, die im Rahmen des Benchmarking an Produkten oder Prozessen identifiziert werden, können in die beiden Klassen:

- **evolutionär**, d. h. Weiterentwicklung in kleinen Schritten
- **revolutionär**, d. h. Neuentwicklung in „Quantensprüngen“

eingeteilt werden (s. Abb. 4.3).

Durch die Bildunterschrift wird angedeutet, dass Benchmarking in der Regel eine erheblich weiter gefasste Zielsetzung hat als **KAIZEN** (ständige Verbesserung), **KVP** (kontinuierlicher Verbesserungsprozess) und/oder **QFD** (Quality Function Deployment), diese Methoden (s. Abschn. 1.3) können aber durchaus Bestandteile des Benchmarking-Prozesses sein.

Betrachtet man die Entwicklung des Benchmarking im zeitlichen Verlauf (Tab. 4.6), so kann man zu dem Schluss kommen, dass es sich lediglich darum handelt, schrittweise den Betrachtungshorizont für das fragliche Objekt zu erweitern. Es ist aber auch einsehbar, dass der hohe Anspruch der 4. und 5. Generation nur mit großem Aufwand zu befriedigen ist.

4.1.3.1 Benchmarking-Arten

Die Arten des Benchmarking können nach verschiedenen Gesichtspunkten klassifiziert werden. Die Hauptaspekte der Unterscheidung von Benchmarking-Arten betreffen das Vergleichsobjekt. Beispiele hierfür sind in Tab. 4.7 detailliert beschrieben, und die Form

Tab. 4.7 Arten des Benchmarking nach dessen Gegenstand [SaTi97]

Arten des Benchmarking	Gegenstand (Objekt) des Benchmarking	Bemerkungen
Produkt-Benchmarking	**Produkte** · Hardware · Software · Dienstleistungen	Komplexität der Bewertung hängt von Produktstruktur, Systemcharakter, Produkttechnologie und anderen Faktoren ab
Prozess-Benchmarking	**Prozesse** · Geschäftsprozesse des Unternehmens · Technologische Prozesse · Dienstleistungsprozesse · Organisationsprozesse · Arbeitsprozesse differenziert nach - Gesamtprozessen - Teilprozessen - Verrichtungen (Aktivitäten)	Komplexität der Bewertung hängt unter anderem von Prozessart, Prozessstruktur, Prozesstechnologie (bei technologischen Prozessen) ab: Untersuchung von Abläufen nach Zeitdauer, Kosten- und Kapazitätsaufwand, Vernetzung von Teilprozessen
Organisations-Benchmarking	**Organisationsstrukturen und -modelle** Projektstrukturen	Insbesondere für Aufbauorganisation (Ablauforganisation nach Prozess-Benchmarking)
Strategie-Benchmarking	**Strategien** des Unternehmens	Vergleichbarkeit der strategischen Ziele beeinflußt Art und Umfang der Wertung

der Zusammenarbeit mit Benchmarking-Partnern, aus denen sich wiederum die verschiedenen Referenzklassen (s. Tab. 4.8) ergeben.

Die Differenzierung des Benchmarking nach Arten ist für die praktische Anwendung im Einzelfall von Bedeutung. Durch die Konkretisierung des Vorgehens, also die Wahl der Benchmarking-Art, werden wesentliche Festlegungen und Rahmenbedingungen definiert, die den weiteren Projektverlauf und das Ergebnis beeinflussen. Die verschiedenen Arten sind auf verschiedene Anwendungsfälle zu beziehen und mit spezifischen Vor- und Nachteilen verbunden, die bereits in der Projektplanungsphase zu berücksichtigen sind.

Benchmarking lässt sich in Bezug auf die Benchmarking-Partner in die folgenden Kategorien einteilen (s. a. Tab. 4.8):

Internes Benchmarking: Beim internen Benchmarking lernen Organisationen von ihren eigenen Strukturen und Prozessen. **Best Practices** für den jeweiligen Arbeitsschritt oder für Prozessabläufe in unterschiedlichen Unternehmensbereichen werden identifiziert, analysiert und auf eine interne Übertragbarkeit hin überprüft. Dies kann auf allen Ebenen im Sinne einer Standardisierung praktiziert werden. Somit können Informationen über das prinzipiell zur Verfügung stehende Leistungspotenzial erarbeitet werden. Ein wichtiges Nebenprodukt eines solchen internen Benchmarking bildet die Identifizierung von Dop-

Tab. 4.8 Referenzklassen des Benchmarking

Referenzklasse	Referenzobjekte	Zielstellung	Bemerkungen
Internes Benchmarking	**Filialen, Geschäftsbereiche des eigenen Unternehmens**	Leistungsverbesserung im Unternehmen	-relativ günstige Bedingungen des Vergleichs -begrenztes Verbesserungspotential
Externes Benchmarking **Branchenbezogenes Benchmarking**	**- Wettbewerber** **- andere Unternehmen der Branche (Zulieferer, anderes Leistungsprogramm)**	- Erringung von Wettbewerbsvorteilen - Führerschaft in der Branche	-enge Verbindung zur Wettbewerbsanalyse -ständige Analyse der Branchenentwicklung (Markt, Technologie,...)
Branchenübergreifendes Benchmarking (funktionsbezogenes BM, Generic BM)	**Unternehmen mit Bestlösungen für eine bestimmte Funktionserfüllung (best in class)**	- Erringung von Wettbewerbsvorteilen - Erzielen von Bestlösungen	-Ermittlung von Analogien, spezifische Anpassung für Unternehmen -umfangreichstes Verbesserungspotential

pelarbeiten, das heißt, räumlich getrennte gleiche oder ähnliche Arbeiten werden erkannt und können durch Reorganisation vermieden werden.

Externes Benchmarking: Die Durchführung von Benchmarking-Projekten mit Partnern außerhalb der eigenen Organisation wird als externes Benchmarking bezeichnet. Externes Benchmarking bezeichnet den Vergleich von unternehmenseigenen Praktiken mit Vorgehensweisen fremder Unternehmen, das heißt, wesentliches Charakteristikum und eigentliches Potenzial ist hierbei der unternehmensübergreifende Ansatz. Hierbei können die Partner-Unternehmen aus der gleichen (branchenbezogenes Benchmarking) oder aus anderen (branchenübergreifendes Benchmarking) Branchen stammen. Damit ein Vergleich überhaupt möglich ist, muss eine bestimmte Grundähnlichkeit der jeweiligen Vergleichsobjekte vorhanden sein. Deren Ähnlichkeiten werden beim externen Benchmarking identifiziert, analysiert und bei Bedarf für Verbesserungsprojekte herangezogen [MeKo09].

Wie in Abb. 4.4 zu erkennen ist, sind die verschieden Benchmarking-Referenzklassen in ihrer Durchführung unterschiedlich aufwendig. So ist die Durchführung eines branchenübergreifenden Benchmarking, bei dem branchenübergreifende Prozesse oder Produkte analysiert und miteinander verglichen werden, am aufwendigsten, führt aber häufig zum größten Erkenntnisgewinn in Form der Identifikation von Best-Practices.

Vor allem für kleine und mittelständische Unternehmen (KMU) stellt die Durchführung eines externen Benchmarkings eine bedeutende Aufgabe dar. Hierfür bietet das Konsortial-Benchmarking einen Lösungsansatz. In einem Konsortial-Benchmarking-Projekt

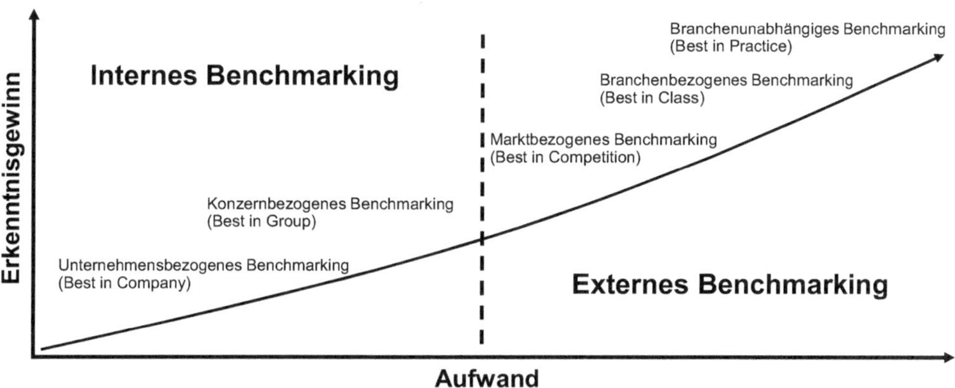

Abb. 4.4 Vergleich von internem und externem Benchmarking. (In Anlehnung an [MeKo09])

wird das Benchmarking von mehreren Unternehmen gemeinsam durchgeführt. Die Kosten werden geteilt und reduzieren sich im Vergleich zu einer Alleindurchführung für jedes beteiligte Unternehmen. Die Benchmarking-Partner definieren gemeinsam den thematischen Schwerpunkt der Untersuchung, identifizieren führende Unternehmen und lernen im direkten Austausch von deren Best-Practice-Lösungen.

Es sei aber darauf hingewiesen, dass das **DBZ** und das **IZB** diese Vorgänge unterstützen und bei der Organisation helfen (natürlich nicht kostenlos). Am Schluss der Betrachtung steht aber die Feststellung, dass die höchste Entwicklungsstufe des Benchmarking auch das höchste Potential für Verbesserungen verkörpert. Es ist das branchenübergreifende, funktionsbezogene (generische) Benchmarking, mit dessen Hilfe Bestlösungen ermittelt werden (Abb. 4.4). Hierdurch wird die Voraussetzung dafür geschaffen, dass ein Unternehmen die Position des **„Best in Practice"** erlangt.

4.1.3.2 Produkt-Benchmarking

Das **Produkt-Benchmarking** wird von einigen Autoren auch oft in Verbindung mit dem **„Reverse-Engineering"** genannt (s. a. [MER14], [PaBe13] und Abschn. 3.2.2). Es hat durchaus eine erhebliche Bedeutung, insbesondere für die Produktentwicklung im F+E-Bereich.

Ein Produkt-Benchmarking ist relativ einfach zu bewerkstelligen, weil man ja das Konkurrenzprodukt in der Regel auf dem freien Markt kaufen kann. Das geht so weit, dass z. B. Automobilhersteller Fahrzeuge der Konkurrenz kaufen, in ihre Bestandteile zerlegen und sogar mit eigenen Komponenten ausstatten, um die Veränderung bestimmter Eigenschaften studieren zu können. Es sei aber auch noch einmal darauf hingewiesen, dass im Benchmarking unter dem Begriff „Produkt" nicht nur materielle Güter (oder Hardware), sondern auch Prozesse, Dienstleistungen und Software verstanden werden können.

Der Prozess des Produkt-Benchmarking besteht (auf Hardware bezogen) nun darin, die einzelnen Funktionen und Eigenschaften der Produkte sowie die Differenzen im Funktionsumfang und den technischen Lösungen zu den einzelnen gewünschten Funktionen zu ermitteln. Die Unterschiede werden bewertet und als **Funktionskosten** oder in einer **Nutzwertanalyse** dargestellt (s. a. **Wertanalyse** in Abschn. 4.1.2). Die Basis der Kostenschätzung sind die Kosten für die Realisierung einer technischen Lösung im eigenen Unternehmen (Eigenfertigung). Nun werden leistungs- und designabhängige Unterschiede ermittelt und es wird versucht, bessere (und/oder kostengünstigere) technische Lösungen zu entwickeln. Dabei wird auch nach **neuen Technologien** gesucht, die bezüglich der Produktziele einen Leistungsvorsprung ermöglichen, wenn man sich nicht darauf beschränken möchte, Technologienachfolger zu sein. Es geht also nicht nur darum, die technischen Lösungen des Wettbewerbs zu analysieren (Konkurrenzanalyse), sondern diese zu übertreffen (Benchmarking). Die **Fragestellungen** dabei lauten:

- Wo liegen im Vergleich zum (zu den) Konkurrenzprodukt(en) die **Schwachstellen des eigenen Produktes in den Funktionen**?
- Wo liegen die **Schwachstellen in den technischen Lösungen**?
- Welche **Designelemente** sind aus der Sicht des Kunden evtl. **überflüssig**?
- Welche Kostenreduktionspotentiale lassen sich finden?
- Welche **Funktionen und Merkmale** bringen aus der Sicht des Kunden **keinen zusätzlichen Nutzen**, könnten ihn aber veranlassen, mehr für das Produkt zu zahlen?
- Welche technischen Lösungen können gegebenenfalls für das eigene Produkt erarbeitet werden? (hierbei sind patentrechtliche Restriktionen zu berücksichtigen)
- Wie kann man sich vom Wettbewerb unterscheiden (und vielleicht ein Alleinstellungsmerkmal finden)?
- Welche Innovationspotentiale lassen sich identifizieren?

Reverse-Engineering bietet den Vorteil, schnell Verbesserungen am Produkt zu erreichen, es bietet deshalb auch erhebliche Möglichkeiten zur Motivation der beteiligten Mitarbeiter.

Bei der Entwicklung von Produkten des Maschinenbaus orientiert sich das Produkt-Benchmarking, wie man sich denken kann, am Vorgehen nach der VDI-Richtlinie 2221 (s. Abb. 4.5).

In Abb. 4.5 wird veranschaulicht, dass das Anpassen der Spezifikationen anhand von Information- und Erfahrungszuwachs natürlich auch Iterationsvorgänge einschließen kann. Wie beim Konstruktionsprozess sollten aber die Schleifen nicht zu groß sein oder zu häufig auftreten, sie verzögern sonst den Prozessablauf zu sehr.

Die Anzahl der Schritte ist beim Produkt-Benchmarking, wie man sieht, gegenüber der VDI-Richtlinie 2221 von sieben (s. Abb. 3.3) auf neun angewachsen, im Einzelnen ist noch anzumerken, dass:

- im Schritt 2 sog. natürliche Benchmarks die physikalisch, technischen Grenzen sein müssen,
- im Schritt 3 die Bezeichnung „Greybox“ sich wahrscheinlich auf die aus der Konstruktionssystematik bekannten „Black-Box“ bezieht,

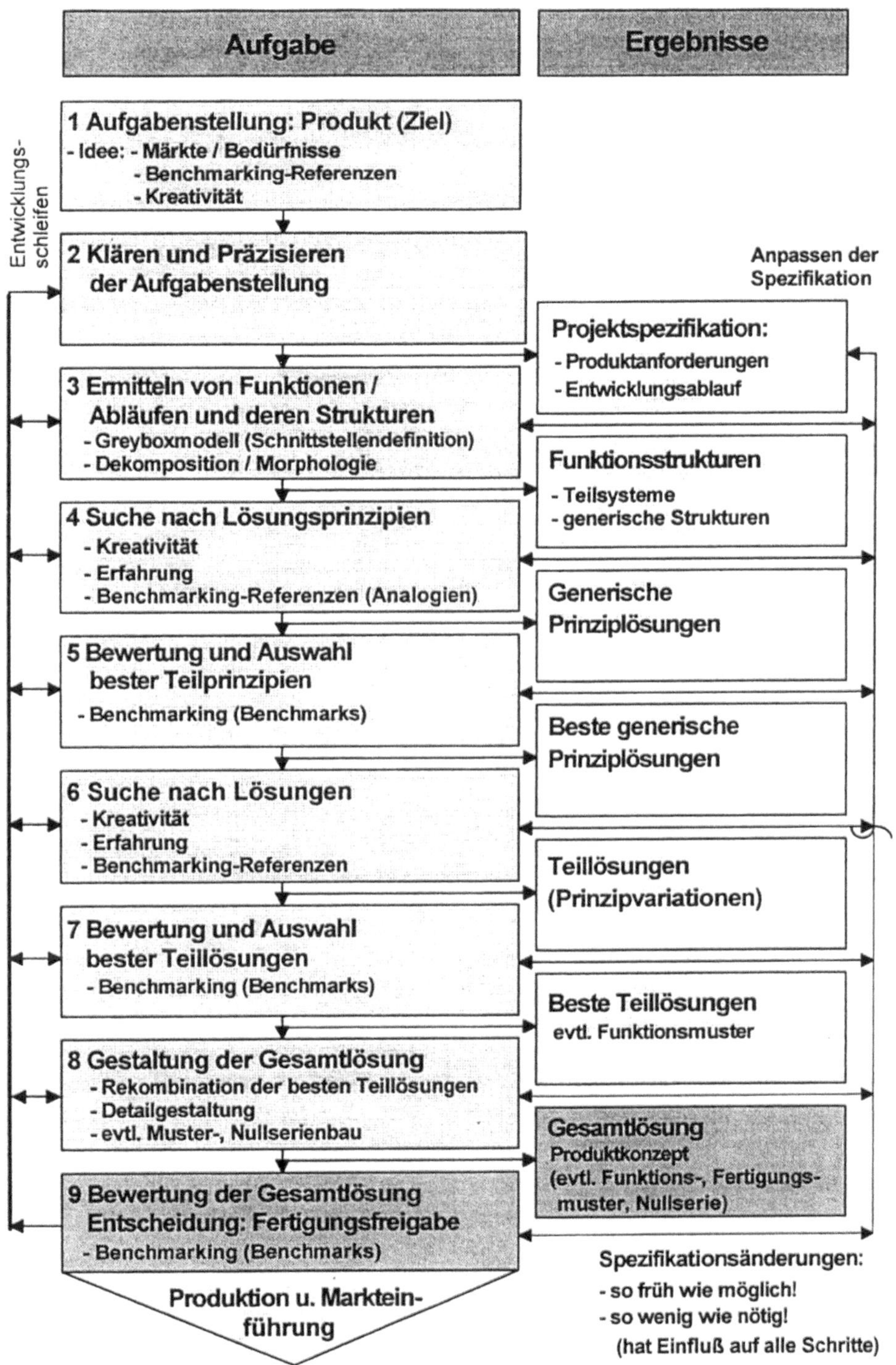

Abb. 4.5 Prozess des methodischen Entwickelns von Produkten mit Benchmarking. (Nach VDI-Richtl. 2221 [SaTi97])

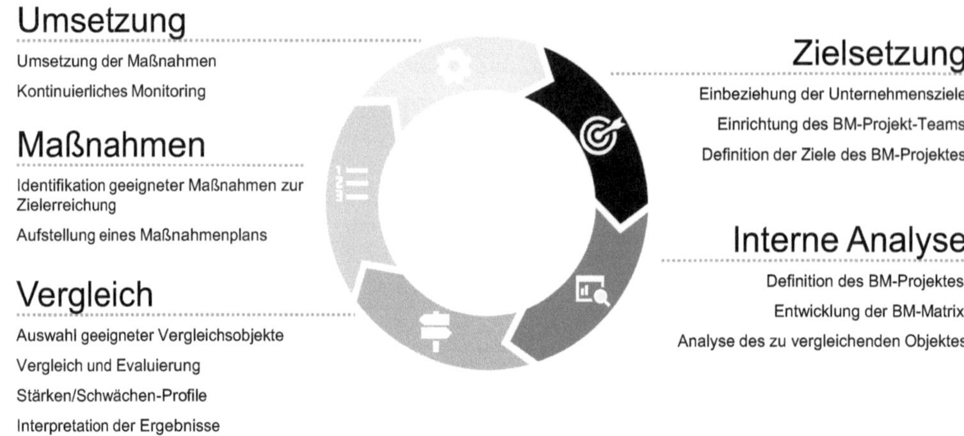

Abb. 4.6 5-Phasen-Vorgehenskonzept für produktorientiertes Benchmarking [aus Präsentation des IZB]

- im Schritt 4 der Begriff „generisch" bedeutet (Duden) „die Gattung betreffend", bei *Sabisch/Tintelnot* [SaTi97] wird dazu ausgeführt: „generisch bedeutet, dass bei einer neu zu lösenden Aufgabe (Ziel) und einer Aufgabe, für die es bereits eine Referenzlösung gibt, gleichartige Grundstrukturen existieren. Generische Strukturen müssen substituierbar (austauschbar) sein."

Bei der in Schritt 8 angesprochenen Herstellung von Mustern oder Prototypen kann zusätzlich untersucht werden, wie die Prozesse zur Herstellung insgesamt oder in Teilen am effizientesten ausgeführt werden können (**Best Practice**). Oft ist es erforderlich, dass hierfür zusätzliche Informationen von Benchmarking-Partnern zu Verfügung stehen, was in einer Konkurrenzsituation natürlich schwierig werden kann.

Das formale Vorgehen sieht vor, dass von den zu untersuchenden Produkten so genannte Anschauungstafeln angefertigt werden, auf denen (wie bei einem Morphologischen Kasten, s. Abschn. 5.4.2) in einem Raster die Bauteile mit ihren Eigenschaften (z. B. Kosten, Gewicht, Werkstoff, Abmessungen und Toleranzen) angeordnet werden. Mit Hilfe von Fotos werden die Tafeln in Produktmappen zusammengestellt und damit archivierbar gemacht.

Eine andere Vorgehensweise wird vom Informationszentrum Benchmarking der Fraunhofer-Gesellschaft (IZB) vorgeschlagen:

Der Ablauf eines Produkt-Benchmarkings gliedert sich in fünf Phasen, in denen die Zielsetzung, Analyse und der Vergleich der Benchmarking-Objekte vorgenommen sowie Maßnahmen identifiziert und umgesetzt werden (s. Abb. 4.6).

In der Zielsetzungs-Phase werden, ausgehend von den Unternehmenszielen, die spezifischen Ziele des Benchmarking-Projekts definiert. Die Bildung eines Projektteams, welches aus Mitarbeitern des Unternehmens und im Zweifelsfall externen Beratern be-

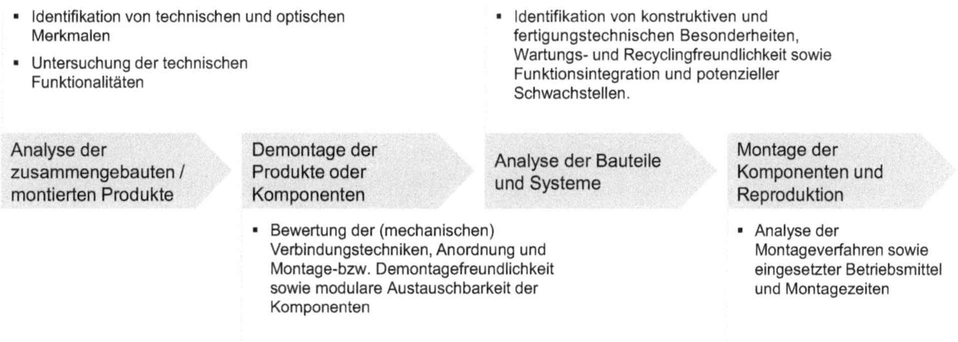

- Identifikation von technischen und optischen Merkmalen
- Untersuchung der technischen Funktionalitäten

- Identifikation von konstruktiven und fertigungstechnischen Besonderheiten, Wartungs- und Recyclingfreundlichkeit sowie Funktionsintegration und potenzieller Schwachstellen.

Analyse der zusammengebauten / montierten Produkte → Demontage der Produkte oder Komponenten → Analyse der Bauteile und Systeme → Montage der Komponenten und Reproduktion

- Bewertung der (mechanischen) Verbindungstechniken, Anordnung und Montage-bzw. Demontagefreundlichkeit sowie modulare Austauschbarkeit der Komponenten

- Analyse der Montageverfahren sowie eingesetzter Betriebsmittel und Montagezeiten

Abb. 4.7 Schritte zur Analyse der Benchmarking-Objekte [aus Präsentation des IZB]

steht, schließt sich an die Zieldefinition an. Zumeist kann aus den Zielen ein direkter Rückschluss auf das Benchmarking-Objekt gezogen werden. Die Grenzen dieses Untersuchungsobjektes müssen jedoch genau definiert werden. Auf Basis der definierten Ziele wird die Benchmarking-Matrix vorbereitet. Die Benchmarking-Matrix umfasst alle Merkmale, die im Rahmen des Benchmarking untersucht werden sollen. Mögliche Analyseparameter orientieren sich an der definierten Zielsetzung des Benchmarking-Projekts, hängen von dem Benchmarking-Objekt ab und können anhand des Produktlebenszyklus (s. a. Abschn. 2.1 und 4.1) abgeleitet werden:

- **Produktidee:** Kundenbedürfnisse, Problemlösung, Technische Innovationen
- **Entwicklung:** Konstruktionsprinzipien
- **Produktion:** Operative, zeitlich und räumliche und mengenbezogene Aspekte, Fertigungsverfahren, Qualitätsaspekte
- **Nutzung:** Bedienung, Sicherheit, technische Leistungsparameter
- **Service:** Wartung, Instandhaltung, Ersatzteilkompatibilität
- **Recycling:** Demontage, Wiederverwertbarkeit

Anschließend wird das eigene Produkt auf Basis der definierten Untersuchungskriterien analysiert und bewertet. Dieser Prozesse gliedert sich in vier Schritte (s. Abb. 4.7).

Auf Basis der Untersuchungsergebnisse des internen Vergleichs werden geeignete **Benchmarking-Vergleichsobjekte** ausgewählt. Hierbei sollten vor allem Vergleichsobjekte ausgewählt werden, die die zu verbessernden Produkteigenschaften im besonderen Maß erfüllen. Danach werden die Vergleichsobjekte anhand der Merkmale der Benchmarking-Matrix untersucht. Als Ergebnis werden sowohl ein Stärken-Schwächen Profil (ggf. mithilfe eines Morphologischen Kastens) als auch eine Nutzwertanalyse (s. Kap. 5) generiert und in der Benchmarking-Matrix zusammengeführt. Auf Basis der Analyseergebnisse können geeignete Maßnahmen identifiziert und in einem Maßnahmenplan zusammengestellt werden. Die Umsetzung der Maßnahmen muss durch ein kontinuierliches Projektmanagement begleitet werden, um die Zielerreichung zu sichern und eventuelle Anpassungen für Zielsetzungen von Folgeprojekten vornehmen zu können.

Die **Vorteile** des Produkt-Benchmarking sind:

- erhebliche Einsparung eigener Entwicklungsarbeiten
- genaue Kenntnis des Produkts, der eigenen Möglichkeiten und des Marktes
- Sammlung und Analyse von Wettbewerbsinformationen
- Ausbau der Funktionalität des Produkts und damit des Nutzens für den Verbraucher

die **Nachteile**:

- unter Umständen Einschränkung der Kreativität durch starke Ausrichtung auf direkte Wettbewerbsprodukte
- Aufwand durch formales Vorgehen und evtl. Schulung der Mitarbeiter.

4.1.3.3 Praxisbeispiel

Allgemeine Hinweise Wie bereits am Anfang der Beschreibung des Benchmarkings erwähnt, ist das Produkt-Benchmarking häufig der Einstieg in diese Methode. Das liegt daran, dass es eng mit der traditionellen Wettbewerbsanalyse verwandt ist und die Umsetzung der Analyseergebnisse bei der Neuentwicklung von Erzeugnissen und Dienstleistungen relativ einfach ist. Es erscheint deshalb angebracht, ein an der Praxis orientiertes Beispiel zu behandeln. Hierzu ist ein Hinweis aus dem Lehrbuch von *Pahl/Beitz* [PaBe13] interessant, der im Zusammenhang mit Maßnahmen zur Kostenreduzierung erwähnt wird:

Benchmarking und Reverse-Engineering → Analyse von eigenen und Wettbewerbsprodukten auf der Komponentenebene (z. B. Gewicht, Material, Leistung) und der Beziehungsebene der Komponenten (z. B. Schnittstellen, Funktionen) sowie entsprechenden Prozessen (s. a. *Sabisch/Tintelnot* [SaTi97]).

Es ist übrigens bemerkenswert, dass die Methode des Benchmarking in diesem bedeutenden Standardwerk erst in der 8. Ausgabe im Zusammenhang mit der Beschreibung von Begleitprozessen zum Produktentstehungsprozess (**PEP**) auftaucht.

Es muss vorausgeschickt werden, dass zur Vorbereitung eines Benchmarking in einem Unternehmen Kenntnisse aus dem Bereich des Projektmanagements nützlich sind. Außerdem liefert auch die Methode der Wertanalyse (s. Abschn. 4.1.2) konkrete Hinweise zur Organisation des Vorhabens.

Als erstes ist es erforderlich, einen Mindestaufwand für die Vorbereitung und Planung des Benchmarking-Projekts zu betreiben. Dazu gehört, die Analyse der folgenden Punkte:

- Wie steht es um die Zufriedenheit der Kunden mit dem Produkt?
- Welche Entwicklung des Marktes und/oder der Technologie ist zu erwarten?
- Wie wird sich die Nachfrage nach den Produkten und Leistungen des Unternehmens entwickeln?

Danach müssen die folgenden Punkte in Angriff genommen werden:

- Festlegung des Benchmarking-Objekts (Produkt, Prozess, Organisationseinheit)
- Festlegung des Ziels, Bewertungskriterien, Maßstab der Bewertung
- Bestimmung des Verantwortlichen und der Mitarbeiter des Teams
- Planung der inhaltlichen Aufgaben und des zeitlichen Ablaufs
- Planung des zeitlichen und kostenmäßigen Aufwands
- Festlegung der mitwirkenden Bereiche des Unternehmens
- Beschaffung der notwendigen Informationen (intern und extern)
- Möglichkeiten der Gewinnung von Benchmarking-Partnern
- Beratungsaufwand (z. B. durch das DBZ)

Produkt-Benchmarking am Fraunhofer Institut für Produktionsanlagen und Konstruktionstechnik (IPK) Das Fraunhofer-Institut für Produktionsanlagen und Konstruktionstechnik IPK betreibt angewandte Forschung und Entwicklung auf den Gebieten zukunftsorientierter Technologien für den Produktionsprozess in Fabriken. Zu den wesentlichen Aufgaben des Fraunhofer IPK gehört es, für industrielle und öffentliche Auftraggeber Basisinnovationen in funktionsfähige Anwendungen zu überführen. Ein besonderes Anliegen besteht darin, neuartige kostengünstige und umweltfreundliche Lösungen auch kleineren und mittelständischen Betrieben anzubieten.

Um den Herausforderungen von produktorientierten Benchmarking-Projekten bestmöglich zu begegnen, werden die Kompetenzen unterschiedlicher Bereiche des IPK kombiniert. Die methodischen Kompetenzen des Bereichs Unternehmensmanagement und des Informationszentrums Benchmarking sichern ein zielgerichtetes Vorgehen ab, während die analytischen und messtechnischen Kompetenzen des Bereichs Produktionssysteme die Genauigkeit und Detailtiefe der Analyseergebnisse garantieren. Die messtechnische Infrastruktur des Fraunhofer IPK ermöglicht die Analyse und den Vergleich einer Vielzahl von Benchmarking-Objekten in Bezug auf die zu untersuchenden Kriterien.

Am Beispiel eines **Produkt-Benchmarking-Projektes von Pkw-Seitentüren** soll dies hier näher erläutert werden:

Mit dem Ziel, ein neues, zukunftsfähiges Seitentürenkonzept zu gestalten und dabei die Optimierungsparameter:

- Kosten- und Gewichtsreduzierung
- Funktionsoptimierung
- Minimierung/Optimierung der Schnittstellen

zu betrachten, wurde gemeinsam mit einem Kunden aus dem Automotive Bereich ein **Benchmarking-Projekt** durchgeführt. In der initialen Phase der Zielsetzung konnte die **Benchmarking-Matrix** aufgestellt werden, welche den Fokus der internen Analyse sowie des Vergleichs wie folgt definiert hat:

Abb. 4.8 Ausführungsbeispiel einer Pkw-Seitentür

- Montage- und Demontagegerechtheit
- Anzahl der Schnittstellen
- Beschreibung der Bauteilefunktion
- Stand der Technik
- verwendete Materialien
- Gewicht
- Hersteller der Systeme
- Service/Ersatzteile (hinsichtlich Servicefreundlichkeit, Verschleiß, Modularer Aufbau)
- Besonderheiten bei Konstruktion und Fertigung der verschiedenen Türkonzepte

Nachdem die eigenen Seitentüren (Fahrer- und Beifahrertür, s. Abb. 4.8) anhand dieser Kriterien untersucht wurden, konnten **Vergleichsprodukte** ausgewählt werden.

Die Seitentüren wurden beschafft, in Aufnahmevorrichtungen aufgespannt und mit allen erforderlichen Energieversorgungen versehen, um die Grundfunktionalitäten der Türen zur Verfügung zu stellen. Für jedes Türkonzept wurden die technischen Funktionalitäten (z. B. Anordnung der Schalter, Dichtungskonzept, Lüftungskonzept, Schließdauer der Fenster) aufgenommen und vorhandene Besonderheiten (z. B. elektrische Spiegelbeheizung in Grundausstattung vorhanden) erfasst. Weiterhin wurden die verschiedenen Türkonzepte hinsichtlich ihrer Bedienerfreundlichkeit sowie optischer Qualität, z. B.:

- Vollverpolsterung
- Lackflächen als Seitenverkleidung
- Verbindungselemente sichtbar
- Kratzfestigkeit der Oberflächen

bewertet. Anschließend wurden Kriterien der Demontagefreundlichkeit wie:

- erforderliche Zeiten
- Zugänglichkeit
- eingesetzte Verbindungstechnik
- benötigte Werkzeuge

identifiziert, erhoben und am jeweiligen Türkonzept untersucht. Zudem wurde die Austauschbarkeit der Systeme analysiert und hinsichtlich:

- Servicefreundlichkeit
- Verschleiß
- modularem Aufbau

geprüft. Um Informationen bezüglich der konstruktiven und fertigungstechnischen Besonderheiten, der **Recycling-Gerechtheit**, der **Funktionsintegration** sowie über potenzielle **Schwachstellen** zu gewinnen, wurde für jedes Türkonzept eine vergleichbare, reduzierte Stückliste mit Zusatzinformationen über Bauteilgewicht, -werkstoffe und -abmessungen erstellt. Die Bauteile wurden anschließend auf Systemebene zusammengestellt. Zur Analyse der Komplexität der Türsysteme wurden Funktionen sowie Schnittstellen miteinander verglichen. Zur Aufdeckung potenzieller Schwachstellen wurden die Bauteile/Systeme analysiert. Gleiches wurde im Anschluss für die **Montagefreundlichkeit** der einzelnen Türkonzepte durchgeführt. Zudem wurden Rückschlüsse auf die eingesetzten **Montageverfahren** und -**betriebsmittel** gezogen. Durch eine manuelle Montage der Türen wurden Montagezeiten bei der Remontage ermittelt. Die Montagegerechtheit der Bauteile und Systeme wurde anhand der Bauteilkonstruktion sowie durch experimentelle Versuche miteinander verglichen.

Durch Abschätzung einer Mechanisierung und Automatisierung der Türen in der Serienmontage, wurden voraussichtlich einzusetzende Verfahren und Werkzeuge identifiziert. Die definierte und abgestimmte Benchmarking-Matrix wurde bezüglich der einzelnen Best-Practice-Lösungen analysiert und mit weiteren Analyseverfahren unterstützt. Anhand dieser bewerteten Best Practices erarbeitete das Projektteam ein **„neues“ Seitentürenkonzept**, welches auf die besonderen Merkmale des eigenen Pkw-Seitentürenkonzepts angepasst wurde und in die einzelnen erkannten Best Practices integriert. Dieses „neue“ Seitentürenkonzept bildete die Grundlage des Leitfadens für die anschließende Maßnahmenableitung und -umsetzung.

Im Kern konnte durch das Projekt eine Konstruktionsalternative der Innenverkleidung ermittelt werden, die es erlaubt, zum einen eine Funktionsintegration der Bedienelemente in der Seitentür umzusetzen, das gesamte Bedienelement montage- und wartungsfreundlicher zu gestalten (schraubenfreie Montage) und gleichzeitig eine fünfprozentige Materialeinsparung zu ermöglichen. Weiterführende Designkonzepte für die Seitentüren wurden nur am Rande ausgearbeitet.

4.2 Anforderungsliste

Der von der Produktentwicklung an die Konstruktionsabteilung ergehende Auftrag (Aufgabenstellung) muss in dem Arbeitsschritt „Klären und Präzisieren der Aufgabenstellung" so beschrieben werden, dass die Umsetzung im Detail erfolgen kann. Aus dem im vorherigen Abschnitt beschriebenen Schritt „Produktplanung" kann man einen Produktvorschlag erwarten, der den folgenden Ansprüchen genügen muss:

- Beschreibung der beabsichtigten Funktionen und des Hauptumsatzes
- vorläufige Aufstellung der Anforderungen (möglichst lösungsneutral beschrieben)
- Wünsche zum Wirkprinzip (z. B. elektrisch, mechanisch, hydraulisch angetrieben)
- Kostenziele oder Kostenrahmen

Die Konstruktion kann mit den oft noch vagen Formulierungen nur in wenigen (einfachen) Fällen direkt an die Arbeit gehen. Es ist notwendig und eigentlich in jedem Fall sinnvoll, zuerst eine so genannte Anforderungsliste zu erstellen, die als gemeinsame Grundlage zur Lösung der Aufgabenstellung dient und im Laufe des Arbeitsfortschrittes auch aktualisiert werden kann (bzw. muss).

Als Grundlage zur Erarbeitung dieser Anforderungsliste dienen die folgenden Fragen [PaBe03]:

- Welchem Zweck muss die Lösung dienen?
- Welche Eigenschaften muss sie haben?
- Welche Eigenschaften darf sie nicht haben?

Es hat sich als nützlich erwiesen, die Anforderungen in Form einer übersichtlich gegliederten Liste zusammenzustellen.

Das methodische Erstellen einer Anforderungsliste sieht vor, die Anforderungen an das Produkt ihrer Bedeutung nach zu klassifizieren (Abb. 4.9).

Man unterscheidet in:

1) Forderungen, die unter allen Umständen erfüllt werden müssen, Nichterfüllung führt zur Nichtakzeptanz des Produktes. Dabei wird weiter unterschieden in:

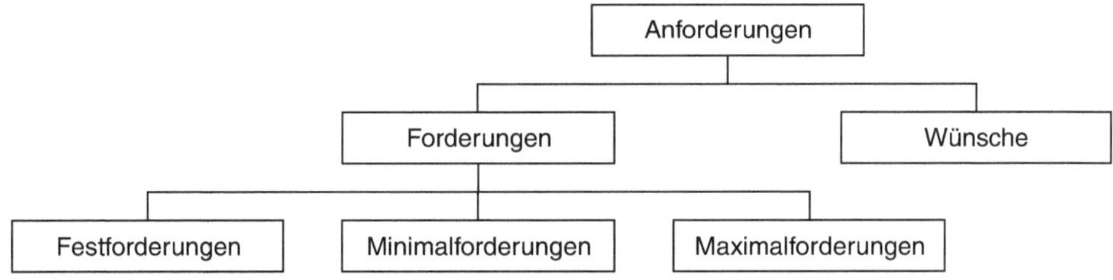

Abb. 4.9 Hierarchische Gliederung der Anforderungen. (Nach [Ehr13])

- Festforderungen (möglichst quantifizierbar, ohne oder besser mit definiertem Toleranzbereich), z. B. „Fahrzeug mit vier Rädern" (nicht drei und nicht sechs) oder „Motorleistung 10 kW ± 1 kW"
- Mindestforderungen, auch Minimalforderung genannt (meist Angabe einer unteren Grenze, die auch überschritten werden darf), z. B. „Leistung einer Antriebsmaschine min. 20 kW"
- Maximalforderung (Angabe einer oberen Grenze), z. B. „Geräuschpegel max. 80 dBA"

  Diese Differenzierung ist aber nicht in jedem Fall erforderlich, oft genügt es, lediglich zwischen Forderungen und Wünschen zu unterscheiden.

2) Wünsche, die nach Möglichkeit erfüllt werden sollen, unter Umständen mit akzeptiertem Mehraufwand (nach Rücksprache mit dem Auftraggeber). Es ist nützlich, diese Wünsche in die Kategorien „wichtig" und „weniger wichtig" zu unterteilen (das erleichtert z. B. die Durchführung von QFD).

Eine weitere Unterteilung der Forderungen, ohne bereits bestimmte Lösungen festzulegen, erfolgt dann in:

- quantitative Forderungen, z. B. Menge, Losgröße für die Fertigung, Stoffdurchsatz, Geschwindigkeit usw.
- qualitative Forderungen, z. B. zulässige Abweichungen, Umgebungsbeschreibung (wassergeschützt), rauer Betrieb usw.

Die Anforderungsliste ist also das interne Verzeichnis aller Forderungen und Wünsche in der Sprache des Technikers. Sie ist aber auch die bei Bedarf zu aktualisierende Verständigungsbasis mit dem Auftraggeber des Konstrukteurs, wer auch immer das ist (Kunde, Vertrieb, Marketing).

Formale Hilfsmittel für die Erstellung der Anforderungsliste, die dazu dienen sollen nichts zu vergessen, sind:

- Checklisten, in denen über längere Zeit bestehen bleibende Standardforderungen „abgehakt" werden
- Leitlinien (Tab. 4.9), in denen technische Merkmale abgefragt werden

Tab. 4.9 Leitlinie mit Hauptmerkmalen zum Aufstellen einer Anforderungsliste. (Nach [PaBe03])

Hauptmerkmal	Beispiele
Geometrie	verfügbarer Raum, Höhe, Breite, Länge, Durchmesser, Anzahl, Anordnung, Anschluss, Ausbau und Erweiterung
Kinematik	Bewegungsart, Bewegungsrichtung, Geschwindigkeit, Beschleunigung
Kräfte	Größe, Richtung, Häufigkeit, Gewicht, zul. Last, zul. Verformung, Steifigkeit, Federeigenschaften, Stabilität, kritische Frequenzen
Energie	Leistung, Wirkungsgrad, Reibung, Ventilation, Zustandsgrößen (Druck, Temperatur, Feuchtigkeit) Wärmezu-/abfuhr, Anschlussenergie, Energiespeicherung, -Arbeitsaufnahme, Energieumformung
Stoff	physikalische und chemische Eigenschaften der Hilfsstoffe und des Produktes, vorgeschriebene Werkstoffe, Materialfluss
Information	Eingangs- und Ausgangssignale, Art der Anzeige, Betriebs- und Überwachungsgeräte
Sicherheit	unmittelbare/mittelbare Sicherheitstechnik, Sicherheitshinweise, Betriebsbeschreibung, Arbeits- und Umweltsicherheit, Unfallverhütungsvorschriften
Ergonomie	Mensch/Maschine-Beziehungen: Bedienungselemente, Bedienungsart, Übersichtlichkeit, Beleuchtung, Design
Fertigung	Einschränkungen durch die Produktionsstätte, größte herstellbare Abmessung, bevorzugtes Fertigungsverfahren, verfügbare Fertigungsmittel, Qualitätsforderungen, Toleranzen
Kontrolle	Mess- und Prüfmöglichkeiten, Vorschriften/Spezifikationen (TÜV, ASME, DIN, ISO, AD-Merkblätter)
Montage	besondere Montageanweisungen, Zusammenbau, Einbau, Montage im Werk oder auf der Baustelle, erforderliche Fundamente
Transport	Begrenzung durch Hebezeuge, Bahnprofil, Transportwege oder Versandart
Gebrauch	Geräuscharmut (dBA), Verschleißrate, Anwendungs- und/oder Absatzgebiet, Einsatzort (z. B. aggressive Atmosphäre, Tropen usw.)
Instandhaltung	Wartungsfreiheit, Festlegung der Zeiträume für Wartung, Inspektion oder Austausch, vorbeugende Instandsetzung, Anstrich, Reinigung
Recycling	Wiederverwendung, Wiederverwertung, Entsorgung, Beseitigung, Deponie
Kosten	max. zul. Herstellkosten, Werkzeugkosten, Investition, Amortisation
Termin	Ende der Entwicklungszeit, Lieferzeit, Zeitplanungsmethoden, Projektmanagement

- Fragelisten (intern) oder Fragebögen (extern), die dazu dienen, in Auftragsgesprächen einen Leitfaden zu haben
- Lastenheft, das vom Kunden erstellt wird, enthält die „Gesamtheit der Forderungen an die Lieferungen und Leistungen des Auftragnehmers“ (DIN 69905). Zugleich dient es auch als Grundlage zum Einholen von Angeboten (s. a. VDI-R. 2519).
- Pflichtenheft, wird vom Auftragnehmer erstellt und enthält die vom „Auftragnehmer erarbeiteten Realisierungsvorgaben“ (DIN 69905) und bildet, oft auf der Grundlage des Lastenheftes, die Basis für seine zu erbringenden, vertraglich festgehaltenen Leistungen.

Tab. 4.10 Anforderungsliste für eine Einhandmischbatterie. (Nach [PaBe03])

TH Darmstadt **MuK**	**Anforderungsliste** für: Einhand-Mischbatterie Projektleiter:..................		Ausgabe: 2 Datum: 20.8.2011 Seite 1 von …
F/W		Änderung Datum	Verantwortlich
	1. Geometrie		
F	1.1 Anschluss 2 x Cu-Rohr 10 x 1, L = 400		
F	1.2 Einlochbefestigung d = 35±2 mm		
F	1.3 Auslaufhöhe ü. Becken 50 mm		
F	1.4 Ausführung als Standarmatur		
W	1.5 Als Wandarmatur umrüstbar		
	2. Kinematik		
F	3. Kräfte		
	3.1 Geringe Bedienkräfte, z. B. 10 N, ggf. nach der Norm		
	4. Energie		
F	4.1 Durchsatz max. 10 l/min bei 2 bar		
F	4.2 Prüfdruck 15 bar nach DIN 2401		
F	4.3 Wassertemperatur max. 100 °C		
F	4.4 Zul. Temperaturschwankung ± 5 °C		
F	4.5 Zul. Druckschwankung ± 0,5 bar		
F	4.6 Keine Fremdenergie für Verstellung		
	5. Stoff		
F	5.1 Wasserhärte für alle örtl. Bedingungen		
	6. Signal		
F	6.1 Eindeutige Erkennbarkeit der Temperatureinstellung		
F	6.2 Sinnfällige Bedienung, einfache Handhabung		
F	6.3 Temperatureinstellung unabhängig vom Durchsatz und Druck		
	7. Sicherheit		
F	7.1 Kein Kurzschluss der beiden Wasserstränge in Ruhestellung		
F	7.2 Kein Kurzschluss bei Wasserentnahme		

Tab. 4.10 (Fortsetzung)

TH Darmstadt MuK	**Anforderungsliste** für: Einhand-Mischbatterie Projektleiter:.................		Ausgabe: 2 Datum: 20.8.2011 Seite 2 von …
F/W		Änderung Datum	Verantwortlich
F F W F F F F	7.3 Handgriff kann nur max. 35 °C warm werden 7.4 Bei Berührung der Armatur keine Verbrennung möglich 7.5 Auslauftemperatur auf 50 °C begrenzt 8. Ergonomie 8.1 Firmenzeichen optisch einprägsam 9 Fertigung 10 Kontrolle 11 Montage 12 Transport 13 Gebrauch 13.1 Glatte Konturen, leicht zu reinigen 13.2 Geräuscharm, max. 30 dBA 13.3 Lebensdauer 15 Jahre 14 Instandhaltung 14.1 Wartungsfreundlich, handelsübliche Ersatzteile verwenden 15 Recycling 16 Kosten 16.1 Max. Herstellkosten € 30 pro Stück 17 Termin 17.1 ab Start der Entwicklung: Konzept 2 Mon./ Entwurf 4 Mon./ Ausarbeitung 6 Mon./ Prototyp 9 Mon.		

Für den formalen Aufbau der Anforderungsliste sind die folgenden Punkte zu beachten:

- ausführende Stelle oder Firma ausweisen (Benutzer der Liste)
- Benennung oder Kennzeichnung des Produktes
- Seitenangabe (oft auch mit Angabe der gesamten Seitenzahl)
- Datum der Erstellung der ersten Liste
- Angabe, um welche Ausgabe der Liste es sich handelt und welche ersetzt wird
- Angabe der Änderungsaktivitäten mit Datum
- Kennzeichnung, ob Forderung (F), Festforderung (FF), Mindest- oder Maximalforderung (MF) oder Wunsch (W)
- Anforderungen, verbal kurz beschrieben mit quantitativen oder qualitativen Angaben
- Angabe des jeweils Verantwortlichen
- Verwendung der Dezimalklassifikation erleichtert die Übersicht und minimiert den Änderungsaufwand in der Nummerierung der Forderungen und Wünsche

Der formale Aufbau muss so festgelegt werden, dass er für alle Entwicklungs- oder Konstruktionstätigkeiten des Betriebes genutzt werden kann (eventuell Normenabteilung einbeziehen). Die Tab. 4.10 zeigt ein praktisches Beispiel aus dem Armaturenbau (Mischbatterie).

Hierzu sei angemerkt, dass außer den Anforderungen 1.1, 1.2, 4.1 bis 4.5 und 6.3 von der Produktplanung ursprünglich nur die folgenden Angaben gemacht worden waren:

- gute Formgestaltung
- Firmenzeichen gut sichtbar
- Produkt in drei Jahren auf dem Markt
- Herstellkosten € 30 bei 3000 Stk./Mon.

alles andere musste in zusätzlichen Gesprächen geklärt werden.

4.3 Restriktionen

Der Konstrukteur hat die Aufgabe, die gestellten Anforderungen in ein technisches Produkt mit den entsprechenden Eigenschaften umzusetzen. Er darf keine Forderungen vergessen, weil sonst im schlimmsten Fall eine Fehlentwicklung die Folge wäre. Leider ist die bisher dargestellte Vorgehensweise aber nicht die einzige Quelle der Anforderungen oder Bedingungen, die an ein Produkt gestellt werden können. Oft bestehen für den Nutzer selbstverständliche Forderungen, die er aber im Verkaufsgespräch nicht konkret äußert, weil er sie als bekannt voraussetzt. Es ist also sehr nützlich, die Quellen solcher

Tab. 4.11 Bereiche, aus denen Forderungen an technische Systeme entstehen. (Nach [Kol98])

Restriktionen und Randbedingungen				
Gebrauch	**Entstehung**	**Kosten**	**Richtlinien Normen Gesetze**	**Organisation**
Qualitätsforderungen Instandhaltung -Wartung -Inspektion -Instandsetzung Abnutzung -Verschleiß (Reibung) -Korrosion -Zerrüttung (Dauerfestigkeit) -Alterung erwartete Lebensdauer Geräusche Schwingungen Verfügbarkeit erwartete Leistungsfähigkeit Systemzusammenhang	funktionsgerecht fertigungsgerecht montagegerecht instandhaltungsgerecht recyclinggerecht entsorgungsgerecht Anschlussmaße verfügbarer Raum Transportmaße Sonderwünsche des Kunden Konkurrenzsituation	Zielkosten (Herstellkosten) Entwicklungskosten max. Verkaufspreis Inbetriebnahmekosten Transportkosten Instandhaltungskosten	VDI-Richtlinien VDMA-Empf. Patentsituation (Laufzeiten be- stehender Schutzrechte) Werkstoffbe- scheinigungen Prüfvorschrif- ten Sicherheitsbe- stimmungen (TÜV, AD, VBG) geforderte Ga- rantiezeiten Emissionsbe- stimmungen Recyclings-/ Entsorgungs- vorschriften Maschinenricht- linie CE-Kennzeich- nung	Lieferzeiten f. Zukaufteile Zeit f. Versuchs- durchführungen Montage- und Inbetriebnahme- zeiten verfügbare Kapazitäten Dokumente (Betriebsan- leitungen, Gefahrenhin- weise) Kundendienst Lizenzen Software

Forderungen zu kennen oder sich den potentiellen Produktlebenslauf vorzustellen und daraus Forderungen abzuleiten. Die verschiedenen Aspekte, aus denen Forderungen an ein Produkt entstehen können, nennt man Restriktionen.

Es ist natürlich unmöglich, alle Randbedingungen aus denen Forderungen auf den Konstrukteur zukommen können zu benennen. Im Lehrbuch von *Koller* [Kol98] gibt es aber ein lesenswertes Kapitel mit ausführlichen Erläuterungen zu diesem Thema. Dort wird die Herkunft der Restriktionen nach den auch im Produktlebenszyklus benannten Gebieten gegliedert:

- Markt
- Umwelt, Gesellschaft
- Erzeugung, Lebenszyklus
- System (technische Eigenschaften)

Die entsprechende Aufstellung der Restriktionen ist aber so umfangreich, dass nur erfahre Konstrukteure damit etwas anfangen können. Eine übersichtliche Zusammenfassung zeigt die Tab. 4.11.

Problematisch wird die Situation des Konstrukteurs, wenn er mit widersprüchlichen Forderungen konfrontiert wird. Die daraus entstehenden **Zielkonflikte** müssen im Verlauf der Konstruktionstätigkeit unbedingt bereinigt werden, dazu ist unter Umständen eine so genannte **Gewichtung** (relative Bewertung) der Anforderungen hilfreich (s. a. Nutzwertanalyse in Abschn. 5.4.4.1)

Fazit

Die präzise Formulierung der Aufgabenstellung nimmt eine Schlüsselstellung beim methodisch durchgeführten Konstruieren ein. Ein sorgfältiges und koordiniertes Vorgehen in der Produktfindung und -definition mit den Beteiligten innerhalb und außerhalb des Unternehmens ist unerlässlich. Als Vorbereitung zur Erstellung der Anforderungsliste ist es ratsam, sich über geeignete Methoden zur Unterstützung zu informieren. In den meisten Fällen ist es förderlich, ein Team zu bilden, in dem Mitarbeiter aus den wichtigsten Bereichen des ausführenden Unternehmens vertreten sind.

Literatur

[Ehr13] Ehrlenspiel, K.: Integrierte Produktentwicklung. 5. Aufl., Hanser Verlag München (2013)

[VDIZ95] VDI-Zentrum Wertanalyse (Hrsg.): Wertanalyse Idee – Methode – System. 5. Aufl., VDI-Verlag Düsseldorf (1995)

[PaBe03] Pahl, G.; Beitz, W.: Konstruktionslehre. 5. Aufl., Springer, Berlin Heidelberg (2003)

[PaBe13] Pahl, G.; Beitz, W.: Konstruktionslehre. 8. Aufl., Springer, Berlin Heidelberg (2013)

[Pau01] Pauwels, M.: Interkulturelle Produktentwicklung. (Diss.), Shaker Verlag, Aachen (2001)

[SaTi97] Sabisch, H.; Tintelnot, C.: Integriertes Benchmarking. Springer, Berlin Heidelberg (1997)

[SiKe08] Siebert, G.; Kempf, S.: Benchmarking. 3. Aufl., Hanser Verlag München (2008)

[Cam94] Camp, R. C.: Benchmarking. Hanser Verlag München (1994)

[MKG02] Mertins, K.; Kohl, H.; Gretzschel, M.: Benchmarking für mittelständische Unternehmen, Grundlagen und Anwendungsbeispiele aus Logistik, Produktion und Service. Huss-Verlag GmbH (2002)

[MeKo09] Mertins, K.; Kohl, H.: Benchmarking – der Vergleich mit den Besten. (in: Benchmarking: Leitfaden für den Vergleich mit den Besten.) (2009)

[MER14] Meyer-Eschenbach, A.; Rudholz, D.: Entwicklung eines Leitfadens zur methodischen Weiterentwicklung von Bauteilen anhand von Praxisbeispielen. IPK an der Hochschule für angewandte Wissenschaft Hamburg (2014)

[Kol98] Koller, R.: Konstruktionslehre für den Maschinenbau. 4. Aufl., Springer, Heidelberg (1998)

Konzipieren

5

Nach dem Klären der Aufgabenstellung und dem Aufstellen der Anforderungsliste ist im Arbeitsfluss des Konstruierens die Konzeptionsphase vorgesehen. Das Konzipieren ist die prinzipielle Festlegung eines Lösungsweges und ist zum besseren Verständnis in mehrere Einzelschritte unterteilt (s. Abb. 5.1).

Der zweite Schritt in der abgebildeten Konzeptionsphase entspricht dem zweiten Arbeitsschritt in der Vorgehensweise nach der VDI-Richtlinie 2221 „Ermitteln von Funktionen und deren Strukturen".

Bevor aber mit der Formulierung von Funktionen begonnen werden kann, ist es erforderlich, die Aufgabenstellung (Anforderungsliste) auf den eigentlichen Zweck des Produktes hin zu analysieren. Dieser Schritt dient dazu, die **Hauptaufgabe** der zu entwickelnden Konstruktion (den Wesenskern) klar zu erkennen. Dabei muss auch geklärt werden, ob überhaupt ein neues Konzept entwickelt werden muss, oder ob auf bestehende Konzepte zurückgegriffen werden kann.

P. Naefe, *Methodisches Konstruieren*, https://doi.org/10.1007/978-3-658-22636-7_5

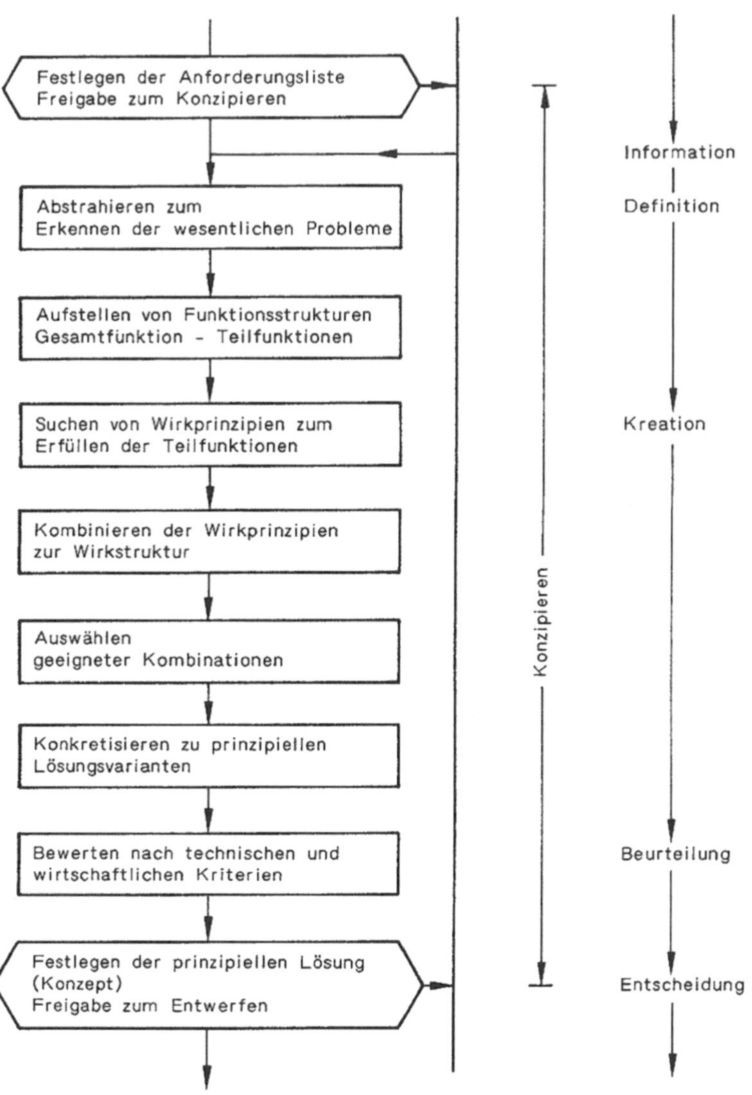

Abb. 5.1 Arbeitsschritte beim Konzipieren [PaBe07]

5.1 Abstraktion

Das Abstrahieren dient dazu, das Individuelle und Zufällige, das sich durchaus auch noch in der Anforderungsliste niedergeschlagen hat, vom Allgemeingültigen und Wesentlichen zu unterscheiden. Es ist erforderlich, sich gedanklich von bisher angewandten Lösungsprinzipien zu trennen, um zweckmäßigere zu finden. Diese Verallgemeinerung ist es, die den Weg für neue Lösungen öffnet und die hilft, den Wesenskern der Aufgabe herauszustellen. Dabei kann sich bereits sehr früh entscheiden, in welche Richtung das Konzept entwickelt werden muss. Formuliert man z. B. die Aufgabe, eine Wellendurchführung abzudichten, so kommt man durch die Verallgemeinerung sofort zu den Fragen:

- Soll die Dichtigkeit erhöht werden?
- Muss die Betriebssicherheit verbessert werden?
- Ist der Raumbedarf zu verringern?
- Sind die Herstellkosten zu senken?
- Ist die Lieferzeit zu verkürzen?

Alle Fragen können Teile der gesamten Aufgabenstellung sein, aber eine von ihnen ist die Wichtigste, also der Wesenskern. Um diesen Kern herum sind dann die anderen Teilaufgaben zu formulieren, d. h. ihre funktionalen Zusammenhänge zu beschreiben. Erst dadurch wird der weitere Weg klar vorgezeichnet.

Eine gute Hilfe, die Anforderungsliste auf die geforderten Funktionen und wesentlichen Bedingungen hin zu analysieren, ist die folgende Vorgehensweise:

1. Wünsche zunächst weglassen
2. Forderungen nach wesentlichen Funktionen herausstellen
3. quantitative Angaben in qualitative umsetzen, auf wesentliche Aufgaben reduzieren
4. Erkanntes sinnvoll erweitern
5. Aufgabe lösungsneutral formulieren

Durch diese Vorgehensweise wird sichergestellt, dass das Ziel abstrakt definiert wird, ohne sich auf eine bestimmte Art der Lösung festzulegen. Hierzu sind auch die folgenden Fragestellungen hilfreich:

- Welche Eigenschaften **muss** die Lösung haben?
- Welche Eigenschaften **darf sie nicht** haben?

Wie der richtige Abstraktionsgrad für die Formulierung einer Aufgabenstellung gefunden werden kann, darüber gibt u. a. die VDI-Richtlinie 2803 im Rahmen der Funktionenanalyse Auskunft. Am einfachsten ist es aber, die folgende Regel zu befolgen:

„Man verwende für die Beschreibung der Aufgabenstellung als Substantiv immer einen Begriff, der mindestens eine Verallgemeinerungsstufe höher liegt als es das Problem erfordert und umschreibe die Funktion der angestrebten Lösung in allgemeiner Form".

Zum Beispiel nicht: „Labyrinthdichtung konstruieren", sondern: „Welle berührungslos abdichten". Mit dieser Regel ist auch das wichtigste Hilfsmittel angesprochen, das zu lösungsneutralen Formulierung der Aufgabenstellung dient, die **Funktion**.

5.2 Funktionenbeschreibung

Ein (technisches) System hat Eigenschaften oder Merkmale, die es kennzeichnen und die in Funktions- und Nichtfunktionseigenschaften unterschieden werden. Wie bereits im Kapitel über die Systemtechnik dargelegt wurde, haben **Funktionseigenschaften**, und nur die sollen hier behandelt werden, etwas mit „Umsätzen“ zu tun. In Abb. 5.2 ist beispielhaft ein System dargestellt, das aus einer technischen (Kreissäge) und einer nicht technischen (Mensch) Komponente besteht.

Das System hat den Hauptumsatz „Holz“ (Stoff) in ungeschnittener Form als Eingangsgröße und „Holzscheite“ als Ausgangsgröße. Es ergeben sich aber auch Nebenumsätze (Energie und Informationen). So ist z. B. zum Antrieb der Maschine ein Elektromotor vorgesehen und der Mensch stellt die Länge der Scheite an der Maschine manuell ein (z. B. mit einem Anschlag). Bei der Bewältigung des Stoffumsatzes ergeben sich die Zweckfunktionen (erwünschte Effekte) aber auch Störfunktionen (Geräusch, Späne, Wärme). Das Ziel einer zweckorientierten Konstruktion ist es, die Störfunktionen soweit wie möglich zu eliminieren oder ihre Auswirkungen im System so gering wie möglich (akzeptabel) zu gestalten. Alle weiteren Ausführungen werden sich nur noch auf rein technische Systeme beziehen, die in der Abstraktion gewonnenen Formulierungen zur Beschreibung des Verwendungszwecks eines Systems stellen deshalb den funktionalen Zusammenhang dar.

In der Natur- oder Ingenieurwissenschaft versteht man unter einer Funktion allgemein die Beschreibung eines physikalischen oder mathematischen Zusammenhangs in Form einer Gleichung. Im Zusammenhang mit technischen Systemen ist eine Funktion wie folgt definiert:

„Der gewünschte Vorgang in kausaler Zuordnung oder Abhängigkeit zwischen Eingangs- und Ausgangsgröße in lösungsneutraler Form ausgedrückt“. Es ist zweckmäßig, Funktionen mit einem Substantiv und einem Verb zu beschreiben. Hierbei ist es wichtig, Verben mit aktivistischer Bedeutung zu verwenden, die das Geschehen direkt beschreiben.

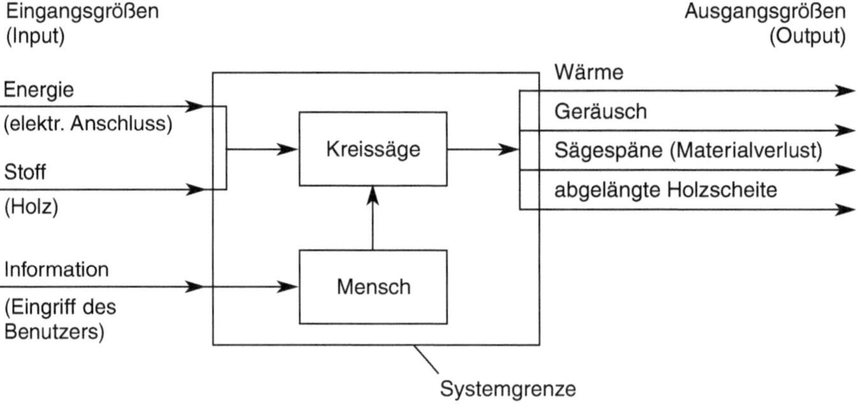

Abb. 5.2 Darstellung eines soziotechnischen Systems „Holz sägen“. (Nach [Ehr13])

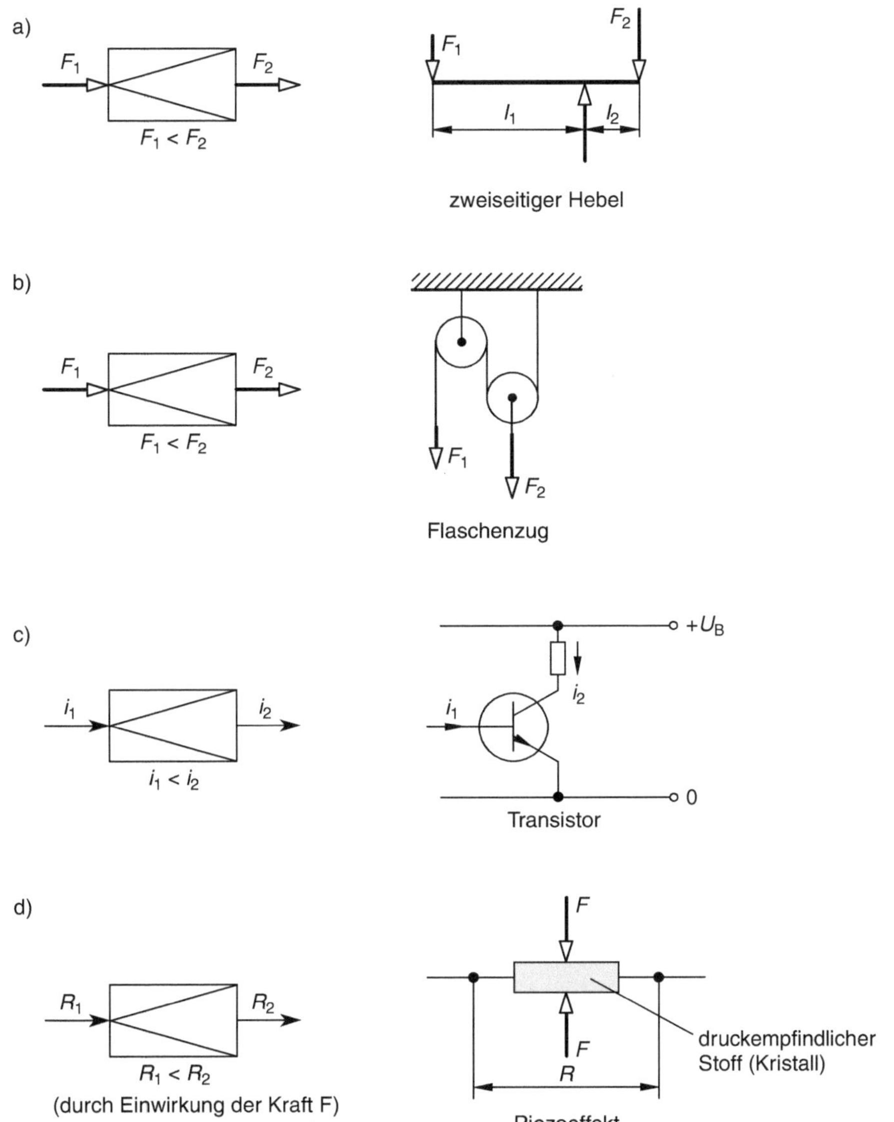

Abb. 5.3 Tätigkeitsbeschreibungen verschiedener technischer Systeme (hier Einzelfunktionen mit E < A) mit verschiedenen physikalischen Wirkmechanismen. (Nach [Kol98])

Beispielsweise: „Flüssigkeit fördern" und nicht „Flüssigkeitsförderung ermöglichen". Das Substantiv soll nach Möglichkeit quantifizierbar sein.

Für die Darstellung funktionaler Zusammenhänge wurden von verschiedenen Autoren Symbole eingeführt, die helfen sollen, die Anschaulichkeit und Übersicht zu verbessern (Abb. 5.3) s. a. Abb. 2.17. Bei technischen Elementarfunktionen lassen sich meist auch

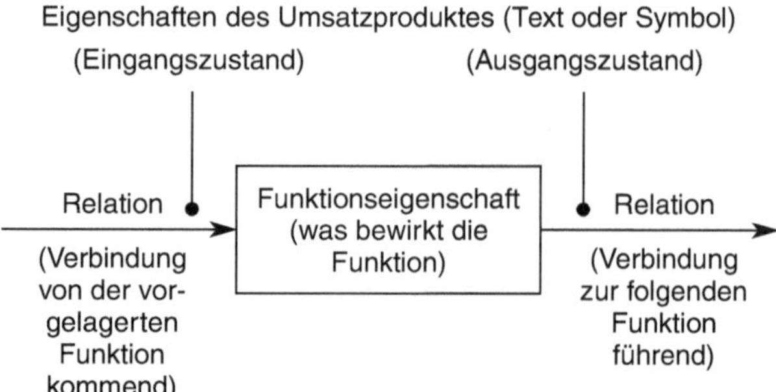

Abb. 5.4 Darstellung der Elemente in der Funktionsstruktur. (Nach [Ehr13])

direkt verschiedene Wirkmechanismen zuordnen. So kann die Funktion „Vergrößern" einmal auf eine mechanisch auszuübende Kraft (a und b), ein anderes Mal auf eine elektrische Kenngröße wie Strom oder Widerstand (c bzw. d) bezogen werden.

Die Wirkmechanismen sind von mehreren Autoren in umfangreichen Katalogen (s. z. B. [KoKa94]) systematisch gesammelt und dargestellt worden. Wegen des großen Umfangs und der Vielfalt dieser Konstruktionskataloge kann an dieser Stelle aber nur darauf verwiesen werden.

Eine Funktion wird in der Technik immer durch einen Funktionsträger bewirkt, sie ist aus den folgenden Elementen zusammensetzt (Abb. 5.4):

- Zustand: Beschreibung der Eigenschaften des Stoffs, der Energie oder der Information beim Eingang und Ausgang in den Funktionsträger
- Operation: Eigenschaftsänderung, bewirkt durch den Funktionsträger, auch Prozess oder Verfahren genannt
- Relation: Darstellung der Beziehung zwischen Zuständen und Operationen (Verknüpfung, Ablaufwege).

Diese Darstellungsweise gestattet es, die Lösung einer Aufgabenstellung aus einzelnen Bauelementen und ihren Relationen, ähnlich wie bei einem elektrischen Schaltplan oder dem Ablaufdiagramm eines Rechenprogramms auf dem Papier darzustellen. Man kann Varianten des Ablaufes und der Wirkmechanismen in dieser „**Funktionenstruktur**" zunächst theoretisch in allen ihren Konsequenzen darstellen und beurteilen, bevor man zum nächsten Schritt des Konstruktionsablaufes übergeht.

5.3 Funktionenstruktur

Strukturieren bedeutet, eine Aufgabenstellung nach geeigneten Gesichtspunkten zu gliedern. Durch die Strukturierung wird eine komplexe Gesamtaufgabe auf überschaubare Einzelaufgaben, die einfacher zu lösen sind, aufgeteilt. Man kann den Wesenskern einer

Aufgabenstellung in wichtigere und nachgeordnete Einzelfunktionen aufteilen und Teilbereiche definieren, die in eine Reihenfolge der Bearbeitung eingeordnet werden können.

Bei der Bezeichnung „Funktionenstruktur" handelt es sich um die in der VDI-Richtlinie 2803 verwendete Terminologie, in manchen Lehrbüchern wird auch das Wort „Funktionsstruktur" verwendet. Es hat sich aber in der Wertanalyse der Begriff Funktionenstruktur eingebürgert, weil ja die Struktur (Zuordnung) der verschiedenen Funktionen zueinander gemeint ist und nicht die interne Struktur der einzelnen Funktionen (Wirkmechanismus).

Man kann verschiedene Gesichtspunkte bei der Strukturierung befolgen, der Einfachheit halber sollen hier aber nur funktionale Aspekte berücksichtigt werden, weil beim Konstruieren die Erfüllung von Funktionen Vorrang hat. Die Aufstellung einer Funktionenstruktur liegt auf der Schnittstelle zwischen Aufgabenklärung und Lösungssuche.

Am Beispiel der Aufgabenstellung „Wasser entsalzen" kann gezeigt werden, wie sich die einzelnen Funktionen:

- Wasser zuleiten
- Wasser speichern
- Wasser fördern
- Wasser entsalzen

wie bei einem elektrischen Schaltplan zu einer einfachen Funktionenstruktur verknüpfen lassen (Abb. 5.5).

In der Abbildung sind die Funktionsträger und teilweise dazwischen die Zustände eingezeichnet. Für die Funktionsträger können auch Symbole verwendet werden, z. B. nach Abb. 2.17, dann werden die Zwischenzustände meist weggelassen, dadurch wird die Übersichtlichkeit verbessert. Auch die Frage nach alternativen Wirkmechanismen (physikalische Effekte), die bei einzelnen Funktionen infrage kommen könnten und/oder ob die Reihenfolge geändert werden sollte, wird dadurch erleichtert. Bei komplexen technischen Systemen ist es ist außerdem zweckmäßig, die Funktionenstruktur zunächst nur für den Hauptumsatz aufzustellen. Hierbei handelt es sich um die elementare Tätigkeit, die es als Maschine, Apparat oder Gerät charakterisiert (Abschn. 2.4.2 Klassifikation technischer Systeme).

Zu der Darstellung mit Funktionssymbolen muss allerdings festgestellt werden, dass es keine einheitliche Beschreibung gibt. Es existieren verschiedene Vorschläge von *Krumhauer*, *Hansen*, *Rodenacker* und *Koller*, von denen sich keiner als allgemeingültig durchsetzen konnte. Das ist aber auch nicht von grundsätzlicher Bedeutung. Es hat sich nämlich im Laufe der Entwicklung der Konstruktionsmethodik herausgestellt, dass es informativer ist, für Funktionenstrukturen Beschreibungen zu verwenden, in denen der Wirkzusammenhang verbal formuliert wird (Substantiv und aktives Verb).

Aufgrund der später noch zu erläuternden Arbeitsweise im Konstruktionsbereich (Strukturierung einer Stückliste, s. Kap. 7) und der Montage (vormontierbare Baugrup-

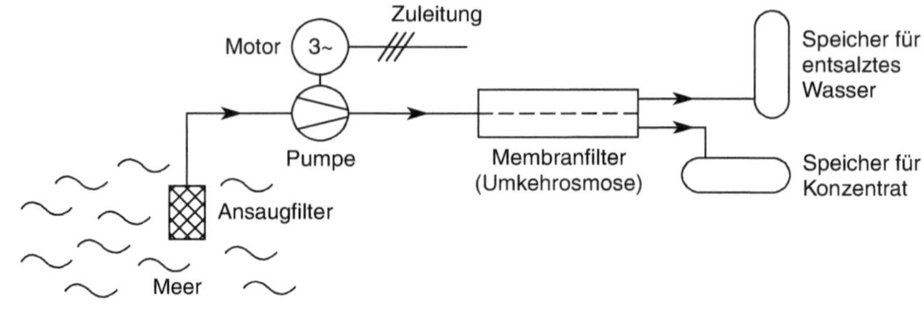

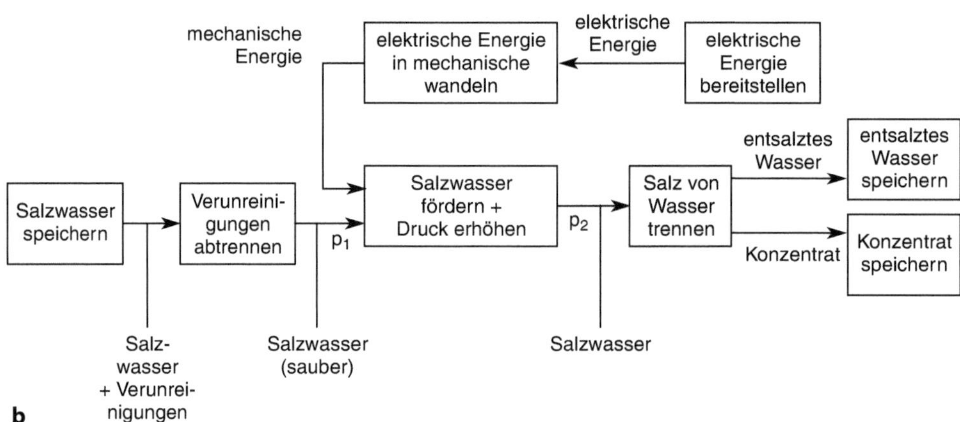

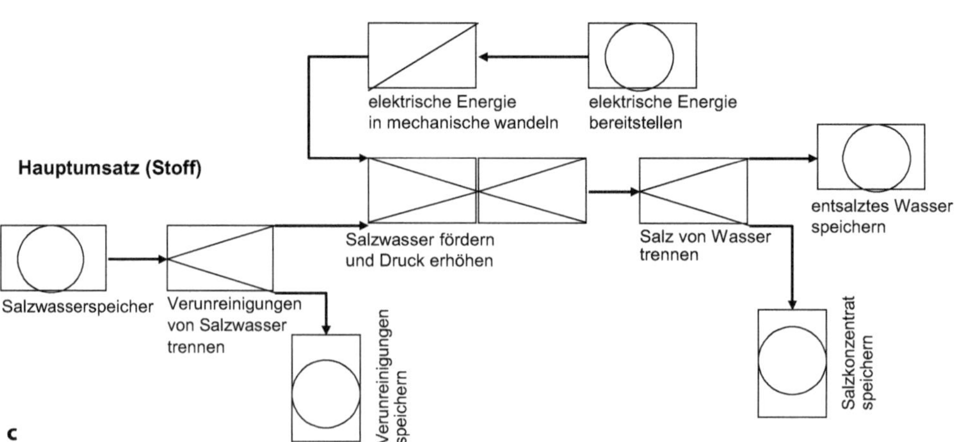

Abb. 5.5 **a–c** Funktionenstruktur für die Gesamtfunktion „Wasser entsalzen"

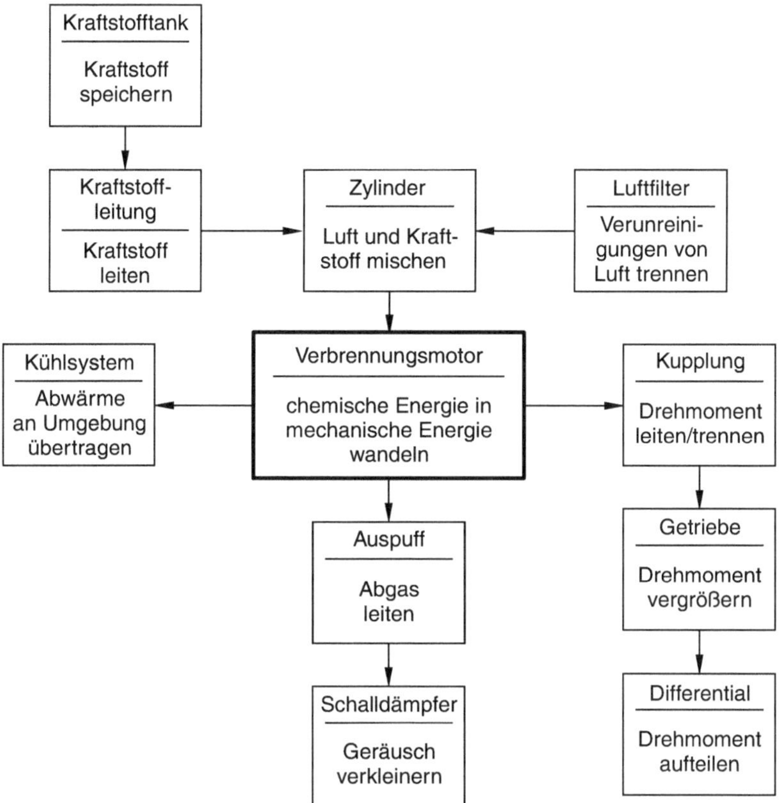

Abb. 5.6 Teil der Struktur eines Fahrzeugantriebes mit den entsprechenden Bauelementen und Funktionen. (Nach [Ehr13])

pen) hat sich die Strukturierung nach so genannten Gruppen oder Ebenen am weitesten verbreitet. Man gliedert ein Produkt also entweder nach Funktions- oder Montagegesichtspunkten, wobei in der Praxis die Grenzen aus verschiedenen Gründen manchmal ineinander fließen können. So entsteht z. B. eine erste Strukturierung, wie sie in Abb. 5.6 am Beispiel eines Fahrzeugantriebes dargestellt ist.

Man erkennt hier die zentrale Funktion (**Wesenskern**) des Verbrennungsmotors (Energieumsatz) und die zur Erfüllung weiterer Teilaufgaben (vor- und nachgeordnet) erforderlichen Bauelemente (bzw. Funktionen). Es muss an dieser Stelle aber darauf hingewiesen werden, dass die kombinierte Darstellung von Bauelementen und Funktionen in einer gemeinsamen Struktur nach der Methodenlehre unüblich ist.

Je nach der Art der Konstruktionsaufgabe (Neu- oder Anpassungskonstruktion) ist es empfehlenswert, die weitere Entwicklung der Funktionenstruktur unterschiedlich durchzuführen. Wenn lediglich die Veränderung eines bereits bekannten Systems gefordert ist, sind die Funktionen und auch ihre hierarchische Zuordnung bekannt und man geht von dieser **Ist-Struktur** aus (Analyse). Wird eine Neukonstruktion gefordert, kennt man in der Regel noch keine Struktur und man startet mit einer sequentiellen Aneinanderreihung der geforderten (oder erforderlichen) Funktionen und erstellt eine **Soll-Struktur** (Synthese).

5.3.1 Funktionenbaum

Diese, entsprechend der Systemtechnik gegliederte Darstellung des funktionalen Zusammenhangs ist hierarchisch aufgebaut (s. a. Abb. 2.13) und wird **Baumstruktur** genannt. Bei ihrer Erstellung geht man möglichst, auch bei bekannten Systemen, von der abstrahierten, allgemein formulierten Gesamtaufgabe aus. Sind alle Ein- und Ausgangsgrößen (gegeben oder gefordert) bekannt, so lässt sich eine „Gesamtfunktion" angeben, die in weitere „Teilfunktionen" aufgegliedert werden kann (Abb. 5.7).

Auch Teilfunktionen sind je nach Umfang und/oder Komplexität weiter unterteilbar. Der hierarchischen Zuordnung der Funktionen entsprechend wurde über die in Abb. 5.7 dargestellten Funktionen eine weitergehende Unterscheidung in „Funktionenklassen" eingeführt:

- Gesamtfunktion (in Abb. 5.8 die erste Ebene) ist die Gesamtwirkung aller ihr in der Funktionenstruktur untergeordneten Teilfunktionen (z. B. alle Funktionen in Abb. 5.8, denen in der nächsten Ebene noch mehrere Funktionen direkt zugeordnet sind).
- Teilfunktionen sind solche Funktionen, deren Zusammenwirken eine Gesamtfunktion ergibt, sie sind dieser direkt abhängig zugeordnet (z. B. in Abb. 5.8 alle Funktionen der zweiten Ebene).
- Einzelfunktion (oder auch Elementarfunktion) ist die vorwiegend (aber nicht ausschließlich, s. Abb. 5.7) auf der untersten Hierarchiestufe angesiedelte, nicht mehr weiter unterteilbare, einzelne Funktion. Dieser Funktionenklasse sind die in Konstruktionskatalogen zusammengestellten, elementaren Operationen oder physikalischen Wirkprinzipien zugeordnet.

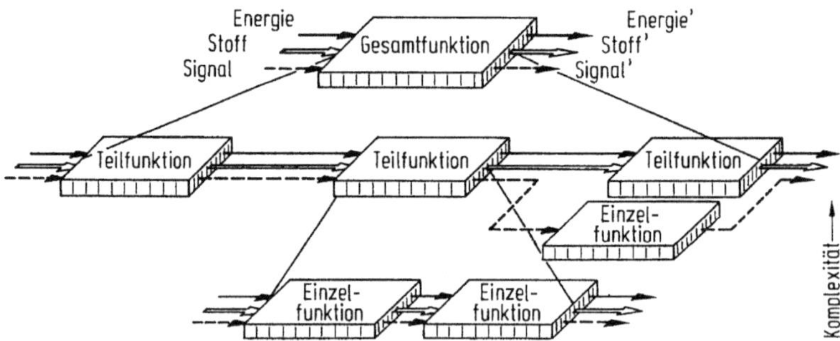

Abb. 5.7 Bildung einer Funktionenstruktur durch Aufgliedern einer Gesamtfunktion in Teilfunktionen. (Nach [PaBe07])

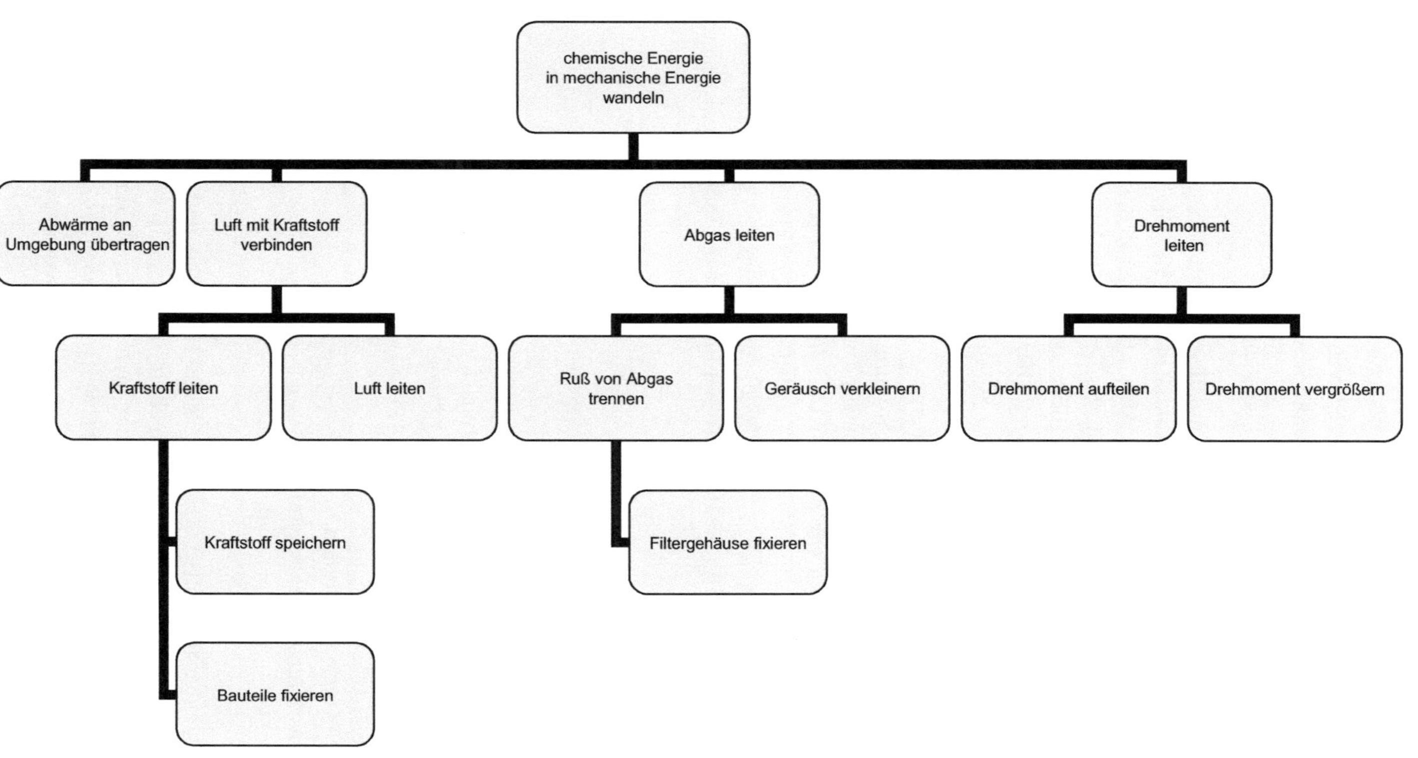

Abb. 5.8 Einige Funktionen eines Verbrennungsmotors als Baumstruktur

- Unerwünschte Funktion, unterteilt in vermeidbare und unvermeidbare unerwünschte Funktionen, sind Nebenwirkungen (ungewollt) der einzelnen Funktionen (z. B. in Abb. 5.12: „Wärme abstrahlen" und „Schwingungen erzeugen"). Vermeidbare unerwünschte Funktionen sind unnötige Funktionen, sie dürfen bei der angestrebten Sollstruktur nicht mehr vorkommen.

Wendet man die hierarchische Ordnung auf das in Abb. 5.6 gegebene Beispiel an, so kommt man zu der so genannten Baumstruktur in Abb. 5.8. Die Gesamtfunktion (Hauptfunktion) für den Verbrennungsmotor aus Abb. 5.6 ist hier in der für Funktionen empfohlenen (möglichst abstrakten) Form formuliert, die anderen Funktionenklassen (Teil- und Einzelfunktionen) sind ihr in den darunter liegenden Ebenen zugeordnet.

Die Darstellung der verschiedenen Ebenen der Funktionsklassen kann von oben nach unten oder von links nach rechts erfolgen. Wichtig für die Aufstellung der Funktionenstruktur ist die sprachlogische Hilfe beim Übergang von der höheren zu niedrigeren Ebene „wie geschieht das?" (Mittel), bei dem Übergang von unten nach oben „warum geschieht das?" (Zweck). Dadurch können die Einordnung der Funktionen leichter durchgeführt, oder noch nicht erkannte Funktionen gefunden werden. In Abb. 5.8 geben z. B. alle Funktionen der zweiten Ebene an **wie** die Funktion der ersten Ebene „chemische Energie in mechanische Energie wandeln" realisiert werden soll. Umgekehrt wird deutlich, **warum** die Funktionen „Bauteile fixieren" und „Kraftstoff speichern" gebraucht werden, wenn man von der vierten Ebene zur dritten aufsteigt und dort die Funktion „Kraftstoff leiten" findet.

5.3.2 Das FAST-Diagramm

Wenn das zu konstruierende Objekt keinen Vorläufer hat, ist die Aufstellung einer Funktionenstruktur in hierarchischer Form oft zunächst nicht möglich. Bei bekannten Objekten erschwert außerdem das Ausgehen von der hierarchisch aufgebauten Ist-Struktur in Form des Funktionenbaumes oft die Beurteilung ob:

- Funktionen vergessen wurden,
- falsche Einstufungen erfolgt sind,
- unerwünschte Funktionen existieren.

Durch die scheinbar fest gefügte Ordnung in der Hierarchie wird auch oft die Suche nach Alternativen erschwert, weil Funktionen nicht infrage gestellt werden.

Insbesondere durch die Anwendung der Methode der Wertanalyse (WA, s. Abschn. 4.1.2) in der Neukonstruktion im Sinne der Wertgestaltung (WG), statt der Wertverbesserung (WV) bereits bekannter Objekte, hat sich eine Methode der Funktionenstrukturierung entwickelt, die „Functional Analysis System Technique" (FAST) genannt wird. Sie steht

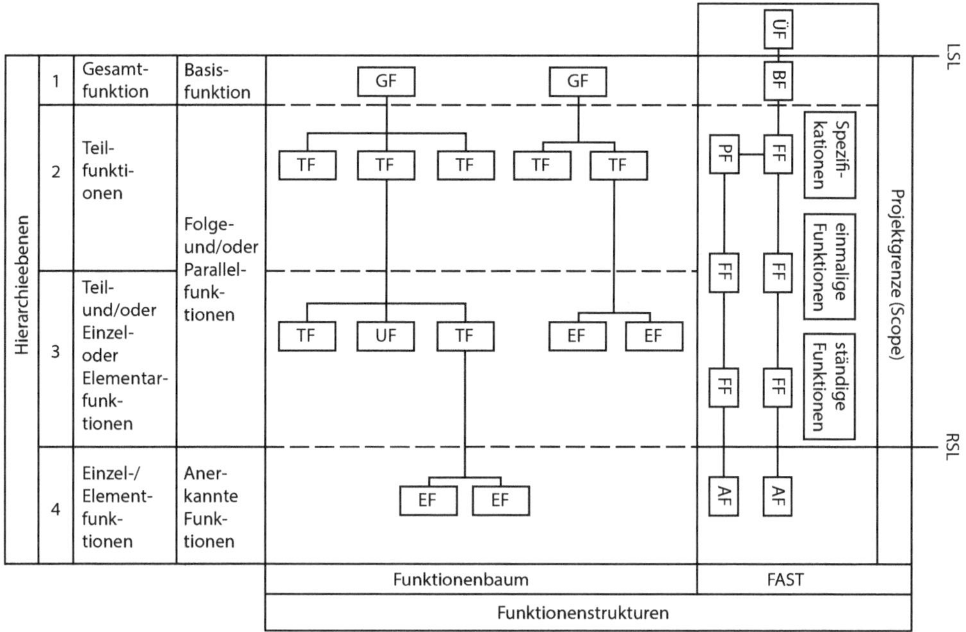

Abb. 5.9 Funktionenarten und -klassen: Gliederungs- und Strukturbeispiele. (Nach VDI-Richtl. 2803)

zwar nicht in unmittelbarer Abhängigkeit von dem Funktionenbaum, kann ihm aber in der in Abb. 5.9 gezeigten Form zugeordnet oder besser gesagt, zur Seite gestellt werden.

Das FAST-Diagramm soll dazu dienen, den Rahmen innerhalb dessen ein Projekt bearbeitet werden soll festzulegen und das Ziel präzise zu definieren. In das Diagramm werden die Funktionen so eingetragen, dass ihre Zuordnung und Abhängigkeit vollständig sichtbar wird. Wegen des unterschiedlichen Aufbaus gegenüber der Baumstruktur sind die Funktionen nach anderen Gesichtspunkten geordnet und werden auch anders bezeichnet:

- Übergeordnete Funktion (ÜF) gibt das übergeordnete Ziel (Wesenskern) an, das nicht mehr infrage gestellt werden soll.
- Basisfunktion (BF), die erste, nach der übergeordneten Funktion angeordnete Funktion; hier hat sie die gleiche Bedeutung wie eine Gesamtfunktion (ab hier werden auch alternative Wirkmechanismen gesucht).
- Folgefunktion (FF), alle Funktionen, die unterhalb (oder eigentlich rechts von) der Basisfunktion angeordnet sind, ihre Anzahl ist von dem zu untersuchenden Objekt abhängig.
- Parallelfunktion (PF), beschreibt einen Vorgang, der parallel zu einer Folgefunktion abläuft und direkt mit dieser verbunden ist; in der Hierarchie stehen beide auf der gleichen Stufe.

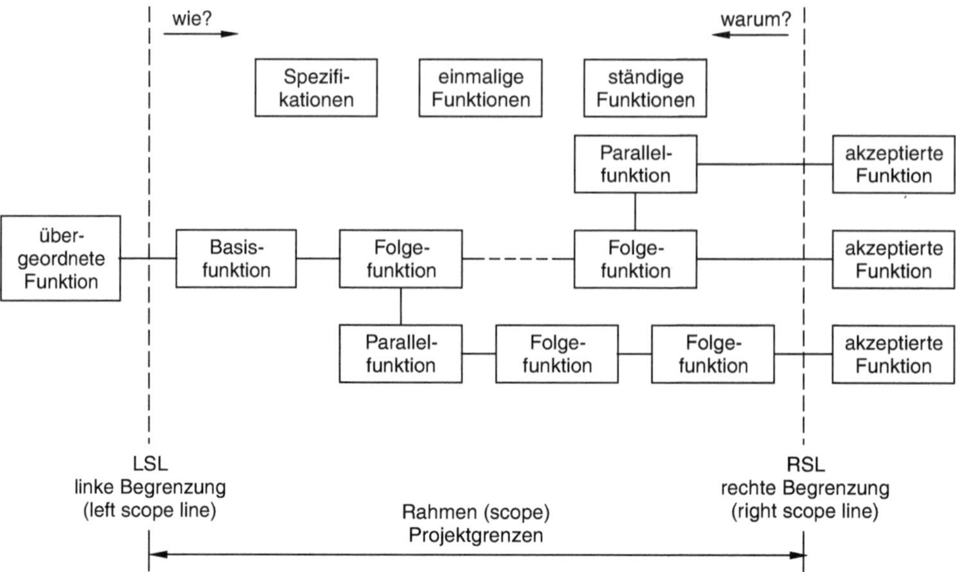

Abb. 5.10 Prinzipieller Aufbau eines FAST-Diagramms als Funktionenstruktur. (Nach VDI-Richtl. 2803)

- Unerwünschte Funktion (UF), wurde bereits bei der Baumstruktur beschrieben.
- Akzeptierte Funktion (AF), nicht näher untersuchte Voraussetzung, die zur Erfüllung der vor ihr liegenden Folgefunktion akzeptiert wird.
- Ständige Funktion, ist über die gesamte Lebensdauer des Objektes vorhanden, sie wird nicht direkt mit den vorgenannten Funktionen verknüpft, wie auch die beiden folgenden.
- Einmalige Funktion, tritt in der Objektlebensdauer nur einmal auf.
- Spezifikationen, das sind Forderungen, die durch spezielle Vereinbarungen oder durch Gesetze oder andere Vorschriften (UVV) entstehen.

Der prinzipielle Aufbau eines FAST-Diagramms ist in Abb. 5.10 dargestellt.

Die Funktionen, die zum Untersuchungsbereich des Objektes gehören sollen, werden in einem begrenzten Bereich (**Scope**) eingetragen. Der Scope wird rechts und links durch die Linien RSL (right scope line) und LSL (left scope line) begrenzt. Die übergeordnete Funktion befindet sich links von der LSL, die akzeptierten Funktionen rechts von der RSL. Zwischen den Begrenzungen liegen die anderen Funktionen: Basis-, Folge- und Parallelfunktionen, durch Linien verbunden bilden sie den logischen Funktionenpfad (LFP). Die ständigen und einmaligen Funktionen und die Spezifikationen werden darüber angeordnet. Wie bei der Baumstruktur wird die logische Anordnung dadurch erzielt, dass man von einer Funktion zur rechts daneben liegenden durch die Fragestellung „wie?“ gelangt. Es ist aber unbedingt zu beachten, dass als Antwort keine Lösung stehen darf, sondern eine weitere Funktion. Die Folgefunktion von „Temperatur erhöhen" in Abb. 5.14 heißt „Energie wandeln" und **nicht** „elektrische Heizung". Umgekehrt, also von rechts nach links, gelangt man mit der Frage „warum?". Ein FAST-Diagramm ist dann richtig, wenn alle Funktionen auf dem LFP eindeutig in diese Fragestellungen passen und zur Erfüllung der übergeordneten Funktion beitragen.

5.3.3 Erstellen von Funktionenstrukturen

Bevor man an die Bearbeitung einer Funktionenstruktur herangeht, muss sorgfältig geprüft werden, ob alle notwendigen Voraussetzungen (Informationen zum Produkt und Randbedingungen) gegeben sind. Das kann z. B. mit Hilfe der Methode des Quality Function Deployment (QFD) geschehen, die dazu dienen soll, Kundenwünsche systematisch zu ermitteln, zu bewerten und daran die Möglichkeiten des Betriebes zu messen. Zu diesen Methoden gehören auch das so genannte Benchmarking und die Wertanalyse (s. Abschn. 4.1), die z. B. einen systematischen Vergleich mit der Konkurrenz, bezogen auf ein konkretes Produkt oder auch auf einen Herstellungsprozess, ermöglichen.

Da die Funktionenstruktur beide Aspekte des konstruktiven Vorgehens – Analyse und Synthese – unterstützt, muss sie auch in der entsprechenden Reihenfolge bearbeitet werden. Ist bereits ein Objekt vorhanden, das mehr oder weniger umfangreich geändert werden soll, geht man von der Analyse, d. h. zunächst von der **Ist-Struktur** aus. Muss ein neues Objekt geschaffen werden, beginnt man mit der Synthese aus den Anforderungen und untersucht die dadurch entstandene erste **Soll-Struktur** in Bezug auf Vollständigkeit und den logischen Ablauf. Es ist auf jeden Fall hilfreich, die folgenden Schritte der Reihe nach durchzuführen:

1. Tabellarische Zusammenstellung der geforderten oder bereits am Objekt erkennbaren Funktionen in Bezug auf den Hauptumsatz (Stoff, Energie, Information)
2. Abstraktion der Funktionen und Verknüpfung durch logische (nicht zeitliche) Zusammenhänge
3. Variation der Zusammenhänge
4. Erkennen von Teilsystemen
5. Auswahl geeigneter Varianten (Wirkmechanismen).

Wichtig ist, dass man bei der Aufstellung der Struktur zunächst von der globaleren Vorstellung zur detaillierteren vorgeht, damit man sich nicht gleich in Einzelheiten verzettelt. Bei Ist-Strukturen muss beachtet werden, dass ein logisches Ordnungsprinzip wichtiger ist als die Abbildung der technischen Realität mit allen Verknüpfungen der Stoff-, Energie- und Informationsflüsse, wie in Abb. 5.11 als technisches System dargestellt.

Ideen (Lösungsvarianten) werden aber nur gefunden, wenn die Funktionen des Objektes so formuliert werden, dass auch andere physikalische Wirkprinzipien als die real vorhandenen für Funktionen infrage kommen.

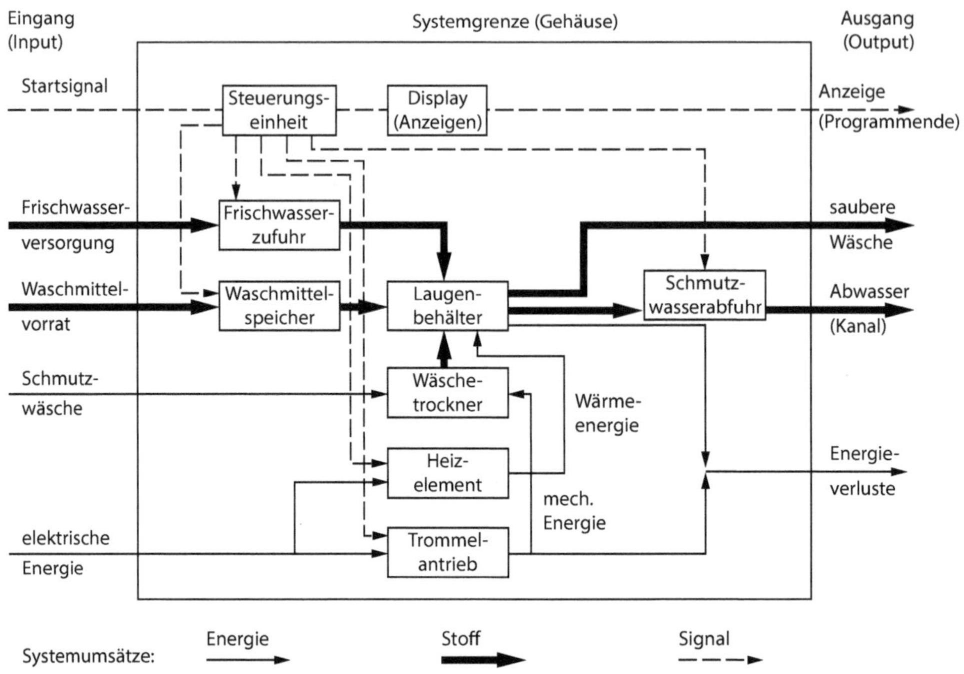

Abb. 5.11 Realitätsnahe Ist-Funktionen einer Haushaltswaschmaschine. (Nach VDI-Richtl. 2803)

Zur Erstellung der verschiedenen Funktionenstrukturen wird das Beispiel der Haushaltswaschmaschine beibehalten, um einen Vergleich der verschieden Darstellungsarten zu erleichtern.

Die aufgrund der „natürlichen" Denkweise des Konstrukteurs am leichtesten nachvollziehbare Struktur ist der Funktionenbaum nach Abschn. 5.3.1 (Abb. 5.12).

Die **Ist-Struktur** der Haushaltswaschmaschine wird, an der Realität orientiert, in Gesamt-, Teil- und Einzelfunktionen hierarchisch von oben nach unten gegliedert dargestellt. Als Unerwünschte Funktionen sind die beiden mit „Wärme abstrahlen" und „Schwingungen erzeugen" beschriebenen anzusehen. Erstere muss wohl (zunächst) als unvermeidbar angenommen werden, die zweite sollte vermeidbar sein und ist damit als unnötig zu betrachten. Der Nachteil dieser Darstellung ist, dass eine Überprüfung auf Vollständigkeit nur anhand der Realität erfolgen kann. Eine Struktur dieser Art, direkt als Soll-Struktur erstellt, lässt eine Überprüfung der Teilfunktionen auf Vollständigkeit aufgrund einer inneren Logik nicht zu.

Trotz der erwähnten Einschränkung kann der Funktionenbaum dazu dienen, eine verbesserte **Soll-Struktur** zu entwickeln. Es ist dazu aber notwendig, den Abstraktionsgrad der Funktionen zu optimieren. Der (meist) höhere Abstraktionsgrad soll dazu dienen, neuartige Ideen zu provozieren, d. h. Fragen anzustoßen wie:

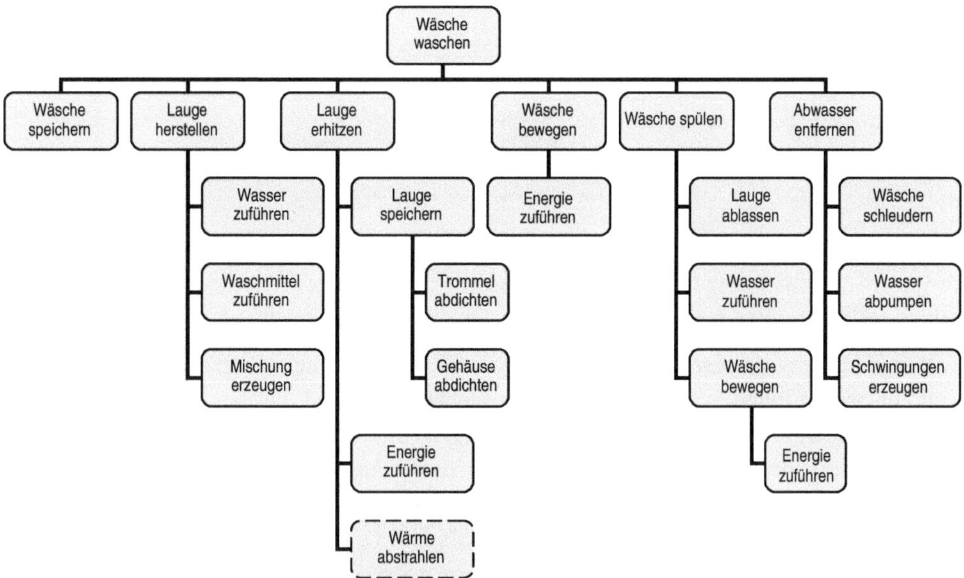

Abb. 5.12 Ist-Funktionen der Haushaltswaschmaschine als Baumstruktur, beschränkt auf den Hauptumsatz Stoff und den Nebenumsatz Energie. (Nach VDI-Richtl. 2803)

- Wird die (konkrete) Funktion wirklich gebraucht?
- Kann man ein Wirkprinzip auch durch ein anderes ersetzen?
- Gehört eine bestimmte Teil- oder Elementarfunktion wirklich dazu?

Damit wird klar, dass bei der Baumdarstellung die ersten zwei Hierarchiestufen die wichtigsten für die Sollfunktionen sind, um das Suchfeld für neuartige Lösungen zu eröffnen. In der SollStruktur werden deshalb oft weniger Funktionen auftauchen als bei der Ist-Struktur.

Ein guter Einstieg in die Suche nach einer Sollstruktur ist auch die Verwendung einer Black Box. Dabei geht man sinnvollerweise „von innen nach außen" vor. Die erste Frage dabei dient der (abstrakten) Formulierung des so genannten **Wesenskerns** (Gesamtfunktion) des neuen Systems (was genau soll das System machen?). Für die Haushaltswaschmaschine lässt sich ohne weiteres die Formulierung: „Schmutz von Wäsche trennen" finden. Danach wird festgelegt, welche Ein- und Ausgangsgrößen erforderlich sind, um diesen Zweck zu erfüllen. Damit ergibt sich die aus Abb. 5.11 abgeleitete Black-Box-Darstellung in Abb. 5.13.

Ist noch kein Objekt vorhanden und damit keine Ist-Struktur gegeben, fällt die Erstellung einer Soll-Struktur in hierarchischer Form oft schwer. Am besten beginnt man dann, nach dem Entwurf einer Black Box wie in Abb. 5.13 damit, Sätze zu formulieren, die das gewünschte Objekt beschreiben. Man sammelt zweckmäßigerweise zunächst

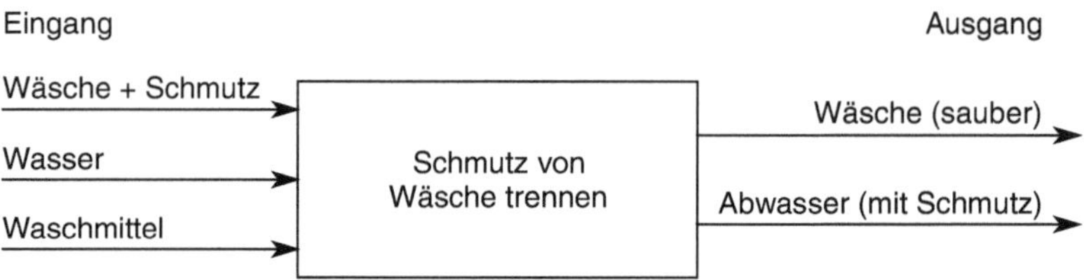

Abb. 5.13 Haushaltswaschmaschine als Black Box dargestellt (nur Hauptumsatz)

mutmaßlich erforderliche Funktionen des Objektes, indem man sie, im Team oder auch alleine, einzeln auf Karten schreibt. Wenn man glaubt, keine weiteren Funktionen mehr erkennen zu können, werden die Karten gesichtet und dem logischen Ablauf nach geordnet (Metaplanmethode). An dieser Stelle ist noch einmal der Hinweis angebracht, dass die Formulierung der Funktion so erfolgen muss, dass eine Lösung nicht durch ein konkretes Wirkprinzip bereits „vorgeschrieben“ ist. Es ist empfehlenswert, in der Funktionenklasse: Haupt- und Nebenfunktionen möglichst bereits hier zu unterscheiden. Wichtiger aber ist es, unerwünschte Funktionen zu finden und zu markieren. Eine Gliederung in Gesamt- und Teilfunktionen ist an dieser Stelle noch nicht sinnvoll.

Die beschriebene Vorbereitung führt nach der herkömmlichen Methodik auf die Erstellung eines FAST-Diagramms (nach Abb. 5.10). Die wichtigsten Funktionen sind die Basisfunktion und die ersten darauf folgenden Folge- und Parallelfunktionen (s. Abb. 5.9). Auch hier gilt für die Vorgehensweise, dass man zunächst wenige Funktionen benennt und danach ggf. erweitert. Ein FAST-Diagramm für die Sollstruktur einer Haushaltswaschmaschine zeigt Abb. 5.14.

Zu dieser Darstellung ist noch anzumerken, dass verschieden Arbeitsgruppen oder auch einzelne Konstrukteure zu identischen Aufgabenstellungen durchaus abweichende FAST-Diagramme erstellen können. Diese Art der Darstellung eines Objektes kann nur als Arbeitsunterlage verstanden werden, die logisch in mehreren Iterationsschritten bis zur endgültig angestrebten, als optimal angesehenen Struktur entwickelt wird. Für den Außenstehenden ist der Prozess, in dem das FAST-Diagramm entstanden ist, normalerweise nur schwer nachvollziehbar.

Selbstverständlich eignet sich das FAST-Diagramm auch für die Erstellung einer Ist-Struktur. Bei bereits konkret vorhandenen Objekten, an denen eine Wertanalyse im Sinn von „Wertverbesserung“ durchgeführt werden soll, wird diese Darstellung sogar dem Funktionenbaum vorgezogen. Der Hauptgrund dafür liegt darin, dass über die so identifizierten Funktionen die Funktionsträger besser zu erkennen sind als in einer Baumstruktur. Dadurch wird dann die Zuordnung von Funktionenkosten einfacher.

Ein neues Produkt wird im Prozess seiner Entwicklung in der Regel aus zwei Perspektiven betrachtet: funktional und physisch. Während die funktionale Beschreibung lösungsneutral ist, schränkt die physische die Anzahl der möglichen Lösungen zur Realisierung ein, was durch die Überführung in eine Stückliste schließlich zu **einer** ausgewählten Lösung führt.

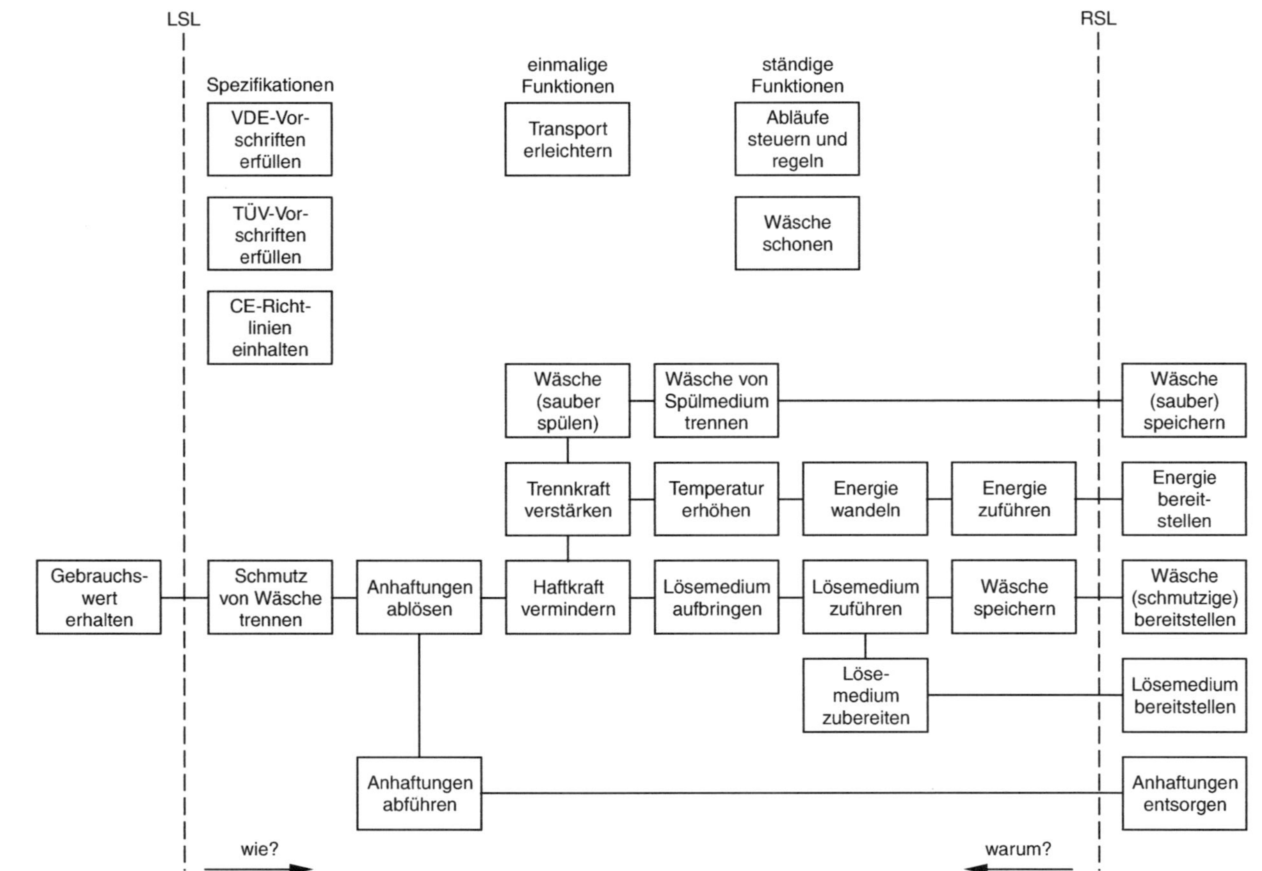

Abb. 5.14 FAST-Diagramm mit der Soll-Funktionenstruktur der Haushaltswaschmaschine. (Nach VDI-Richtl. 2803)

Als erstes wird versucht, eine in hierarchischer Form aufgebaute Soll-Funktionenstruktur zu erstellen (Abb. 5.15). Dabei werden die noch in der Ist-Struktur (Abb. 5.12) erwähnten unerwünschten Funktionen weggelassen.

Um sich diese Aufgabe zu erleichtern, ist es ratsam, Nebenumsätze so wenig wie möglich zu berücksichtigen. Die erste Ebene wird von der **Gesamtfunktion** eingenommen und es wird dann versucht, herauszufinden, welche **Teilfunktionen** und/oder **Einzelfunktionen** sich für die darunter angeordneten Ebenen definieren lassen. Sehr bald wird man feststellen, dass es sich kaum noch vermeiden lässt, außer dem Hauptumsatz (Stoff) auch Nebenumsätze (Energie, Information) zu berücksichtigen. Wegen der von Ebene zu Ebene schnell wachsenden Zahl der notwendigen Teil- und/oder Einzelfunktionen (in Abb. 5.15 sind nur die zu den Teilfunktionen „Schmutz abführen" und „Wäsche spülen" ausgeführt) läuft man Gefahr die Übersicht zu verlieren. Manchmal kann man auch notwendige Funktionen noch gar nicht im Vorhinein erkennen. Es kann außerdem passieren, dass als Folge der Suche nach Funktionen, die Struktur geändert werden muss, weil zusätzlich erforderliche Funktionen erkannt werden. Es ist deshalb unter Umständen sinnvoll, den Versuch zu unternehmen, bereits nach der dritten oder vierten Ebene in die Konzeptphase (s. Abschn. 3.2) einzutreten. Man kann ja gegebenenfalls durch iteratives Vorgehen bei Bedarf die Funktionenstruktur korrigieren und erneut ein Konzept für die Realisierung des Produkts suchen.

In der neueren Literatur zur Konstruktionsmethodik [PaBe13] wird empfohlen, wegen der beschriebenen Schwierigkeiten, die Sichtweise zu wechseln. Es wird zu einer gleichzeitigen Sicht auf die Funktionen und Bauelemente des Produkts mit der Frage: „Was ist zur Realisierung der jeweiligen Funktion erforderlich?" geraten. Ein Produkt hat ja außer einem funktionalen auch einen systematischen physischen Aufbau, es besteht aus Komponenten, Montagegruppen und Einzelteilen. Zusätzlich zur **Funktionenstruktur** muss es also auch eine **Produktstruktur** geben, die in manchen Lehrbüchern auch als **Baustruktur** bezeichnet wird, weil sie für die Denkweise steht, mit der die Stückliste für Fertigung und Montage aufgebaut wird. Der Zusammenhang zwischen den beiden Strukturarten wird als **Produktarchitektur** bezeichnet (s. Abb. 5.16).

Leider macht die Darstellung in Abb. 5.16 noch nicht so recht deutlich, wie die Verknüpfung der Funktionenstruktur mit der Produktstruktur eigentlich geschehen soll. Die Bestandteile:

- Funktionenstruktur – zeigt die Detaillierung von der Gesamtfunktion ausgehend (welche Funktion erfüllt das Produkt?). In der Darstellung lauten allerdings die Bezeichnungen für die zweite Ebene „Funktion" und für die dritte „Teilfunktion". Bisher wurden „Teilfunktion" und „Einzelfunktion" verwendet (s. Abb. 5.7).
- Produktstruktur – repräsentiert den hierarchischen Aufbau des Produkts, gegliedert in Baugruppen und Komponenten (Wie ist das Produkt physisch aufgebaut?)
- Transformation – zeigt den Zusammenhang zwischen funktionaler (abstrakter) und physischer (realer) Beschreibung des Produkts

stehen ja ziemlich isoliert da.

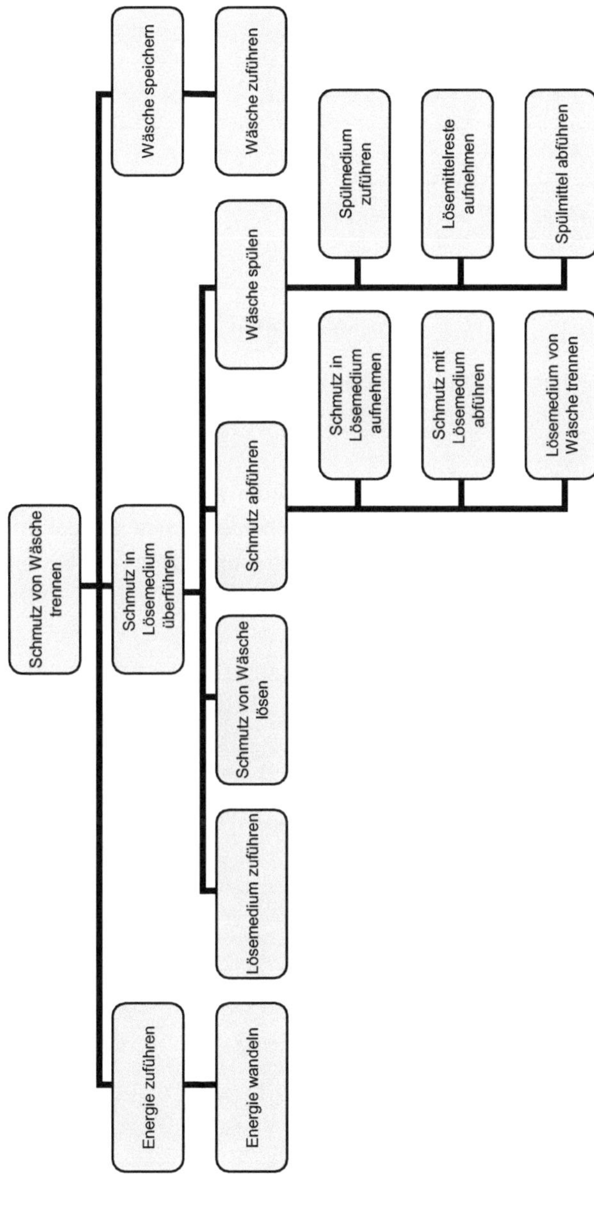

Abb. 5.15 Soll-Funktionenstruktur einer Haushaltswaschmaschine. (Nach VDI-Richtl. 2803)

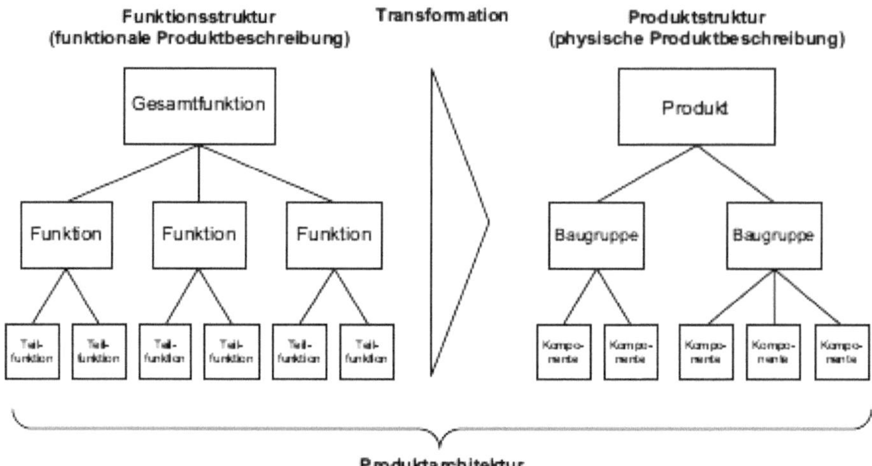

Abb. 5.16 Produktentwicklung als Transformation einer Funktionenstruktur in eine Produktstruktur [PaBe13]

Der Zusammenhang ist in Abb. 5.17 anhand der so genannten METUS-Raute besser erkennbar. Die Kennzeichnung der Zugänge auf beiden Seiten soll darauf hinweisen, dass man bei der Produktentwicklung grundsätzlich sowohl aus der funktionalen als auch aus der realen Sicht vorgehen kann.

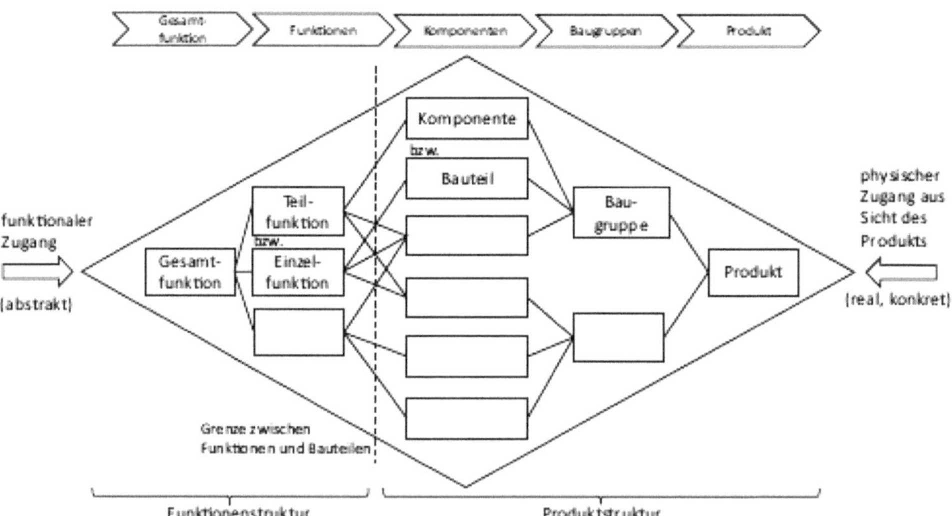

Abb. 5.17 Produktarchitektur als Zusammenführung von Funktionen- und Produktstruktur [NaLu16]

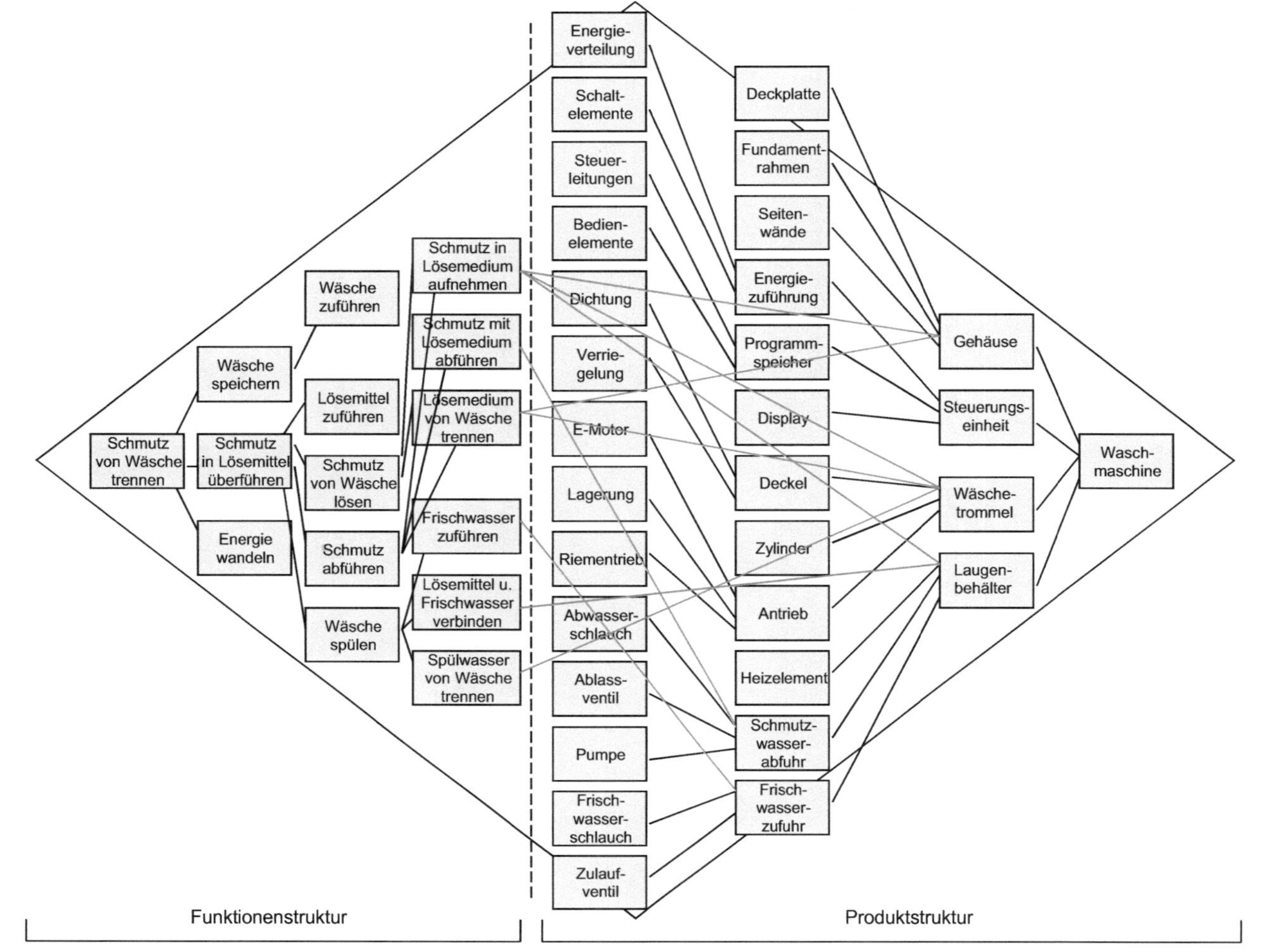

Abb. 5.18 Produktarchitektur einer Haushaltswaschmaschine

Es wird in der Darstellung auch verdeutlicht, dass mehrere Funktionen von einer Komponente (oder Bauteil) ausgeführt werden können, umgekehrt kann eine Funktion von mehreren Bauteilen erfüllt werden. Innerhalb der Produktstruktur (Baustruktur) gilt aber, dass ein Bauteil jeweils nur einer Baugruppe zugeordnet sein kann. Wegen näheren Erläuterungen zur METUS-Raute kann aus Platzgründen hier nur auf die 8. Auflage des Lehrbuchs von *Pahl/Beitz* [PaBe13] verwiesen werden.

Die durch die Darstellung in Abb. 5.17 erkennbaren Zusammenhänge sollen dazu ermutigen, schon in der Planungsphase eine erste Produktstruktur zu entwerfen. Dabei werden Funktionen, für die noch keine Prinziplösungen bekannt sind, in diese aufgenommen. So entsteht eine Mischform aus Produkt- und Funktionenstruktur in der relativ früh eine erste Version des Produkts erkennbar wird.

Um die beschriebenen Gedankengänge ein wenig anschaulicher zu machen, ist in Abb. 5.18 dargestellt, wie sich die Inhalte aus Abb. 5.16 und 5.17 in Bezug auf die Haushaltswaschmaschine in einer METUS-Raute erkennen lassen.

Die Besonderheit in diesem Bild ist, dass den Funktionen der vierten Ebene keine Einzelteile in der Produktstruktur zugeordnet werden können, ihre Verknüpfungen gehen auf die zweite und dritte Ebene des Produkts (rote Verbindungslinien).

Durch die gemeinsame Darstellung der Funktionen- und Produktstruktur werden aber drei Aspekte erkennbar:

1. Für eine direkte Verbindung von Einzelfunktionen mit Bauteilen oder Komponenten müsste in der Funktionenstruktur noch mindestens eine Ebene hinzugefügt werden.
2. Da aber auf der zusätzlichen Ebene, die entsprechenden Einzelfunktionen nur noch so einfache Sachverhalte wie „leiten", „trennen" und/oder „fixieren" enthalten würden, ist das Innovationspotential der entsprechenden Bauteile relativ gering.
3. Es ist sinnvoller, die komplexeren Funktionen der vierten Ebene im Zusammenhang mit Baugruppen der zweiten oder dritten Ebene der Produktstruktur zu betrachten. Damit lohnt es sich eher, z. B. die Frage zu stellen: „Ist das Lösemedium Wasser eigentlich unabdingbar oder kommt auch ein anderes in Betracht?" Wenn ja, welches? Würden sich dann vollkommen andere technische Lösungen für eine Haushaltswaschmaschine ergeben?

5.4 Ermittlung und Bewertung von Lösungsprinzipien

Im dritten Arbeitsschritt des Konstruktionsprozesses geht es darum, für die Funktionen, die im zweiten Arbeitsabschnitt ermittelt wurden, Lösungsprinzipien zu finden. Dieser Abschnitt beansprucht die Fähigkeiten des Ingenieurs am meisten, insbesondere, wenn entweder für bereits bekannte Funktionen neue Lösungen gesucht werden oder eine komplett neu zu erstellende Funktionenstruktur mit geeigneten physikalischen Effekten und Wirkstrukturen realisiert werden soll. Um erfolgreich zu sein, ist es besonders wichtig, sein Denken soweit wie möglich zu öffnen, damit bei der Suche keine Einschränkungen

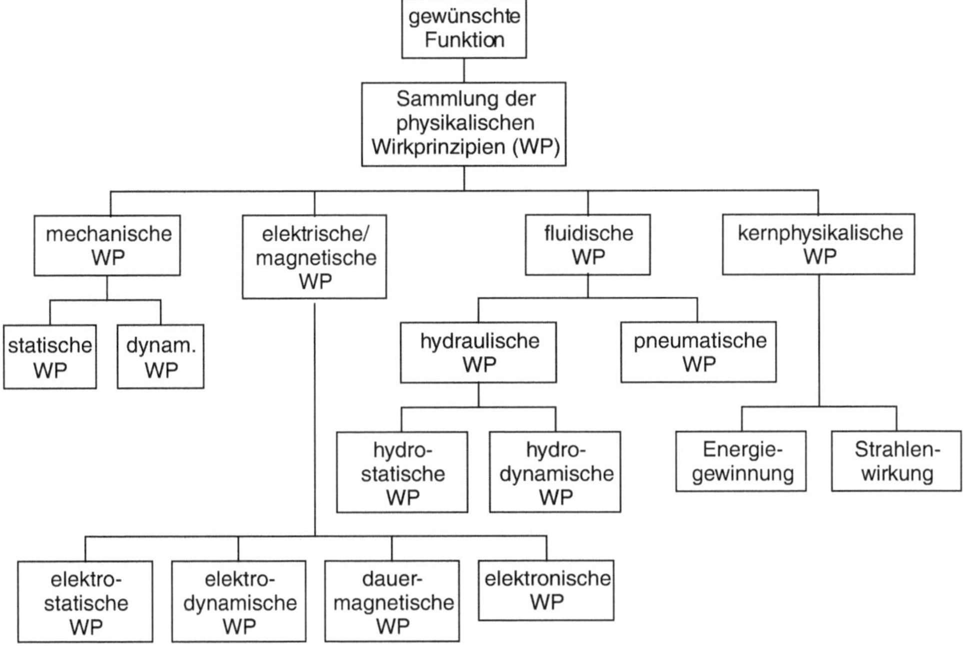

Abb. 5.19 Suchfeld für neue Lösungen in der Funktionenstruktur. (Nach VDI-Richtl. 2803)

gemacht werden, die das Finden neuer Lösungen erschweren. Auf diese Weise hat sich z. B. in der Aufgabenstellung, Maschinen zu steuern, das Arbeitsgebiet der Mechatronik dadurch eröffnet, dass sich die Denkweise der Ingenieure von der rein „mechanischen" zur kombinierten „mechanisch/elektrisch/elektronischen" entwickelte.

Eine wichtige Voraussetzung für die Öffnung des Kreativitätspotentials ist der richtige Abstraktionsgrad bei der Formulierung der Funktionen. Formuliert man zu nah an der Realität, wird dadurch das Suchfeld eingeengt.

Es ist aber das Ziel dieses Arbeitsschrittes, ein möglichst großes Suchfeld zu öffnen. Durch die Wahl des **richtigen Abstraktionsgrades** bei der Formulierung der Funktionen gelingt es, sich Zugang zu allen Wegen bzw. Ebenen, auf denen Wirkprinzipien gefunden werden können, zu verschaffen (Abb. 5.19).

Das Auffinden des optimalen Abstraktionsgrades ist ein Prozess, der in den meisten Fällen das Durchlaufen der in Abschn. 2.3.3 erläuterten TOTE-Schleife erforderlich macht. Wie aus der VDI-Richtlinie 2803 ersichtlich, wird der Abstraktionsgrad in drei Bereiche gegliedert:

- Realität (völlig konkret, keine Abstraktion)
- ikonisch (bildlich, anschauliche Formulierung)
- symbolisch (mathematisch, abstrakte Formulierung)

Real	Ikonisch		Funktionen des Objektes
	Modell/Bild	Vorstellung/ Abstraktion	
Baum in der Natur	Gebilde, das wie ein Baum aussieht	andere Erscheinungsformen des Objektes	
	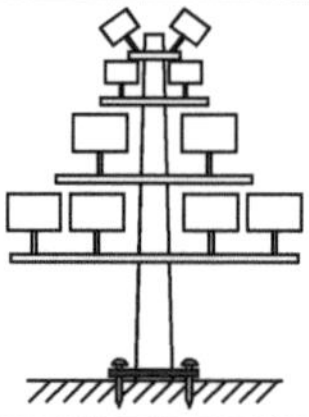	?	• Wandeln von CO_2 in O_2 • Förderung der Verdunstung von H_2O • Staub aus der Luft entfernen (trennen) • Rückhaltung von H_2O (speichern) • Schatten spenden • Erosion des Bodens verhinder (fixieren) • Holz zur Verfügung stellen (Baumaterial, Brennstoff) • sieht schön aus
Eigenschaften des realen Objektes: besteht aus Stamm, Ästen, Zweigen, Blättern, Wurzelwerk, trägt Früchte	„kann" dasselbe tun wie ein Baum: hat Höhe, Breite, Umfang, Oberfläche, kann Kräfte aufnehmen und ist im Boden befestigt	was genau will ich nutzen/ erreichen? auf welche Merkmale (Funktionen) kommt es mir an?	

Abb. 5.20 Ikonisches und sprachliches Abstrahieren am Beispiel „Baum". (Nach VDI-Richtl. 2803)

Der optimale Abstraktionsgrad ist dann gefunden, wenn gedanklich die Grenze zwischen der ikonischen und symbolischen Darstellung gerade überschritten worden ist. In Abb. 5.20 ist die Suche des optimalen Abstraktionsgrades am Beispiel „Baum" dargestellt.

Die Grenze zwischen dem ikonischen und dem symbolischen Bereich ist dann überschritten, wenn die Formulierung der Funktionen auch andere Funktionsträger zulassen als sie bei einem Baum vorhanden sind; damit wird die Produktion von neuen Ideen gefördert.

Zur Unterstützung der Ideenfindung werden in der Methodenlehre hauptsächlich drei Bereiche unterschieden:

- konventionelle Methoden
- intuitiv betonte Methoden
- diskursiv betonte Methoden.

Die konventionellen Methoden wurden bereits in Abschn. 3.3 erörtert, auf sie wird an dieser Stelle nicht näher eingegangen. Bei den beiden anderen Bereichen werden Begriffe zur Unterscheidung verwendet, die einer kurzen Erläuterung bedürfen, sie hängen mit der Art zu denken zusammen. **Intuitives Denken** ist **sprunghaft** und durch plötzliche Einfälle gekennzeichnet. Aufgrund von im Unterbewusstsein abgespeicherten Informationen entsteht eine Idee spontan, z. B. durch die Wahrnehmung eines Ereignisses, das nicht unmittelbar mit der Aufgabenstellung zusammenhängt. Das **diskursive Denken** ist **bewusst gesteuert**, es verläuft in logischer Folge. Ein Problem wird in seine Bestandteile zerlegt und für die dadurch überschaubar gemachten einzelnen Teile werden Lösungen gesucht.

Die Unterscheidung in die drei Bereiche erfolgt nur, um eine bessere Übersicht über die geeigneten Methoden zu erhalten. Es soll darin keinesfalls eine Wichtung gesehen werden. Der Einsatz einer Methode aus einem der drei Bereiche schließt auch keinesfalls die Verwendung anderer Methoden aus. Es ist im Gegenteil ratsam, beim Konstruktionsprozess z. B. zwischen dem intuitiven und diskursiven Denken zu wechseln. Einerseits können so „Denkblockaden" aufgehoben werden, indem man einfach etwas anderes tut oder denkt, andererseits fördert ein systematisches Vorgehen das Beschreiten von neuen Wegen und das Öffnen neuer Informationsquellen.

5.4.1 Lösungssuche mit Kreativitätstechniken

Kreativ zu sein bedeutet, die Fähigkeit zu besitzen, einfallsreich etwas Neues schaffen zu können. Es soll hier aber nicht der Eindruck erweckt werden, dass man durch die Anwendung bestimmter Techniken zwangsläufig ein hohes Maß an Kreativität erreichen könnte. Die in diesem Kapitel vorgestellten Methoden, die fast alle in nichttechnischen Bereichen entwickelt wurden, können lediglich Hilfestellungen bieten, die kreative Lösungssuche anzuregen. Eine besonders wichtige Voraussetzung für die Anwendung dieser Techniken ist, dass sie in einer Arbeitsgruppe durchgeführt werden, deren Zusammensetzung allerdings eine sorgfältige Auswahl erfordert.

Brainstorming
Der Begriff „Brainstorming" lässt sich am treffendsten mit „Ideenfluss" übersetzen, das Vorgehen macht von unbefangenem, vorurteilsfreiem Gedankenfluss Gebrauch. Am vorteilhaftesten wird diese Methode eingesetzt, wenn:

- noch kein realisierbares Lösungsprinzip bekannt ist,
- das Wirkprinzip einer möglichen Lösung noch nicht erkennbar ist,
- der Eindruck entstanden ist, dass bisher gemachte Vorschläge in eine Sackgasse führen,
- völlig unkonventionelle Wege beschritten werden sollen,
- die Aufgabenstellung nicht zu komplex ist.

Es muss aber einschränkend festgehalten werden, dass durch das Brainstorming in erster Linie Denkanstöße entstehen, die dann ausgewertet werden müssen, fertige Lösungen sind nicht zu erwarten.

Die Arbeitsgruppe sollte aus 5 bis 15 Teilnehmern bestehen und möglichst interdisziplinär zusammengesetzt sein. Es ist z. B. nicht sinnvoll, für eine konstruktive Aufgabenstellung ausschließlich Mitarbeiter aus den technischen Abteilungen in die Gruppe aufzunehmen. Es muss außerdem darauf geachtet werden, dass hierarchische Zuordnungen nicht die ungezwungene Arbeitsweise beeinträchtigt. Die Arbeit in der Gruppe muss von einem Leiter koordiniert werden, der aber keinen Einfluss auf die Ideenfindung nehmen darf.

Methode 6-3-5
Ist eine Weiterentwicklung des Brainstormings und wird schriftlich durchgeführt. Eine nach gleichen Kriterien wie bei dieser Methode zusammengesetzte Gruppe von sechs Personen erhält eine Aufgabenstellung und schreibt jeweils drei Lösungsvorschläge auf. Jeder Vorschlag muss in Stichworten erläutert werden (evtl. Skizze). Nach 5–10 min gibt jedes Teammitglied das begonnene Blatt an seinen Nachbarn weiter. Nun werden die vorliegenden Vorschläge durch weitere ergänzt oder auch nur aufgegriffen und weiterentwickelt, bis wieder drei neue Anregungen auf dem Papier stehen. Dieser Vorgang wird insgesamt fünfmal durchgeführt, daher die Bezeichnung 6-3-5.

Mind Map
Ebenfall mit dem Brainstorming verwandt ist die Methode des Mind Mappings, die von *Tony Buzan* [Buz05] entwickelt wurde. Diese Methode hat den Vorteil, dass man sie auch ohne Team anwenden kann, denn das hat ein einzelner Konstrukteur ja nicht immer zur Verfügung. Für die Ideensuche geht man von der Definition der Hauptfunktion aus und benennt mithilfe einer Grafik die erforderlichen Neben- und Einzelfunktionen. Das Aussehen eines daraus entstehenden Mind Maps ähnelt dann der Darstellung in Abb. 5.6.

Galeriemethode
Eignet sich besonders zur Lösungssuche bei Gestaltungsaufgaben und verbindet Einzel- und Gruppenarbeit. Die Lösungsvorschläge werden in Form von Skizzen ausgearbeitet. Die Teambildung erfolgt wie beim Brainstorming.

Nach der Vorstellung der Aufgabenstellung durch den Teamleiter erarbeiten die Teammitglieder zunächst in ca. 15 min ihren ersten Vorschlag in Form einer Skizze (ggf. mit verbalen Erläuterungen). Alle Vorschläge werden an die Wand des Arbeitsraumes gehängt (Galerie) und können von den Teammitgliedern ca. 15 min lang betrachtet und diskutiert werden. In einer zweiten Ideenbildungsphase erarbeitet danach wieder jedes Teammitglied für sich, aufgrund der Anregungen, weitere Vorschläge neu oder auf der Basis einer der vorgestellten Ideen.

In der abschließenden Selektionsphase werden die Ideen gemeinsam gesichtet und ggf. ergänzt. Erfolgversprechende Lösungsvorschläge werden ausgewählt.

Synektik
Die Arbeitsweise und Zusammensetzung der Gruppe erfolgt wie beim Brainstorming. Die Größe der Gruppe sollte aber auf ca. 7 Mitglieder beschränkt werden, eine Erkenntnis aus der Verhaltensforschung. Es wird gezielt darauf hingearbeitet, sich hinsichtlich der Lösungssuche von Analogien aus nichttechnischen Bereichen (z. B. Biologie) oder aus

anderen technischen (branchenfremden) Bereichen anregen zu lassen. Der Teamleiter sorgt für das Einhalten des vorgegebenen Ablaufs.

Aus der konsequenten Umsetzung von Vorbildern aus der Natur in technische Anwendungen hat sich das Forschungsgebiet der „Bionik" entwickelt [Na97]. Ein allgemein bekanntes Beispiel hierfür ist der Klettverschluss, der in vielen Anwendungen der Bekleidung den Reißverschluss ersetzt hat.

Delphi-Methode
Ist eine Befragung von Fachleuten in schriftlicher Form, ähnlich wie bei der 6-3-5-Methode, mit der Einschränkung, dass nur drei Schritte erfolgen:

1. Anfrage von Lösungsvorschlägen zur Aufgabenstellung
2. Zusammenstellung **aller** Vorschläge zur erneuten Bearbeitung **an alle** Teilnehmer
3. Aus der Endauswertung der beiden ersten Schritte den oder die besten Vorschläge auswählen

Diese Methode ist sehr aufwendig, sie wird meist nur dann angewendet, wenn langfristige Entwicklungsaufgaben geplant werden sollen und/oder Teamsitzungen nur schwer zu realisieren sind.

5.4.2 Systematische Suche und Auswahl möglicher Varianten

Von den verschiedenen diskursiven Methoden, die zu einer systematischen Lösungssuche geeignet sind, wird hier nur die morphologische Methode (Ordnungsschema) näher erläutert. Sie ist die wichtigste, weil sie sowohl die Suche nach Varianten als auch deren Auswahl unterstützt. Andere Methoden, die die morphologische auch ergänzen können, sollen aber kurz erwähnt werden, nämlich die:

- Analyse des physikalischen Zusammenhangs,
- die Benutzung von Katalogen.

Bei der ersten dieser Methoden analysiert man die bekannten physikalischen Zusammenhänge und leitet aus den mathematischen Abhängigkeiten (den Berechnungsformeln) technische Lösungen zu deren Beeinflussung ab. Bei der zweiten Methode unterscheidet man in:

- konventionelle Kataloge (z. B. von Lieferanten konkreter Maschinenelemente)
- Sammlungen technischer Lösungsprinzipien oder physikalischer Effekte (*Koller/Kastrup* [KoKa94])
- Konstruktionskataloge (nach *Roth* oder VDI-Richtlinie 2222).

Tab. 5.1 Auszug aus der Liste von Konstruktionskatalogen. (Nach [PaBe07], die Literaturangaben beziehen sich auf das Lehrbuch)

Anwendungsgebiet	Objekt	Quelle
Grundlagen	Aufbau von Katalogen	Roth [40]
	Zusammenstellung verfügbarer Katalog- und Lösungssammlungen	Roth [40]
Prinzipielle Lösungen	Physikalische Effekte	Roth [40]
	Physikalische Wirkprinzipien	Koller/Kastrup
	Beschreibung von Funktionen	Koller [22]
Verbindungen von Bauteilen	Schlussarten	Roth [40]
	Verbindungen	Ewald [9]
	Feste Verbindungen	Roth [40]
	Nietverbindungen	Roth [40]
	Klebeverbindungen	Fuhrmann /Hinterwalder [12]
	Spielbeseitigung bei Schrauben	Ewald [9]
	Welle/Nabe-Verbindungen	Roth [40]
		Diekhöner/Lohkamp [5]
		Kollmann [23]
Führungen, Lager	Geradführungen	Roth [40]
	Rotationsführungen	Roth [40]
	Lager und Führungen	Ewald [9]
Kraftleitung	Krafterzeuger (mechanisch)	Ewald [9]
	Wegumformung/Kraftverstärkung	Roth [40]
		VDI-Richtl. 2222
	Schraubantrieb	Kopowski [24]
	Reibsysteme	Roth [40]
Anwendungsgebiet	**Objekt**	**Quelle**
Kinematik/Getriebelehre	Lösung von Bewegungsaufgaben mit Getrieben	VDI-Richtl. 2727 Bl. 2
	Gliederketten und Getriebe	Roth [40]
	Zwangsläufige kinetische Mechanismen mit vier Gliedern	VDI-Richtl. 2222 Bl. 2
	Logische Negationsgetriebe	Roth [40]
	Mechanische Flipflops	Roth [40]
	Mechanische Rücklaufsperren	Roth [40]
		VDI-Richtl. 2222 Bl. 2
	Gleichförmig übersetzende Getriebe	Roth [40]
	Handhabungsgeräte	VDI-Richtl. 2740
Getriebe	Stirnradgetriebe	VDI-Richtl. 2222 Bl. 2
		Ewald [9]
	Spielbeseitigung bei Stirnradgetrieben	Ewald [9]
Ergonomie	Bedienelemente	Neudörfer [27]
Sicherheitstechnik	Schutzeinrichtungen	Neudörfer [29]

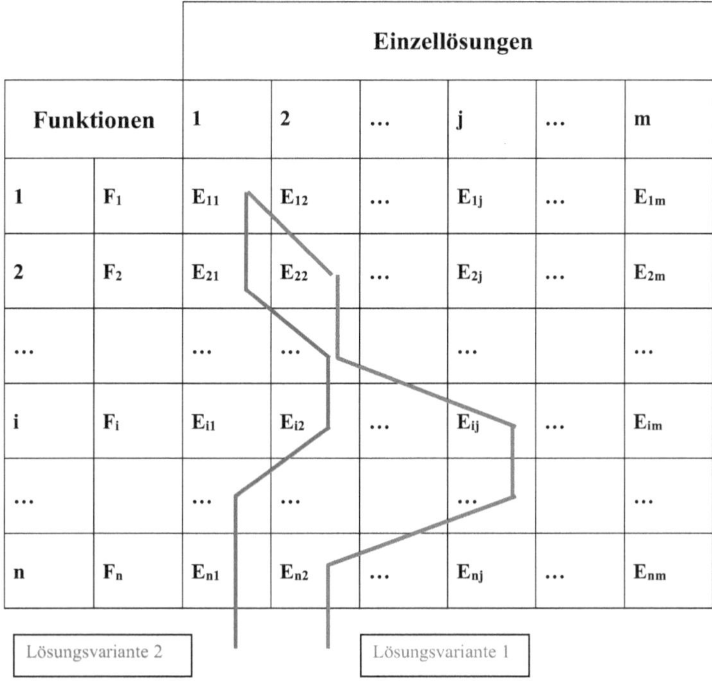

Funktionen		Einzellösungen 1	2	...	j	...	m
1	F_1	E_{11}	E_{12}	...	E_{1j}	...	E_{1m}
2	F_2	E_{21}	E_{22}	...	E_{2j}	...	E_{2m}
...		...	...		...		...
i	F_i	E_{i1}	E_{i2}	...	E_{ij}	...	E_{im}
...		...	...		...		...
n	F_n	E_{n1}	E_{n2}	...	E_{nj}	...	E_{nm}

Abb. 5.21 Morphologischer Kasten mit prinzipieller Darstellung der Vorgehensweise zur Bildung von Lösungsvarianten [PaBe07]

Es gibt inzwischen eine große Anzahl von Katalogen, die in einer Liste im Lehrbuch von *Pahl/Beitz* zusammengestellt sind (Tab. 5.1). An dieser Stelle kann aber auf dieses Thema wegen seines großen Umfangs nicht näher eingegangen werden. Kataloge haben den entscheidenden Nachteil, dass ihr Umfang mit zunehmender Konkretisierung enorm anwächst und sie dadurch unübersichtlich werden.

Die vorstehend beschriebenen Methoden dienen vor allem dazu, Informationen über mögliche Lösungen mit unterschiedlichem Konkretisierungsgrad zu gewinnen. Um eine Gesamtlösung zu finden, müssen diese Informationen anschließend verarbeitet, d. h. kombiniert werden (Systemsynthese). Für technische Aufgabenstellungen hat sich die von *Zwicky* vorgeschlagene Methode des **morphologischen Kastens** besonders bewährt.

Der morphologische Kasten ist ein Ordnungsschema (Abb. 5.21), das nach dem folgenden Prinzip aufgebaut ist:

- In die Zeilen $(1, 2 \ldots n)$ werden als Funktionen F_i die Teil- oder Einzelfunktionen aus der vorher aufgestellten Funktionenstruktur eingetragen. In den einzelnen Zeilen werden jeweils die möglichen Varianten der Elemente E_{ij} eingetragen, die zur Erfüllung dieser Funktion gefunden worden sind (Wirkprinzipien, Funktionsträger), bis eine Matrix entstanden ist, in der in jeder Zeile mindestens ein Element steht.
- Die Spalten $(1, 2 \ldots m)$ ordnen jeder Funktion F_i jeweils die (Einzel-)Lösungen zu.

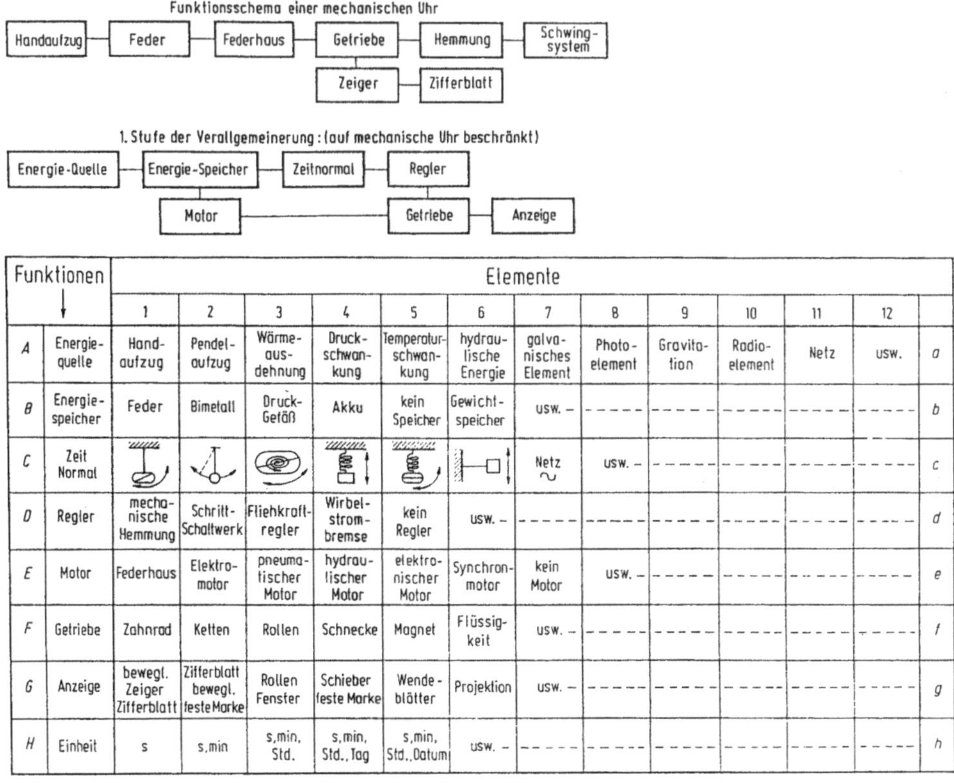

Funktionen ↓		Elemente 1	2	3	4	5	6	7	8	9	10	11	12	
A	Energie-quelle	Hand-aufzug	Pendel-aufzug	Wärme-aus-dehnung	Druck-schwan-kung	Temperatur-schwan-kung	hydrau-lische Energie	galva-nisches Element	Photo-element	Gravita-tion	Radio-element	Netz	usw.	a
B	Energie-speicher	Feder	Bimetall	Druck-Gefäß	Akku	kein Speicher	Gewicht-speicher	usw. –	-----	-----	-----	-----	-----	b
C	Zeit Normal							Netz ∿	usw. –	-----	-----	-----	-----	c
D	Regler	mecha-nische Hemmung	Schritt-Schaltwerk	Fliehkraft-regler	Wirbel-strom-bremse	kein Regler	usw. –	-----	-----	-----	-----	-----	-----	d
E	Motor	Federhaus	Elektro-motor	pneuma-tischer Motor	hydrau-lischer Motor	elektro-nischer Motor	Synchron-motor	kein Motor	usw. –	-----	-----	-----	-----	e
F	Getriebe	Zahnrad	Ketten	Rollen	Schnecke	Magnet	Flüssig-keit	usw. –	-----	-----	-----	-----	-----	f
G	Anzeige	bewegl. Zeiger Zifferblatt	Zifferblatt bewegl. feste Marke	Rollen Fenster	Schieber feste Marke	Wende-blätter	Projektion	usw. –	-----	-----	-----	-----	-----	g
H	Einheit	s	s,min	s,min, Std.	s,min, Std.,Tag	s,min, Std.,Datum	usw. –	-----	-----	-----	-----	-----	-----	h

Abb. 5.22 Funktionen einer Uhr und morphologischer Kasten [PaBe07]

Zur Ermittlung einer Gesamtlösung kombiniert man aus jeder Zeile jeweils **ein** Element mit **einem** Element der folgenden Zeile. Man kommt so zu so genannten Lösungsvarianten, deren Anzahl von zwei wesentlichen Kriterien abhängt:

- Anzahl der Einzellösungen in den Zeilen
- Verträglichkeit der Elemente miteinander.

Zur besseren Beurteilung der Verträglichkeit ordnet man am besten die Teil- oder Einzelfunktionen entsprechend der Reihenfolge der Funktionenstruktur an. Außerdem wird die Verträglichkeit leichter erkennbar, wenn die Einzellösungen nicht nur verbal formuliert in der Matrix stehen, sondern als Prinzipskizzen. Oft ist es auch hilfreich, die Zuordnung von Teillösungen und Funktionsträgern zunächst in vergröberter (zusammenfassender) Formulierung vorzunehmen. Man erkennt dann leichter, für welche Teil- oder Einzelfunktionen evtl. gleiche oder ähnliche Lösungen in Betracht kommen.

Das Beispiel für die Entwicklung einer Uhr soll die Anwendung des morphologischen Kastens näher erläutern. In Abb. 5.22 sind der Anschaulichkeit halber drei Schritte des methodischen Vorgehens zusammengefasst dargestellt:

- Funktionsschema einer mechanischen Uhr
- Abstraktion
- Ordnungsschema (morphologischer Kasten).

Nach heutiger Auffassung ist es allerdings erforderlich, die Funktionen nicht als (Bau-) Element (Motor), sondern als Funktionsbegriff (Energie wandeln) zu formulieren. Außerdem ist statt A, B, ... für die Zeilen, heute 1, 2, ... üblich. Die im zweiten Schritt entstandene Funktionenstruktur bildet die erste Spalte des morphologischen Kastens (Funktionen). Im dritten Schritt muss nun jede Zeile mit den Elementen aufgefüllt werden, die als Einzellösungen in Betracht kommen.

Die Auswahl des Gesamtkonzepts erfolgt als vierter Schritt durch:

► **Kombination verträglicher Elemente**

nach dem Schema in Abb. 5.21. Eine unverträgliche Kombination wäre z. B. A6 (hydraulische Energie) mit B2 (Energiespeicher Bimetall). Aus den beiden Kombinationen in Abb. 5.23 ergeben sich die Gesamtlösungen:

X: mechanische Uhr mit Handaufzug
Y: mit Lichtenergie betriebene Uhr

Die Methode des morphologischen Kastens eignet sich zur Kombination von Einzellösungen in der Konzeptphase aber auch zur Kombination von Gestaltungsvarianten in der Entwurfsphase und kann außerdem auch auf nichttechnische Aufgabenstellungen angewendet werden.

5.4.3 Auswahl geeigneter Lösungsvarianten

Bei der methodischen Suche kann es zu einer größeren Anzahl von möglichen Gesamtlösungen (Lösungsvarianten) kommen. Das ist einerseits der Vorteil dieses Vorgehens, andererseits bringt es aber den Nachteil mit sich, unter Umständen unübersichtlich zu werden. Es ist deshalb anzustreben, rechtzeitig die Anzahl der möglichen Gesamtlösungen einzuschränken, bevor ein größerer Aufwand in den folgenden Arbeitsschritten betrieben wird.

Eine relativ einfache Methode zu diesem Zweck ist die Auswahlliste, man geht dabei mit den Schritten „Ausscheiden und Bevorzugen" vor. In einer ersten Betrachtung aller möglichen Gesamtlösungen, werden die nach den Festforderungen der Anforderungsliste ungeeignet erscheinenden ausgesondert. Auch Wünsche oder bestimmte Vorstellungen davon, wie eine mögliche Lösung auf keinen Fall aussehen soll, werden hier berücksichtigt.

	Funktion	Einzellösung									
		1	2	3	4	5	6	7	8	9	10
1	Energie-Quelle	Hand-aufzug	Pendel-aufzug	Wärmeaus-dehnung	Druck-schwankung	Temperatur-schwankung	hydraulische Energie	galvanisches Element	Photoele-ment	Gravi-tation	Radio-element
2	Energie-Speicher	Feder	Bimetall	Druck-gefäß	Akku	kein Speicher	Gewicht-speicher				
3	Zeitnormal	Biegependel senkrecht	Gelenk-pendel	Torsions-pendel	Schrauben-feder longitudinal	Schrauben-feder als Pendel	Biegefeder	Netz			
4	Regler	mechanische Hemmung	Schritt-schaltwerk	Fliehkraft-regler	Wirbelstrom-bremse	kein Regler					
5	Motor	Spiralfeder in Gehäuse	asynchron. Elektro-motor	pneumat. Motor	hydraul. Motor	elekton. Motor	synchron. Elektro-motor	kein Motor			
6	Getriebe	Zahnrad	Ketten	Rollen	Schnecke	Magnet	Flüssigkeit				
7	Anzeige	Zeiger beweglich/ Zifferblatt	feste Markierung/ Zifferblatt Beweglich	Rollen-fenster	feste Mar-kierung/ Schieber	Wende-blätter	Projek-tion				
8	Einheit	Sekunde	Sek./Min.	Sek./Min. Std.	Sek./Min. Std./Wochentag	Sek./Min. Std./Datum					

X Y

Abb. 5.23 Kombinationswege im morphologischen Kasten [PaBe07]

Eine weitere Auswahl erfolgt dann mit einer formal aufzustellenden Auswahlliste (z. B. Messgerät f. Tankinhalt), die dafür sorgt, dass nichts vergessen wird und die Übersicht erhalten bleibt (Tab. 5.2).

Die Kriterien (A bis G) sind auch in ihrer Reihenfolge zu beachten. Der Lösungsvorschlag, der z. B. A oder B nicht erfüllt, wird auf das Kriterium C und die folgenden nicht weiter geprüft. Im Beispiel werden nur vier der acht Lösungsvorschläge in die engere Wahl gezogen, d. h. einer weiteren Bearbeitung zugeleitet.

Die Kriterien sind von Fall zu Fall natürlich unterschiedlich, die hier aufgeführten sind aber grundsätzlicher Natur und müssen in jedem Fall angewendet werden, da sie absolut notwendige Eigenschaften eines Erzeugnisses betreffen. Es ist hilfreich, sich im Einzelnen folgende Fragen zu stellen:

A) Ist ein Lösungsvorschlag mit der Aufgabenstellung insgesamt verträglich, sind die einzelnen Funktionen miteinander kombinierbar (sollte besser bereits bei der Aufstellung des morphologischen Kastens geprüft werden)?
B) Sind die Forderungen der Anforderungsliste erfüllt (auch die Wunschkriterien, wo bestehen evtl. Kompromissmöglichkeiten)?
C) Bestehen Bedenken im Hinblick auf die Wirksamkeit des Systems, sind die zu erwartenden Abmessungen akzeptabel, bestehen Bedenken hinsichtlich der Zuordnung der einzelnen Komponenten?
D) Ist der zu erwartende Aufwand zulässig, hat der eigene Betrieb die Fertigungsmöglichkeiten (Fremdvergabe prüfen), sind zu beschaffende Komponenten ggf. zu teuer?
E) Können ergonomische Richtlinien erfüllt werden, was besagen die entsprechenden Unfallverhütungsvorschriften (UVV, VGB) oder die AD-Merkblätter?
F) Passt die Lösung in das Produktspektrum und die Vertriebsstrategie des Betriebes, wie ist die Patentlage, ist das Know-how ausreichend?

Besondere Aufmerksamkeit verdienen Lösungsvorschläge, die sich in den Kriterien E und F auszeichnen. Im Vorliegenden Fall ist bei E allerdings nichts eingetragen, bei F hat der Lösungsvorschlag 4 offenbar einen Vorteil gegenüber den anderen. Es ist also zu erwarten, dass dieser gegenüber 5, 7 und 8 zu bevorzugen ist. Das ist gegebenenfalls anhand der bereits erfüllten, oder weiterer Kriterien näher zu untersuchen. Es muss aber ausdrücklich darauf hingewiesen werden, dass es nicht akzeptiert werden kann, dass im Kriterium E für keinen Lösungsvorschlag ein Vermerk eingetragen ist. In Bezug auf die Sicherheit dürfen im Prinzip keine Zugeständnisse gemacht werden.

Die Bemerkungen in der Liste (Tab. 5.2) sollen die Nachprüfbarkeit des Auswahlverfahrens erleichtern, sie halten die Gründe für die Entscheidung (rechte Spalte) nachvollziehbar fest. Als erste Wahl gelten die Vorschläge, die alle Kriterien erfüllen. In einzelnen Fällen kann es erforderlich sein, zusätzliche Informationen zu beschaffen, um dann den Lösungsvorschlag erneut zu überprüfen. Es ist außerdem festzuhalten, wer an der Auswahl teilgenommen hat und wer die Verantwortung für die Entscheidung trägt.

Tab. 5.2 Auswahlliste für die Entwicklung eines Messgerätes für den Tankinhalt [PaBe07]

TH Darmstadt MuK	AUSWAHLLISTE für Geber für Tankinhaltsmeßgerät	Blatt: 1 Seite:

Lösungsvarianten (Lv) nach AUSWAHLKRITERIEN beurteilen:

(+) ja
(−) nein
(?) Informationsmangel
(!) Anforderungsliste überprüfen

ENTSCHEIDEN

Lösungsvarianten (Lv) kennzeichnen:

(+) Lösung weiter verfolgen
(−) Lösung scheidet aus
(?) Information beschaffen (Lösung erneut beurteilen)
(!) Anforderungsliste auf Änderung prüfen

Lösungsvariante (Lv) eintragen:

A: Verträglichkeit gegeben
B: Forderungen der Anforderungsliste erfüllt
C: Grundsätzlich realisierbar
D: Aufwand zulässig
E: Unmittelbare Sicherheitstechnik gegeben
F: Im eigenen Bereich bevorzugt
G:

Lv		A	B	C	D	E	F	G	Bemerkungen (Hinweise, Begründungen)	Entscheidung
1	1	+	+	+	?				Anzahl der Meßstellen	?
2	2	+	−						Unterbringung der Masse	−
3	3	−							Radioaktivität	−
4	4	+	+	+	+		(+)		(Weiterentwicklung bisheriger Lösungen)	+
5	5	+	+	+	+					+
6	6	−							Flüssigkeit nicht leitend	−
7	7	+	+	+	+					+
8	8	+	+	+	+				s. Lv 7	+
	9									
	10									
	11									
	12									
	13									
	14									
	15									
	16									
	17									
	18									
	19									
	20									

Datum: 9.85	Bearbeiter: la	

5.4.4 Bewertung von Lösungsvarianten

Den Abschluss der Konzeptphase (s. Abb. 5.1) bildet der Arbeitsschritt „bewerten nach technischen und wirtschaftlichen Kriterien“. Um in der Lage zu sein, diesen Schritt, der in der Regel erst nach einem Auswahlverfahren (z. B. wie vorstehend beschrieben) erfolgen kann, durchzuführen, müssen aber bestimmte Voraussetzungen erfüllt werden:

1. Es ist erforderlich, die in Betracht kommenden Lösungsvarianten konkreter auszuführen.
2. Man muss detaillierte und möglichst quantifizierbare Beurteilungskriterien finden, um den Wert einer Lösung ermitteln zu können.

Diese Voraussetzungen sind in der Konzeptionsphase nicht immer ohne weiteres erfüllbar. Die im Folgenden beschriebenen Verfahren werden deshalb auch in der Entwurfsphase angewendet, manchmal ist sogar die Ausarbeitung von Details einer Konstruktion erforderlich, um deren Wert beurteilen zu können. Letzteres ist vor allem bei der Wertanalyse der Fall oder bei der Suche nach Schwachstellen einer Konstruktion.

Bereits in der Konzeptionsphase ist es erforderlich, sowohl technische als auch wirtschaftliche Eigenschaften der Lösungsvorschläge zu erfassen, auch wenn die Kosten noch nicht genau angegeben werden können. Es werden für die Bewertung eines Konzeptes die in Tab. 5.3 zusammengestellten Hauptmerkmale empfohlen.

Dabei ist darauf zu achten, dass jedes Hauptmerkmal möglichst mit einem Bewertungskriterium im Lösungskonzept vertreten ist. Die Kriterien gewinnt man aus:

- der Anforderungsliste (quantifizierte Fest- oder Wunschforderungen),
- den allgemeinen technischen oder wirtschaftlichen Kenndaten oder Eigenschaften,
- den Kennzahlen des Controllings.

Der Sinn der Bewertung ist es, eine Lösungsvariante insgesamt, nicht nur Teile von ihr, an anderen Varianten oder an einer Ideallösung zu messen. Da die „**Wertigkeit**“ als Grad der Annäherung an dieses Ideal verstanden wird oder als Wertigkeitsvergleich verschiedener Varianten, ist es erforderlich, eine Zielvorstellung zu definieren, an der sich die Bewertung orientiert. Als Zielsetzung für technische Produkte sind dabei generell die drei folgenden Aspekte zu berücksichtigen:

- Erfüllung der geforderten technischen Funktionen
- die wirtschaftliche Realisierung der Funktionen
- Sicherheit für den Benutzer und die Umwelt.

Tab. 5.3 Leitlinie mit Hauptmerkmalen zum Bewerten in der Konzeptphase. (Nach [PaBe07])

Hauptmerkmal	Beispiele
Funktion	Eigenschaften erforderlicher Nebenfunktionsträger, die sich aus dem gewählten Lösungsprinzip oder aus der Konzeptvariante zwangsläufig ergeben
Wirkprinzip	Eigenschaften des oder der gewählten Prinzipien hinsichtlich einfacher und eindeutiger Funktionserfüllung, ausreichender Wirkung und geringer Störgrößen
Gestaltung	geringe Zahl von Komponenten, geringer Grad der Komplexität, geringer Raumbedarf, keine Werkstoff- und Auslegungsprobleme
Sicherheit	Bevorzugung der unmittelbaren Sicherheitstechnik, möglichst keine zusätzlichen Sicherheitsmaßnahmen erforderlich, Gewährleistung von Arbeits- und Umweltsicherheit
Ergonomie	Mensch/Maschine-Beziehung zufriedenstellend, keine unzumutbaren Belastungen oder Beeinträchtigungen, gutes Design
Fertigung	gebräuchliche Fertigungsverfahren, wenige Fertigungsschritte, keine aufwendigen Vorrichtungen, geringe Teilezahl, einfach gestaltete Teile
Kontrolle	wenige Kontrollen oder Prüfungen, die einfach durchgeführt werden können und sicher in der Aussage sind
Montage	leicht, sicher und schnell durchführbar, möglichst wenig Hilfsmittel erforderlich
Transport	gebräuchliche (vorhandene) Transportmittel, möglichst geringes Risiko
Gebrauch	einfacher Betrieb, lange Lebensdauer, geringer Verscheiß, leichte (selbsterklärende) Bedienung
Instandhaltung	wenig und einfach durchzuführende Wartung und Inspektion, problemlose Instandsetzung (Reparatur)
Recycling	leichte Werkstofftrennung, gute Verwertbarkeit, problemlose Beseitigung und Deponie
Aufwand	Keine besonderen Betriebs- und Nebenkosten, geringe Terminrisiken

Für die Bewertung kommen nur Methoden infrage, die eine vollständige Erfassung der Ziele zulassen. Dabei ist es erforderlich, nicht nur quantitativ erfassbare Kriterien berücksichtigen zu können, sondern auch qualitative. Die wichtigsten Methoden sind die Nutzwertanalyse und die in der VDI-Richtlinie 2225 beschriebene technisch-wirtschaftliche Bewertung.

5.4.4.1 Nutzwertanalyse

Die Vorgehensweise der Nutzwertanalyse gliedert sich in mehrere Schritte. Dabei ist es natürlich am wichtigsten, zuerst eine Zielvorstellung konkret zu formulieren, die im Wesentlichen durch Forderungen und Wünsche des potentiellen Anwenders (Kunde), des Marktes oder des Herstellers geprägt ist. Die Vorgehensweise ist in die folgenden sechs Schritte gegliedert.

1. Zielsystem, Erkennen von Bewertungskriterien

In der Regel besteht eine Zielvorstellung aus mehreren Teilzielen. So sollen bei technischen Systemen nicht nur technische Funktionen optimal erfüllt, sondern auch wirtschaft-

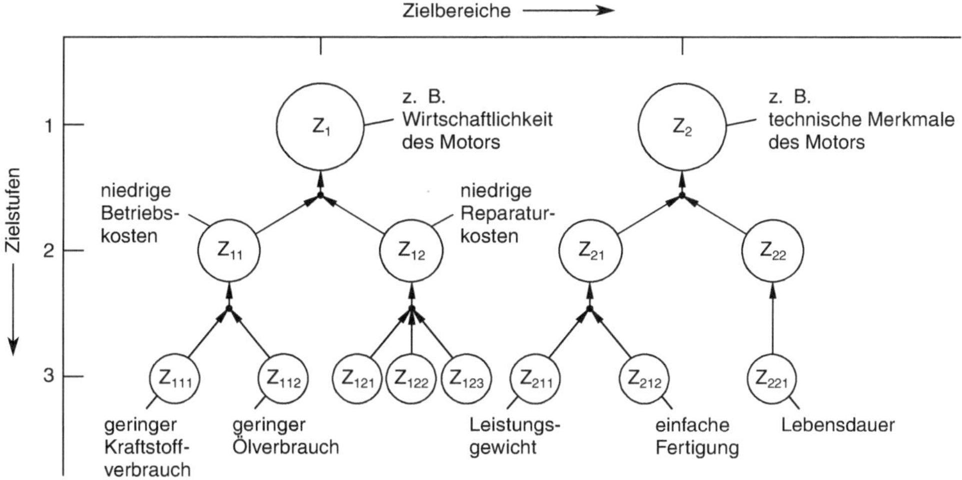

Abb. 5.24 Struktur eines Zielsystems (z. B. Verbrennungsmotor) [PaBe07]

liche, sicherheitstechnische und umweltbedingte Gesichtspunkte berücksichtigt werden. Je nach der Marktposition des Produktes und dessen Verwendung können die verschiedenen Aspekte eine unterschiedliche Bedeutung haben, die bei der Festlegung der Ziele berücksichtigt werden müssen. Für die Definition von Zielen gibt es die folgenden Empfehlungen:

- In jedem einzelnen Ziel sollen **die zugeordneten Anforderungen vollständig erfasst** sein.
- Die verschiedenen **Ziele müssen voneinander unabhängig** sein.
- Die **Eigenschaften eines Zieles sollen möglichst quantitativ erfassbar** sein.

Die Bewertungskriterien der einzelnen Ziele sind so zu wählen, dass sie verbal positiv beschrieben werden können, z. B.:

- „geräuscharm", nicht „laut" (quantifizierbar in dBA)
- „hoher Wirkungsgrad" (z. B. 80 %), nicht „Vermeiden von Verlusten".

Alle einzelnen Ziele werden übersichtlich in dem Zielsystem eingeordnet. Gemäß der Systemtechnik werden dabei in der Regel mehrere Zielbereiche formuliert (z. B. Aufteilung in wirtschaftliche und technische Ziele), die jeweils in hierarchischer Zuordnung in Haupt- und Nebenziele (Teil- und Einzelziele) gegliedert werden (z. B. Gesamtsystem „Verbrennungsmotor" in Abb. 5.24).

Dabei ist darauf zu achten, dass ein untergeordnetes Ziel (Z_{111}) jeweils nur mit einem übergeordneten Ziel (Z_{11}) verbunden ist, um die Unabhängigkeit der Ziele in jeder Stufe zu erhalten. Die Bewertungskriterien werden in der Regel aus den Einzelzielen der untersten Hierarchiestufe abgeleitet (z. B. geringer Kraftstoffverbrauch). Hier weicht die VDI-Richtlinie 2225 ab, die keine hierarchische Anordnung des Zielsystems verwendet, sondern nur eine Liste der Ziele. Es genügt auch oft, die Funktionen aus den Zeilen des morphologischen Kastens als Einzelziele zu verwenden.

2. Gewichtung der Kriterien
Damit eine sinnvolle Auswahl der Bewertungskriterien erfolgt, ist es wichtig, bereits bei der Aufstellung des Zielsystems die Frage zu stellen, ob alle Einzelziele für das Gesamtsystem wirklich wichtig sind. Zu viele Kriterien erschweren die Bewertung. Damit die unterschiedliche Bedeutung der einzelnen, verbliebenen Kriterien für das Gesamtziel sich in der Gesamtbewertung entsprechend niederschlägt, werden sie jeweils mit einem so genannten Gewichtungsfaktor belegt. Ein Gewichtungsfaktor ist immer eine reelle, positive Zahl und kennzeichnet die relative Bedeutung der Kriterien untereinander. Es ist unter Umständen nützlich, bereits bei der Aufstellung der Anforderungsliste, im Laufe der dazu notwendigen Gespräche, eine grobe Bewertung der Forderungen und Wünsche beim späteren Anwender des Produktes zu erfragen.

Die Gewichtung erfolgt bei der Nutzwertanalyse an besten in einer Prozentskala von 1–100 % (die 0 wird nicht verwendet, das würde zum Wegfall eines Bewertungskriteriums führen), die aber zur leichteren Verwendung bei der Berechnung (kleine Zahlenwerte) als Dezimalbruch von 0,01 bis 1,0 ausgedrückt wird. Dabei ist so zu verfahren, dass alle Einzelziele unter dem zugeordneten höheren Ziel so gewichtet werden, dass die Summe der einzelnen Gewichtungen wieder 1,0 (bzw. 100 %) ergibt.

In Abb. 5.25 ist die Bedeutung oder Gewichtung der Ziele (Z_i), die in vier Hierarchiestufen gegliedert sind, jeweils in dem **linken unteren Kreissektor** jedes Zieles eingetragen.

Man geht bei der Gewichtung so vor, dass von der ersten Stufe beginnend die jeweils untergeordneten Ziele gewichtet werden, z. B.:

Ziele der zweiten Stufe (Z_{11}, Z_{12}, Z_{13}) in Bezug auf Z_1: $0{,}5 + 0{,}25 + 0{,}25 = 1{,}0$

Die Gewichtung der nächsten Stufe erfolgt danach in der Form, dass man, links beginnend, wieder jedes Ziel mit Bezug auf die ihm zugeordneten untergeordneten Ziele aufteilt, z. B.:

Ziel Z_{11} in: Z_{111} mit 67 % entsprechend dem Faktor 0,67
und Z_{112} mit 33 % entsprechend dem Faktor 0,33
mit $(0{,}67 + 0{,}33 = 1{,}0)$

Der **untere rechte Sektor** des jeweiligen Zielkreises enthält die Zahl für die **Gesamtgewichtung des Einzelzieles in Bezug auf alle übergeordneten Ziele**, z. B. ist der Gewichtungsfaktor für das Ziel Z_{1111} bezogen auf Z_1: $0{,}25 \cdot 0{,}67 \cdot 0{,}5 = 0{,}09$

Durch diese Art der Gesamtgewichtung wird jedem Einzelziel in Bezug auf das Gesamtziel die ihm zukommende Bedeutung zugeordnet. Dabei ist zu beachten, dass in jeder

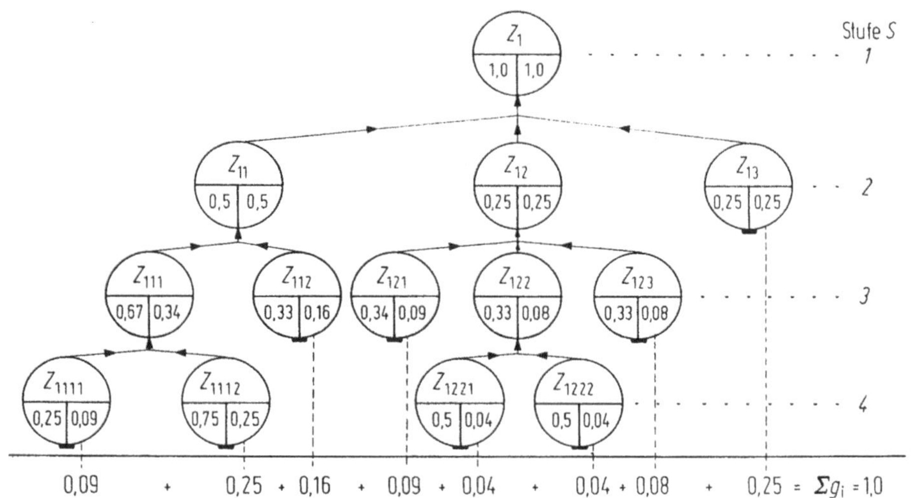

Abb. 5.25 Stufenweise Bestimmung der Gewichtungsfaktoren von Zielen eines Zielsystems [PaBe07]

Hierarchiestufe die Quersumme aller Gewichtungsfaktoren ebenfalls:

$$\sum g_i = 1{,}0 \text{ sein muss.}$$

Ersatzweise, wenn nicht alle Einzelziele bis auf die unterste Stufe gegliedert sind, muss bei der Quersumme in einer Lücke der Gewichtungsfaktor der höheren Stufe eingefügt werden (s. Abb. 5.25, unterste Zeile).

Die beschriebene Art der Gewichtung erlaubt eine realistische Einstufung der Bedeutung der Einzelziele, weil man schrittweise von oben nach unten vorgeht und damit immer nur zwei oder drei Ziele gegenüber dem übergeordneten Ziel abwägt. Würde man die Bedeutung aller Einzelziele auf der jeweils untersten Stufe in Bezug auf das Gesamtziel abwägen müssen, könnte man leicht die Übersicht verlieren.

Bei mehreren Einzelzielen (z. B. 3 oder 4) unter einem übergeordneten Ziel, kann es zu Schwierigkeiten kommen, die Bedeutung der Einzelziele (prozentuale Aufteilung) richtig einzuschätzen. In diesem Fall kann es hilfreich sein, sich zunächst die Frage zu stellen, welches Ziel am wichtigsten erscheint und dann, welches am unwichtigsten. Die anderen Ziele werden dann dazwischen angeordnet.

3. Zusammenstellen von Eigenschaftsgrößen

Den Bewertungskriterien (Zeilen 1–n in Tab. 5.4), die aus den einzelnen Zielen der jeweils untersten Hierarchiestufe abgeleitet worden sind (s. a. Abb. 5.24), müssen außer den Gewichtungsfaktoren auch noch Eigenschaftsgrößen zugeordnet werden. Diese Eigenschaftsgrößen sind dann am besten geeignet, wenn es sich um quantitativ erfassbare

Tab. 5.4 Zuordnung von Bewertungskriterien und Eigenschaftsgrößen in einer Bewertungsliste [PaBe07]

Bewertungskriterien			Eigenschaftsgrößen		Variante V_1 (z. B. M_I)			Variante V_2 (z. B. M_V)			…	Variante V_j			…	Variante V_m		
Nr.		Gew.		Einh.	Eigensch. e_{i1}	Wert w_{i1}	Gew.Wert wg_{i1}	Eigensch. e_{i2}	Wert w_{i2}	Gew.Wert wg_{i2}		Eigensch. e_{ij}	Wert w_{ij}	Gew.Wert wg_{ij}		Eigensch. e_{im}	Wert w_{im}	Gew.Wert wg_{im}
1	geringer Kraftstoffverbr.	0,3	Kraftstoffverbrauch	$\frac{g}{kWh}$	240			300			…	e_{1j}			…	e_{1m}		
2	leichte Bauart	0,15	Leistungsgewicht	$\frac{kg}{kW}$	1,7			2,7			…	e_{2j}			…	e_{2m}		
3	einfache Fertigung	0,1	Einfachheit der Gussteile	-	niedrig			mittel			…	e_{3j}			…	e_{3m}		
4	hohe Lebensdauer	0,2	Lebensdauer	Fahr-km	80 000			150 000			…	e_{4j}			…	e_{4m}		
⋮	⋮	⋮	⋮	⋮	⋮			⋮				⋮				⋮		
i		g_i			e_{i1}			e_{i2}			…	e_{ij}			…	e_{im}		
⋮	⋮	⋮	⋮	⋮	⋮			⋮				⋮				⋮		
n		g_n			e_{n1}			e_{n2}			…	e_{nj}			…	e_{nm}		
		$\sum_{i=1}^{n} g_i = 1$																

Kennwerte handelt. Ist das nicht möglich, dann müssen konkrete verbale Aussagen verwendet werden.

Es ist zweckmäßig, alle für die Auswertung der Nutzwertanalyse relevanten Aussagen, in der abgebildeten Tabellenform zu erfassen. Auf diese Weise behält man die Übersicht über die Zielgrößen (Bewertungskriterien), ihre Gewichtungsfaktoren (g_i) und die gewichteten Werte (wg_{ij}) der verschiedenen Lösungsvarianten. Es ist zu beachten, dass verbale Aussagen über die Eigenschaften (e_{ij}) so getroffen werden, dass sie eine relative Abstufung der Varianten in Bezug auf das Bewertungskriterium zulassen. Die Beschreibung des Kriteriums 3 zeigt, dass Bewertungskriterien und Eigenschaftsgrößen bei verbalen Aussagen auch gleich formuliert sein können.

4. Beurteilen nach Wertvorstellungen

Bevor die Tabelle ausgewertet werden kann, müssen den Bewertungskriterien jeweils einzelne **Werte** (w_{ij}) zugeordnet werden. Zum Auffinden dieser Werte verwendet man eine **Werteskala**, die für die Nutzwertanalyse und in der VDI-Richtlinie 2225 unterschiedlich abgestuft ist (s. Tab. 5.5). Durch die Höhe der vergebenen Punktezahl ist die Wertvorstellung ausgedrückt, die immer noch einem subjektiven Einfluss unterworfen ist, solange sich nicht ein exakter mathematischer Zusammenhang (Wertfunktion) zur Eigenschaftsgröße herstellen lässt.

Bei der Verwendung des größeren Punkterahmens (0–10) ist es leichter, in Anlehnung an die Prozentrechnung, eine Auswertung im Zehnersystem vorzunehmen. Die Bewertung mit 0–4 Punkten ist dann sinnvoll, wenn die Eigenschaften eines Kriteriums noch nicht genau bekannt sind oder sich nicht quantitativ erfassen lassen. Die Bewertung der verschiedenen Varianten (V_j) lässt sich oft leichter finden, wenn man zunächst die beste und die schlechteste Lösung bewertet und die anderen Varianten dazwischen einordnet.

Tab. 5.5 Werteskala für Nutzwertanalyse und techn./wirtsch. Wertigkeit. (Nach VDI-Richtl. 2225) [PaBe07]

<table>
<tr><th colspan="4">Wertskala</th></tr>
<tr><th colspan="2">Nutzwertanalyse</th><th colspan="2">Richtlinie VDI 2225</th></tr>
<tr><th>Pkt.</th><th>Bedeutung</th><th>Pkt.</th><th>Bedeutung</th></tr>
<tr><td>0</td><td>absolut unbrauchbare Lösung</td><td rowspan="2">0</td><td rowspan="2">unbefriedigend</td></tr>
<tr><td>1</td><td>sehr mangelhafte Lösung</td></tr>
<tr><td>2</td><td>schwache Lösung</td><td rowspan="2">1</td><td rowspan="2">gerade noch tragbar</td></tr>
<tr><td>3</td><td>tragbare Lösung</td></tr>
<tr><td>4</td><td>ausreichende Lösung</td><td rowspan="2">2</td><td rowspan="2">ausreichend</td></tr>
<tr><td>5</td><td>befriedigende Lösung</td></tr>
<tr><td>6</td><td>gute Lösung mit geringen Mängeln</td><td rowspan="2">3</td><td rowspan="2">gut</td></tr>
<tr><td>7</td><td>gute Lösung</td></tr>
<tr><td>8</td><td>sehr gute Lösung</td><td rowspan="3">4</td><td rowspan="3">sehr gut (ideal)</td></tr>
<tr><td>9</td><td>über die Zielvorstellung hinausgehende Lösung</td></tr>
<tr><td>10</td><td>Ideallösung</td></tr>
</table>

Es wäre noch anzumerken, dass es eigentlich sinnvoller ist, die beiden Bewertungen mit 0 Punkten einheitlich mit „unbrauchbare" Lösung einzustufen.

Ein Beispiel für die Zuordnung von Bewertungspunkten zu entsprechenden Eigenschaftsgrößen gibt die Tab. 5.6.

Mit der dargestellten Tabelle lässt sich die in Tab. 5.5 erläuterte Zuordnung der Punkte nach beiden Systemen nachvollziehen. Die einer Eigenschaft zugeordnete Punktezahl ist der in die Tab. 5.4 einzutragende „Wert". Im Falle der verbalen Beschreibung einer Eigenschaft sind ebenfalls Zuordnungen von Werten möglich. In Abweichung zu der Tab. 5.4 ist in Tab. 5.6 dem Kriterium 3 eine andere Eigenschaftsgröße zugeordnet (statt „niedrig" – „kompliziert").

Wenn für alle Eigenschaftsgrößen die entsprechenden Werte ermittelt worden sind, werden sie mit dem Gewichtungsfaktor in der entsprechenden Zeile multipliziert und in die dritte Spalte für die jeweilige Variante eingetragen, es gilt dabei: $(w \cdot g)_{ij} = g_i \cdot w_{ij}$.

5. Bestimmung des Nutzwertes

Die Auswertung der Tabelle ergibt den jeweiligen **Gesamtwert** jeder Variante. Die Teilwerte können nur dann verglichen werden, wenn sie untereinander wirklich unabhängig sind. Der Gesamtwert kann auch dann zur Beurteilung verwendet werden, wenn dies nicht immer gegeben ist, deshalb hat diese Art der Variantenauswahl den höchsten Aussagewert.

Tab. 5.6 Schema zum Festlegen von Werten zu den Eigenschaftsgrößen [PaBe07]

Wertskala		Eigenschaftsgrößen			
Nutzwert Pkt.	VDI 2225 Pkt.	Kraftstoff-verbrauch g/kWh	Leistungs-gewicht kg/kW	Einfachheit der Gussteile -	Lebensdauer Fahr-km
0	0	400	3,5	extrem kompliziert	$20 \cdot 10^3$
1		380	3,3		30
2	1	360	3,1	kompliziert	40
3		340	2,9		60
4	2	320	2,7	mittel	80
5		300	2,5		100
6	3	280	2,3	einfach	120
7		260	2,1		140
8	4	240	1,9	extrem einfach	200
9		220	1,7		300
10		200	1,5		$500 \cdot 10^3$

Der Gesamtwert der jeweiligen Variante (V_j) wird mit den folgenden Formeln berechnet (Tab. 5.7):

$$\text{ungewichtet:} \qquad Gw_i = \sum w_{ij} \qquad \text{von } i = 1 \text{ bis } n$$

$$\text{gewichtet:} \qquad Gw \cdot g_i = \sum (w \cdot g)_{ij} \qquad \text{von } i = 1 \text{ bis } n$$

Die summierten Werte sind dann direkt miteinander vergleichbar und geben eine relative Rangfolge der Varianten an.

Tab. 5.7 Mit Werten ergänzte Bewertungsliste [PaBe07]

Bewertungskriterien			Eigenschaftsgrößen		Variante V_1 (z. B. M_I)			Variante V_2 (z. B. M_V)			…	Variante V_j			…	Variante V_m		
Nr.		Gew.		Einh.	Eigensch. e_{i1}	Wert w_{i1}	Gew.Wert wg_{i1}	Eigensch. e_{i2}	Wert w_{i2}	Gew.Wert wg_{i2}		Eigensch. e_{ij}	Wert w_{ij}	Gew.Wert wg_{ij}		Eigensch. e_{im}	Wert w_{im}	Gew.Wert wg_{im}
1	geringer Kraftstoffverbr.	0,3	Kraftstoff-verbrauch	$\frac{g}{kWh}$	240	8	2,4	300	5	1,5	…	e_{1j}	w_{1j}	wg_{1j}	…	e_{1m}	w_{1m}	wg_{1m}
2	leichte Bauart	0,15	Leistungs-gewicht	$\frac{kg}{kW}$	1,7	9	1,35	2,7	4	0,6	…	e_{2j}	w_{2j}	wg_{2j}	…	e_{2m}	w_{2m}	wg_{2m}
3	einfache Fertigung	0,1	Einfachheit der Gußteile	-	kompli-ziert	2	0,2	mittel	5	0,5	…	e_{3j}	w_{3j}	wg_{3j}	…	e_{3m}	w_{3m}	wg_{3m}
4	hohe Lebensdauer	0,2	Lebens-dauer	Fahr-km	80 000	4	0,8	150 000	7	1,4	…	e_{4j}	w_{4j}	wg_{4j}	…	e_{4m}	w_{4m}	wg_{4m}
⋮	⋮	⋮	⋮	⋮	⋮	⋮	⋮	⋮	⋮	⋮		⋮	⋮	⋮		⋮	⋮	⋮
i		g_i			e_{i1}	w_{i1}	wg_{i1}	e_{i2}	w_{i2}	wg_{i2}	…	e_{ij}	w_{ij}	wg_{ij}	…	e_{im}	w_{im}	wg_{im}
⋮	⋮	⋮	⋮	⋮	⋮	⋮	⋮	⋮	⋮	⋮		⋮	⋮	⋮		⋮	⋮	⋮
n		g_n			e_{n1}	w_{n1}	wg_{n1}	e_{n2}	w_{n2}	wg_{n2}	…	e_{nj}	w_{nj}	wg_{nj}	…	e_{nm}	w_{nm}	wg_{nm}
		$\sum_{i=1}^{n} g_i = 1$				Gw_1 W_1	Gwg_1 Wg_1		Gw_2 W_2	Gwg_2 Wg_2			Gw_j W_j	Gwg_j Wg_j			Gw_m W_m	Gwg_m Wg_m

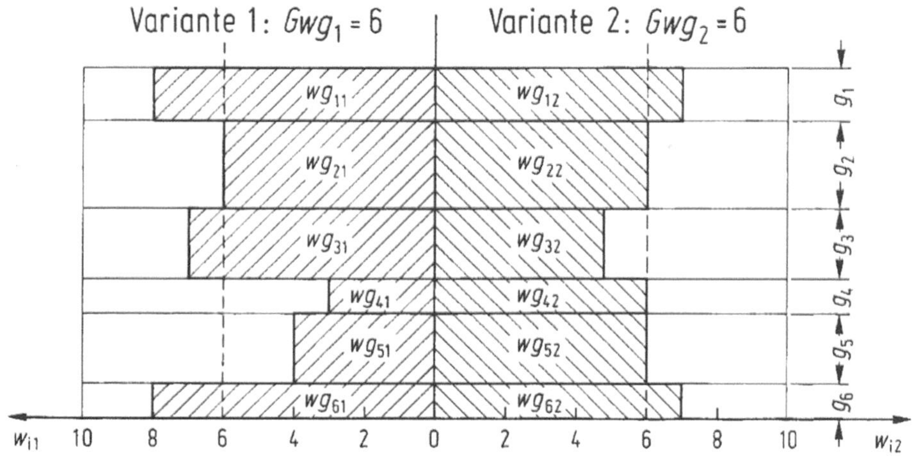

Abb. 5.26 Wertprofile zum Vergleich zweier Varianten [PaBe07]

6. Suche nach Schwachstellen

Die Nutzwertanalyse unterstützt nicht nur den objektiven Vergleich von Gesamtlösungen, sondern auch das Auffinden von Schwachstellen einer Lösungsvariante. Wenn man die Zahlenwerte $(w \cdot g)_{ij}$ für einzelne Bewertungskriterien grafisch darstellt, erhält man ein sog. **Wertprofil** (Abb. 5.26).

Dabei wählt man die folgende Bemessung der einzelnen „Balken“:

- Länge entspricht dem Einzelwert des Kriteriums (w_{ij})
- Höhe entspricht dem Wert des Gewichtungsfaktors g_i.

Der relative Wert eines Kriteriums wird dann durch den Flächeninhalt $(w \cdot g_{ij})$ des entsprechenden Balkens dargestellt.

An der, durch den Gewichtungsfaktor deutlich gemachten, Dicke eines Balkens kann man erkennen, an welchem Bewertungskriterium die Steigerung des Wertes w_{ij} den größten Effekt in Bezug auf den Gesamtwert hat. Dieses Kriterium sollte also bevorzugt bearbeitet werden, wenn seine Balkenlänge verglichen mit den anderen Lösungsvarianten kleiner ist. Aber auch Kriterien mit geringen Balkendicken sollten genauer untersucht werden, wenn ihre Länge gegenüber den anderen Varianten deutlich kleiner ist. Es könnte sich hierbei um entscheidende **Schwachstellen** handeln, die zu Beeinträchtigungen bei der Nutzung des Gesamtsystems (technisches Erzeugnis) führen können.

5.4.4.2 Vereinfachte Bewertungsverfahren

Die beschriebene Nutzwertanalyse ist das Verfahren mit dem größten Anspruch auf Objektivität beim Auswählen von Lösungsvorschlägen. Zur Durchführung dieser Methode ist aber auch eine große Anzahl möglichst detaillierter Informationen über jede der in Betracht kommenden Varianten erforderlich. Muss schon früh in der Konzeptionsphase

Tab. 5.8 Entscheidungshilfe für die Auswahl der Bewertungsmethode. (Nach [Ehr13])

Verfahrensfragen	Art der Bewertungsmethode	
	einfach	ausführlich
Wie gut sind die Eigenschaften der Lösungsvarianten erkennbar?	schlecht bis ausreichend (nicht quantifizierbar)	befriedigend bis sehr gut (quantifizierbar)
Wie groß ist die Tragweite der Entscheidung?	gering	groß bis sehr groß
Wie komplex ist das zu bewertende System?	einfach (wenige Einzelteile)	komplex bis sehr komplex (viele Einzelteile/Strukturstufen)
Wie viel Zeit steht zur Verfügung?	wenig Zeit erforderlich	die erforderliche Zeit muss zur Verfügung gestellt werden
Methoden	**Art der Entscheidungsfindung**	
• Auswahlliste • Vorteil/Nachteil-Vergleich • Dominanzmatrix	endgültige Entscheidung direkt möglich (qualitative Bewertung)	Vorauswahl zur Begrenzung der Anzahl der Lösungsvarianten
• Technisch/wirtschaftliche Bewertung nach VDI-Richtl. 2225 • Nutzwertanalyse		quantitative Bewertung der Lösungsvarianten objektive, nachvollziehbare Entscheidung

eine Auswahl getroffen werden, in der meistens nur wenige Details bekannt sind oder wenn es sich um ein Produkt mit geringer Bedeutung für das Unternehmen handelt, ist die Nutzwertanalyse entweder nicht in der geschilderten Form anwendbar oder der Aufwand nicht gerechtfertigt. Damit aber die Gefahr einer zu spontanen, subjektiven Bewertung vermieden wird, bedient man sich in diesem Fall vereinfachter Methoden zur Auswahl der Lösungsvarianten. Eine Entscheidungshilfe, welchen Weg man wählen soll, ist in der Tab. 5.8 dargestellt.

Technisch-wirtschaftliche Bewertung nach VDI-Richtlinie 2225

Es ist das Ziel jeder Produktentwicklung, Produkte mit so großer technischer und wirtschaftlicher Reife zu schaffen, dass deren Konkurrenzfähigkeit über längere Zeit erhalten bleibt. Es ist deshalb erforderlich, außer den technischen auch die wirtschaftlichen Schwachstellen erkennen zu können und zu beseitigen.

Die VDI-Richtlinie 2225 „Technisch-wirtschaftliches Konstruieren" (Blatt 1–4), fasst die in mehreren Jahrzehnten gesammelten Erfahrungen auf diesem Gebiet zusammen. Es besteht außerdem ein enger Zusammenhang zu den VDI-Richtlinien 2234 „Wirtschaftliche Grundlagen für den Konstrukteur" und 2235 „Wirtschaftliche Entscheidung beim Konstruieren". Im Vorgehensplan beim Konstruieren nach den VDI-Richtlinien 2221 und 2222 bezieht sich das technisch-wirtschaftliche Konstruieren nach VDI-Richtlinie 2225 auf die Phase des Entwurfs (Gestaltungsphase). Es ist aber in der Regel auch in der Konzeptphase schon sinnvoll, eine technisch-wirtschaftliche Bewertung durchzuführen, um die Zahl der möglichen Konzeptvarianten, die in die Gestaltungsphase übernommen werden sollen, zu verkleinern. Wenn noch nicht genügend genaue Informationen für die wirtschaftliche Bewertung vorhanden sind, kann man sich dann auch auf die technische Bewertung beschränken. Natürlich eignet sich die technisch-wirtschaftliche Bewertung auch bei bereits im Markt befindlichen Produkten, z. B. zur Standortbestimmung gegenüber der Konkurrenz.

Die VDI-Richtlinie 2225 empfiehlt, sich bei der technisch-wirtschaftlichen Bewertung auf Mindestforderungen und Wünsche zu konzentrieren, da die Erfüllung von Festforderungen ja unabdingbar ist, damit eine Lösungsvariante überhaupt weiter verfolgt wird. Außer den vom Kunden stammenden Forderungen und Wünschen (Lastenheft) können aber auch vom Hersteller formulierte von Bedeutung sein. Darunter fallen z. B. die Verwendung von bereits vorhandenen Baugruppen und Normteile, die Vorentscheidung in Bezug auf Eigen- oder Fremdfertigung, die Verwendung bestimmter Werkstoffe oder auch Lagerteile und/oder Halbzeuge. Um die Anforderungsliste übersichtlicher zu gestalten, ist es ratsam, eine Unterteilung in herstell- und/oder gebrauchsgebundene Forderungen und Wünsche vorzunehmen.

Technische Wertigkeit Die Vorbereitung zur technischen Bewertung erfolgt wie bei der Nutzwertanalyse. Aus der Anforderungsliste wird ein technisches Zielsystem formuliert, aus dem die Bewertungskriterien hervorgehen [PaBe07]. Die Bewertung selber erfolgt nach der VDI-Richtlinie 2225 mit der vereinfachten Skala von 0–4 in Tab. 5.5. Es erfolgt, im Gegensatz zur normalen Nutzwertanalyse, eine Gewichtung der Bewertungskriterien nur in Ausnahmefällen. Die Durchführung der technisch-wirtschaftlichen Bewertung sollte, wie die Nutzwertanalyse, in einem multidisziplinären Team erfolgen.

Für die technische Wertigkeit wird die Bezeichnung $\boldsymbol{x}$ eingeführt, für die Punktzahl $\boldsymbol{p}$. Die Berechnung von x erfolgt dadurch, dass man die erreichte Punktzahl einer Lösungsvariante in den einzelnen Bewertungskriterien zur maximal erreichbaren (**Ideallösung** $p_{\max} = 4$) in Relation setzt. Bei n Kriterien ergibt sich also die Berechnung der technischen Wertigkeit einer Lösungsvariante zu:

$$x = \frac{p_1 + p_2 + p_3 + \ldots + p_n}{n \cdot p_{\max}} \quad \text{oder } x = \frac{\overline{p}}{p_{\max}}$$

mit $\overline{p}$, dem arithmetischen Mittelwert der Punktzahlen $p_1 \ldots p_n$.

Die VDI-Richtlinie 2225 führt aus, dass eine technische Wertigkeit von über 0,8 als sehr gut, von 0,7 als gut und unter 0,6 als nicht mehr zufriedenstellend zu betrachten ist. Die Verbesserung der technischen Wertigkeit einer Lösungsvariante muss aber immer unter dem Aspekt betrachtet werden, dass dabei die wirtschaftliche Wertigkeit nicht allzu sehr leidet.

Wirtschaftliche Wertigkeit Bei der wirtschaftlichen Bewertung wird in der Regel der Aufwand für die Herstellung des Produkts berücksichtigt (Herstellkosten). Das ist eine Einschränkung dessen was allgemein mit den Vorstellungen zu einem wirtschaftlichen Produkt verbunden ist. Diejenigen wirtschaftlichen Vorteile, die sich bei dem Gebrauch eines Produktes (z. B. durch einen höheren Wirkungsgrad, längere Lebensdauer, geringere Wartung usw.) ergeben, werden weitgehend in der technischen Bewertung erfasst.

Unterstützend für die Ermittlung der Herstellkosten kann die VDI-Richtlinie 2225, Bl. 1 hinzugezogen werden. Es ist aber darauf zu achten, dass in der Regel betriebsspezifische Kenntnisse existieren, die berücksichtigt werden müssen. Mitarbeiter aus der Fertigungsplanung (Arbeitsvorbereitung) und der Materialwirtschaft (Magazinverwaltung und Einkauf) müssen deshalb auf jeden Fall auch in einem Team zur wirtschaftlichen Bewertung mitwirken. Analog zu technischen Wertigkeit x wird für die wirtschaftliche Wertigkeit die Bezeichnung y eingeführt. Als Bezugsgröße dient auch hier die Ideallösung, die nicht ganz so einfach zu ermitteln ist wie bei der technischen Wertigkeit.

Zur Bestimmung der idealen Herstellkosten wird in der VDI-Richtlinie 2225, Bl. 4 vorgeschlagen, zunächst die zurzeit gültigen Marktpreise P_{M} konkurrierender Produkte zu ermitteln. Der niedrigste Marktpreis ist dann $P_{\mathrm{M,min}}$. Gemäß Bl. 1 der Richtlinie ist dann die Höhe der zulässigen Herstellkosten:

$$H_{\mathrm{zul}} = \frac{P_{\mathrm{M,min}}}{\beta}$$

Das Verhältnis zwischen Herstellkosten und Marktpreis eines Produktes β ist branchenspezifisch und unterliegt auch Schwankungen durch z. B. Material-, Energie- und/oder Lohnkosten. Die VDI-Richtlinie macht dazu leider keine Angaben. Es wird empfohlen, für die idealen Herstellkosten H_i einen Wert anzunehmen, der signifikant geringer ist als die aktuell zulässigen Herstellkosten. Es wird dadurch erreicht, dass ein aufwändig erarbeiteter Vorsprung nicht zu schnell wieder von der Konkurrenz aufgeholt wird. Das Verhältnis zwischen H_i und H_{zul} soll ca. 0,7 betragen. Daraus folgt für die wirtschaftliche Wertigkeit mit den tats. Herstellkosten H:

$$y = \frac{H_i}{H} = \frac{0{,}7 \cdot H_{\mathrm{zul}}}{H}$$

Wenn also die tatsächlichen Herstellkosten den zugrunde gelegten zulässigen Herstellkosten entsprechen ($H = H_{\mathrm{zul}}$) ist der Wert für $y = 0{,}7$, was als gutes Ergebnis angesehen wird. Eine höhere wirtschaftliche Wertigkeit ist allerdings anzustreben. Fällt der Wert für y geringer aus als 0,7, so ist zu prüfen, ob das durch eine Steigerung der technischen Wertigkeit kompensiert werden kann. Zur besseren Beurteilung der Situation ist es eventuell erforderlich, auf Methoden zurückzugreifen, die einen genauen Vergleich mit den Produkten der Konkurrenz zulassen (Benchmarking, QFD) oder das eigene Produkt muss einer wertanalytischen Betrachtung unterzogen werden.

Das s-Diagramm Die Korrelation zwischen den Werten für x und y wird als **Stärke s** einer Lösungsvariante bezeichnet und in einem Koordinatennetz dargestellt (Abb. 5.27). Es hat sich eingebürgert, x auf der Abszisse und y auf der Ordinate einzutragen (wie bei den kartesischen Koordinaten). In der Literatur kann man auch die Bezeichnungen $\mathrm{W_t}$ für x und $\mathrm{W_w}$ für y finden [PaBe07].

Die **Ideallösung** ist mit $\mathbf{s}_i$ gekennzeichnet und befindet sich natürlich dort, wo x und y jeweils den Wert 1,0 erreichen. Die 45°-Linie (gestrichelt) wird als „Entwicklungslinie“

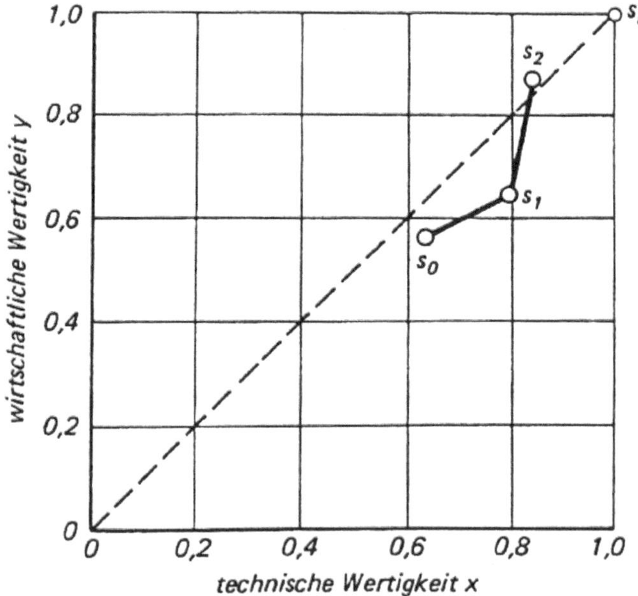

Abb. 5.27 Vergleichende Bewertung von Produkten mithilfe des s-Diagramms. (Nach [KHL04])

bezeichnet, hier liegen alle Punkte für s, die eine gleichgroße technische und wirtschaftliche Wertigkeit aufweisen. Ausgehend von einem vorhandenen Produkt, dessen Stärke in Abb. 5.27 mit s_0 gekennzeichnet ist, bedeutet die Optimierung dieses Produktes also die Verschiebung des Punktes s_0 in Richtung s_i. Man kann also den Erfolg der Bemühungen zur Verbesserung der technischen und/oder wirtschaftlichen Wertigkeit daran erkennen, dass sich s_0 nach s_1 und schließlich nach s_2 verändert. Die Interpretation des s-Diagramms kann aber auch anders gesehen werden: Es gibt Lösungsvarianten in einer Produktentwicklung, die zu einem gegebenen Zeitpunkt durch die Werte s_0, s_1 und s_2 repräsentiert werden. Durch die Einordnung im Diagramm können sie in Bezug auf ihre technische und wirtschaftliche Wertigkeit anschaulich miteinander verglichen werden.

Zur Verbesserung der Wertigkeiten werden u. a. die folgenden Schritte empfohlen:
für x

- genaue Analyse der Anforderungsliste und Vergleich zu den technischen Eigenschaften der verschiedenen Lösungsvarianten
- Bewertungskriterien mit Kunden und dem Entwicklungsteam kritisch prüfen
- Schachstellenanalyse durchführen und Maßnahmen zu deren Beseitigung ergreifen.

für y

- Ermittlung der genauen Herstellkosten (ggf. über Materialkosten und entsprechende Kennwerte, s. a. VDI-Richtlinie 2225, Bl. 1 und 2).

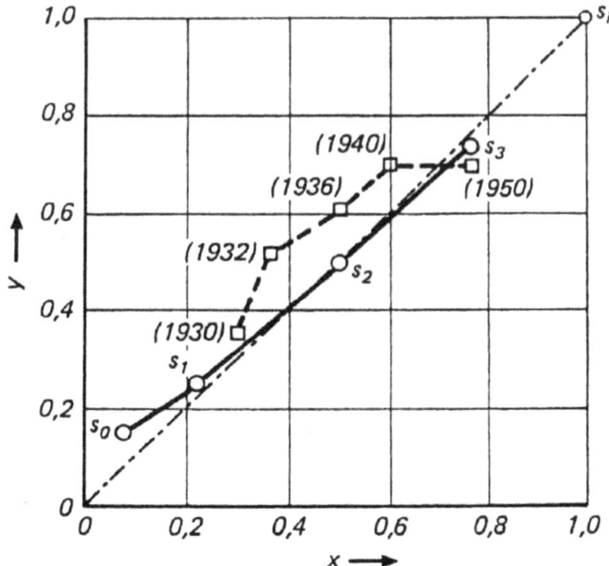

Abb. 5.28 s-Diagramm für ein Zahnradgetriebe (*durchgezogene Linie*) und einen 10 kV Expansionsschalter (*gestrichelte Linie*) [KHL04]

Es wird durch die Praxiserfahrung immer wieder bestätigt, dass ein Produkt nur Bestand hat, wenn es sich sowohl in technischer als auch in wirtschaftlicher Hinsicht in Richtung s_i bewegt. Am besten ist es, wenn sich der Punkt s dabei an der Entwicklungslinie entlang verschiebt. Gelingt eine zufriedenstellende Annäherung an diese Linie nicht, empfiehlt es sich, darüber nachzudenken, ob nach einer grundsätzlich anderen (neuen) Lösung gesucht werden muss. Starke (neue) Lösungsvarianten vereinigen in der Regel Fortschritte sowohl in technischer als auch in wirtschaftlicher Hinsicht. Oft ist es aber auch schon ausreichend, wenn eine technisch gute Lösung wirtschaftlicher hergestellt werden kann, das ist eine sehr häufig vorkommende Aufgabe im betrieblichen Alltag.

Eine interessante Information über die Produktentwicklung kann aus dem s-Diagramm auch durch die Betrachtung bestimmter Produkte über einen längeren Zeitraum gewonnen werden. Für Zahnradgetriebe und Hochspannungsschalter hat *Kesselring* (ehem. techn. Direktor bei der Fa. Siemens) das in Abb. 5.28 dargestellte s-Diagramm zusammengestellt.

Wie man sieht, hat die Wertigkeit beider Produkte in 20 Jahren enorm zugenommen.

Wie die Platzierung des s-Punktes im s-Diagramm generell gesehen wird, geht aus Abb. 5.29 hervor.

Paarweiser Vergleich (Dominanzmatrix)

Diese Methode wird vorzugsweise auch dann benutzt, wenn sich die Eigenschaften der Lösungsvarianten eher qualitativ als quantitativ beschreiben lassen. Man **vergleicht** (ggf. schrittweise nacheinander) **jeweils eine Eigenschaft** der jeweiligen Variante mit den anderen und bewertet sie lediglich mit:

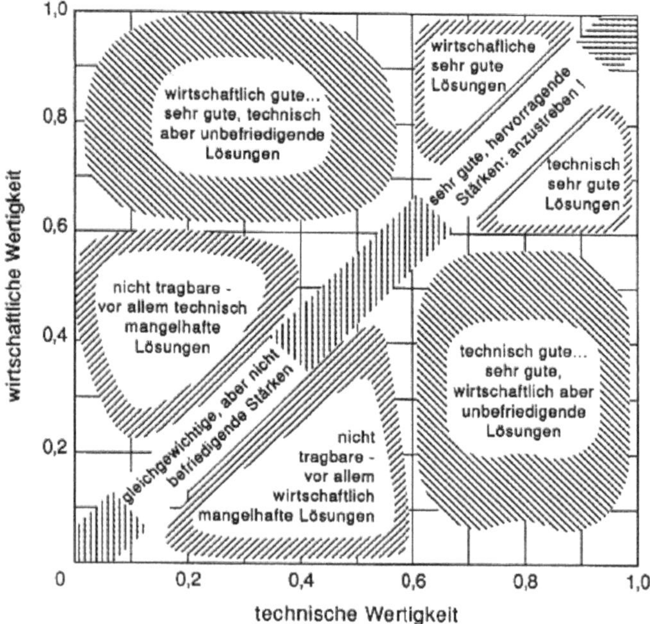

Abb. 5.29 Stärke-Diagramm zum Einordnen von Produkten nach technischer und wirtschaftlicher Wertigkeit (Verdeutlichung des Erfüllungsgrads im Hinblick auf x und y) [KHL04]

- besser als = 1
- schlechter als = 0

und bildet die Quersumme der Punkte in der Matrix (Abb. 5.30), damit ergibt sich dann die Rangfolge.

Dieses Verfahren eignet sich auch für die Ermittlung von Gewichtungsfaktoren in der Nutzwertanalyse, statt „besser/schlechter" verwendet man dann „wichtiger/weniger wichtig" für die Einordnung in eine Rangfolge.

Fazit

Für die Produktentwicklung, also in der Regel eine Neukonstruktion (zumindest in Teilen des fraglichen technischen Erzeugnisses), ist die Phase der Konzeptfindung von besonderer Bedeutung. Sie erfordert ein sorgfältiges und koordiniertes Vorgehen aller Beteiligten. Es ist sinnvoll, sich über das Angebot an methodischer Unterstützung umfassend zu informieren. Oft ist es ratsam, ein Projektteam für diese Aufgabe zu bilden, in dem Mitarbeiter aus verschiedenen Bereichen des Unternehmens mitwirken. Besonders wichtig ist es, mit der Vorstellung von einem technischen System zu beginnen (worauf kommt es eigentlich an?) und sich über die funktionale und bauliche Struktur des Produkts klar zu werden. Dabei ist es hilfreich, sich mithilfe der Abstraktion möglichst viele Lösungswege offen zu halten.

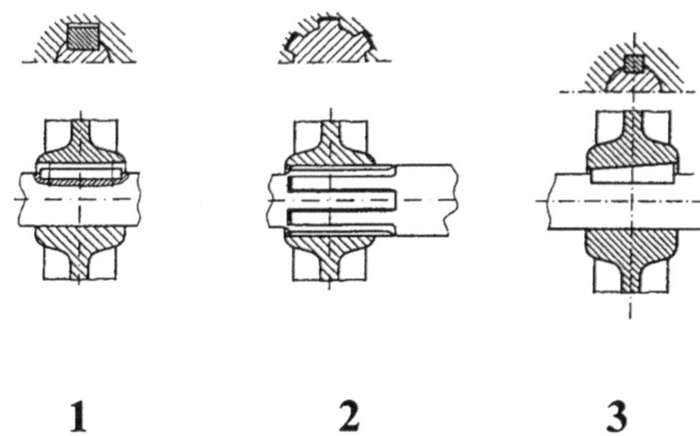

besser als = 1 Punkt
schlechter als = 0 Punkte

	Vorschlag 1	Vorschlag 2	Vorschlag 3	Summe Punkte	Rangfolge
Vorschlag 1	-	0	1	1	2
Vorschlag 2	1	-	1	2	1
Vorschlag 3	0	0	-	0	3

Abb. 5.30 Bewertung dreier Varianten von Welle-/Nabe-Verbindungen in Bezug auf ihre Rundlaufeigenschaft mit Dominanzmatrix (*1* Passfeder, *2* Vielkeilwelle, *3* Keil)

Literatur

[PaBe07] Pahl, G.; Beitz, W.: Konstruktionslehre. 7. Aufl., Springer, Berlin Heidelberg (2007)
[PaBe13] Pahl, G.; Beitz, W.: Konstruktionslehre. 8. Aufl., Springer, Berlin Heidelberg (2013)
[Ehr13] Ehrlenspiel, K.: Integrierte Produktentwicklung. 5. Aufl., Hanser Verlag München (2013)
[Kol98] Koller, R.: Konstruktionslehre für den Maschinenbau. 4. Aufl., Springer, Heidelberg (1998)
[KoKa94] Koller, R.; Kastrup, N.: Prinziplösungen zur Konstruktion technischer Produkte. Springer, Berlin (1994)
[NaLu16] Naefe, P.; Luderich, J.: Konstruktionsmethodik für die Praxis. Springer Vieweg, Wiesbaden (2016)
[Buz05] Buzan, T. und B.: Das Mind Map Buch. Moderne Verlagsgesellschaft Mvg (2005)
[Na97] Nachtigall, W.: Vorbild Natur. Springer, Berlin (1997)
[KHL04] Kurz, W.; et al.: Konstruieren Gestalten Entwerfen. Vieweg&Teubner, Wiesbaden (2004)

6 Entwerfen und Gestalten

In der Reihenfolge der Konstruktionstätigkeiten schließt sich an das Konzipieren die Phase des Entwurfs an, in der die Gestaltung der ausgewählten Lösung erfolgt. Dieser dritte Bereich ist durch die Arbeitsschritte fünf und sechs nach der VDI-Richtlinie 2221 (Abb. 3.3) gekennzeichnet.

Unter dem Entwerfen wird der Teil des Konstruierens verstanden, in dem die Baustruktur und das konkrete Aussehen eines technischen Erzeugnisses festgelegt werden. Dabei sind nicht nur technische, sondern auch wirtschaftliche Aspekte zu berücksichtigen (s. Nutzwertanalyse, Abschn. 4.1.2). Die Gestaltung erfordert die Wahl des Werkstoffs, der Fertigungsverfahren, die Festlegung der Hauptabmessungen mit der Untersuchung der Kollisionsgefahr beweglicher Teile und die Festlegung von Lösungen für Gesamt-, Teil- und Einzelfunktionen. Das Ergebnis des Entwurfs ist dann, nach eventuell erneut durchgeführter ausführlicher Bewertung, die Lösungsvariante, die zur Ausarbeitung freigegeben wird (s. Abb. 6.1 letzter Arbeitsschritt).

Es muss berücksichtigt werden, dass die Entwurfsphase wegen ihres Umfangs und der notwendigen zahlreichen und verschiedenartigen Einzeltätigkeiten einen erheblichen organisatorischen Aufwand erfordert. Es ist nicht zu vermeiden, dass:

- Tätigkeiten parallel ablaufen,
- Iterationsprozesse erforderlich sind (Wiederholung eines Entwurfs unter Verwertung zusätzlicher Informationen),
- Änderungen in einem Arbeitsschritt erfolgen, die Einfluss auf andere, bereits abgeschlossene Arbeitsschritte haben können.

Es wird also für den Fall, dass dem Konstrukteur keine formelle Projekt- oder Betriebsorganisation für seine Tätigkeit zur Verfügung steht, von ihm im hohen Maße die Fähigkeit zur Selbstorganisation gefordert.

P. Naefe, *Methodisches Konstruieren*, https://doi.org/10.1007/978-3-658-22636-7_6

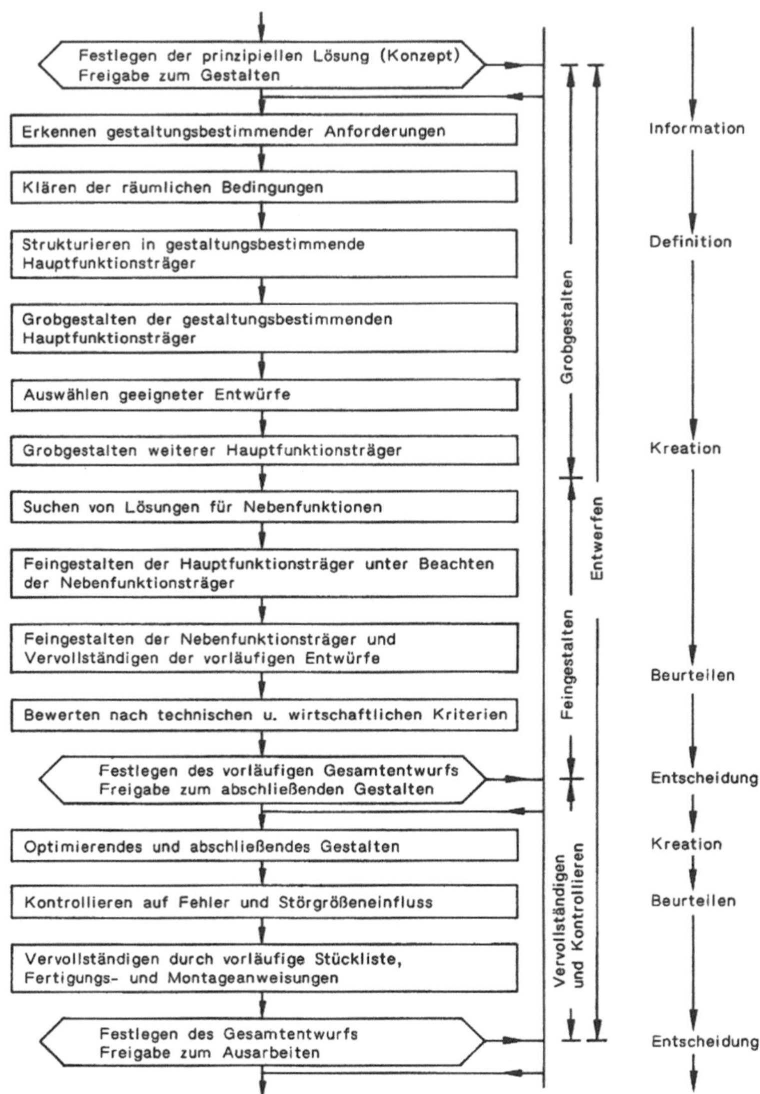

Abb. 6.1 Arbeitsschritte beim Entwerfen [PaBe07]

Es ist in diesem Rahmen nicht möglich, zu allen Schritten der Entwurfsphase im Einzelnen konkret zugeordnete Methoden zu benennen. Ein Teil der erforderlichen Tätigkeiten wird durch die in den vorstehenden Kapiteln bereits erläuterten Methoden unterstützt. In diesem Kapitel sollen deshalb nur noch aus dem Methodenbaukasten der VDI-Richtlinie 2221 (s. a. Tab. 3.2) die Methoden zum Gestalten und zur Kostenermittlung (Kalkulationsverfahren) näher erläutert werden.

6.1 Gestaltung

Der konkrete Gestaltungsvorgang verlangt in der Regel, durch Werkstoffauswahl und Bemessung der entsprechenden Bauteile, die geforderte Funktion zu erfüllen. Der gesamte Vorgang ist aber durch Forderungen (Restriktionen) aus einer Vielzahl von Merkmalen geprägt, die bereits in Abschn. 4.3 erörtert wurden. In der Tab. 6.1 sind Beispiele genannt,

Tab. 6.1 Leitlinie mit Hauptmerkmalen beim Gestalten. (Nach [PaBe07])

Hauptmerkmal	Beispiele
Funktion	Wird die vorgesehene Funktion erfüllt? Welche Nebenfunktionen sind erforderlich?
Wirkprinzip	Bringen die gewählten Wirkprinzipien den gewünschten Effekt, Wirkungsgrad und Nutzen? Welche Störungen sind aus dem Wirkprinzip zu erwarten?
Auslegung	Garantieren die gewählten Dimensionierungen in Kombination mit dem Werkstoff unter den auftretenden Beanspruchungen während der Nutzungsdauer • ausreichende Haltbarkeit • zulässige Formänderung • genügende Stabilität • Vermeidung von Resonanzerscheinungen • ungehinderte Ausdehnung • akzeptables Korrosions- und Verschleißverhalten?
Sicherheit	Sind die Betriebs-, Arbeits- und Umweltsicherheit beeinflussenden Faktoren berücksichtigt?
Ergonomie	Wurden die notwendigen Mensch/Maschine-Beziehungen beachtet? Sind Belastungen, Beanspruchungen und Ermüdungserscheinungen berücksichtigt? Wurde auf gute Formgebung (Design) geachtet?
Fertigung	Wurden die Belange der Fertigung in technologischer und wirtschaftlicher Hinsicht berücksichtigt?
Kontrolle	Sind die notwendigen Kontrollen während und nach der Fertigung möglich und eindeutig festgelegt?
Montage	Können alle inner- und außerbetrieblichen Montagen einfach und sicher durchgeführt werden?
Transport	Sind die inner- und außerbetrieblichen Transportaktivitäten und ihre Risiken berücksichtigt?
Gebrauch	Sind die beim Gebrauch auftretenden Erscheinungen (Geräusche, Erschütterungen) akzeptabel?
Instandhaltung	Sind die für Wartung, Inspektion und Instandsetzung (Reparatur) erforderlichen Maßnahmen sicher und einfach durchführbar und kontrollierbar?
Recycling	Ist Wiederverwendung und Verwertung der Werkstoffe und Hilfsstoffe möglich?
Kosten	Sind die vorgegebenen Kostenbegrenzungen einzuhalten? Gibt es Risiken für die Entstehung zusätzlicher Betriebs- und/oder Nebenkosten?
Termin	Sind die vereinbarten Termine haltbar? Welche Maßnahmen können für die Verbesserung der Terminsituation im Voraus geplant werden?

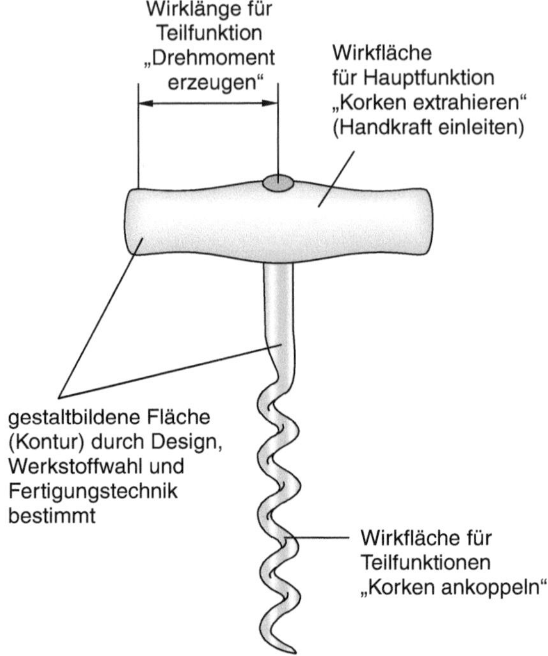

Abb. 6.2 Wirk- und Konturflächen am Beispiel eines Korkenziehers. (Nach [Ehr13])

die als Hilfe für den Konstrukteur zu verstehen sind, damit er bei der Tätigkeit des Gestaltens nichts vergisst. Dabei kann die Liste durchaus so gehandhabt werden, dass sie von oben nach unten abgearbeitet wird.

6.1.1 Begriff der Gestalt und ihrer Variation

Die Gesamtheit der geometrischen Merkmale eines materiellen Erzeugnisses wird als **Gestalt** bezeichnet. Das Gesamtprodukt wird als ein System von Gestaltelementen aufgefasst, deren einzelne Merkmale unterteilbar sind in:

- Form,
- Größe (Makrogeometrie),
- Oberfläche (Mikrogeometrie/Rauheit).

Die Gestalt eines Erzeugnisses (Produktes) kann auch zeitlich variabel sein, wenn sich beispielsweise Elemente gegeneinander bewegen oder Oberflächen elastisch deformiert werden können.

Unter der **Wirkgestalt** versteht man die durch die Funktion bestimmte **Wirkgeometrie** des Produktes (s. Abb. 6.2), von dem amerikanischen Hochhausarchitekten *L. Sullivan* bereits 1896 mit: „form follows function“ beschrieben. Der Mitbegründer der bekannten

Tab. 6.2 Aufstellung der Variationsmerkmale für die Gestaltung. (Nach [Ehr13])

Möglichkeiten der Gestaltvariation	Ausprägung allgemein	Ausprägung detailliert
direkt	Geometrisches Aussehen	Form, Lage, Zahl, Größe
	Relation zwischen den Bauelementen	Verbindungsart, Kontaktart, Verbindungsstruktur
indirekt	Eigenschaften des Werkstoffs	Festigkeit, Verformungseigenschaften
	Fertigung und Montage	Verfahrensvarianten in der Herstellung und der Montage
	Kinematik	Verlauf und Zuordnung von Bewegungen
	Kraftübertragung	statische Bestimmtheit
Umkehrung	geometrisch	Wechsel der Anordnung
	kinematisch	Wechsel der Beweglichkeit
	Negierung	weglassen von Bauelementen

Kunstschule Bauhaus, der Architekt und Designer *W. Gropius* formulierte 1919 etwas ausführlicher: „Ein Ding (*Bauteil, techn. Produkt*) ist bestimmt durch sein Wesen. Um es so zu gestalten, dass es richtig funktioniert, muss sein Wesen zuerst erforscht werden, denn es soll seinem Zweck vollendet dienen, d. h. seine Funktion praktisch (*optimal*) erfüllen, haltbar, billig und ‚schön' sein."

Die **Produktionsgestalt** ist durch Forderungen der Fertigung und Montage bestimmt, sie dient auch der Verbindung der Wirkflächen.

Grundsätzlich wirken sich alle Anforderungen an ein Produkt auf seine Gestalt aus, wie bereits aus der Tab. 6.1 deutlich wurde. Die Vorgehensweise bei der Gestaltung eines Produktes kann sowohl **generierend** als auch **korrigierend** erfolgen. Die generierende Vorgehensweise ist oft noch der Konzeptionsphase zuzuordnen, weil hierbei, ausgehend von der abstrakten Formulierung der Funktion, durch die Auswahl des physikalischen Wirkprinzips die Grundlage zur Gestaltung gelegt wird. Die korrigierende Gestaltung wird hauptsächlich in der Entwurfphase angewendet, sie geht häufig von bereits bekannten technischen Produkten oder konkreteren Entwürfen aus. Trotz dieser Zuordnung kann es sinnvoll sein, auch in der Entwurfsphase die Methode der generierenden Gestaltung anzuwenden. Man erhöht durch gezielte Untersuchung der gestalterischen Möglichkeiten die Anzahl der möglichen Lösungen. Eine systematische Zusammenstellung der einzelnen Merkmale einer Gestalt und ihrer Variationsmöglichkeiten enthält Tab. 6.2.

Unter der **direkten Variation** ist zu verstehen, dass die Flächen und/oder Körper, die eine Gestalt erzeugen, verändert werden. Die **indirekte Variation** bezieht sich auf die Änderung des Werkstoffs, der Montageart, der Bewegungen oder Kräfte.

Variation der Form

Die Form eines dreidimensionalen Gebildes, das äußere Erscheinungsbild, oder der Umriss, wird durch **Begrenzungsflächen** beschrieben, die gerade oder gekrümmt sein kön-

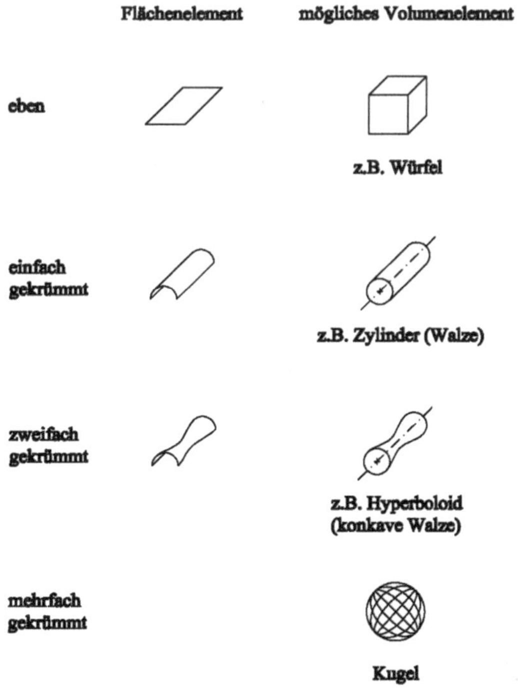

Abb. 6.3 Variationsmerkmal Form an geometrischen Basiselementen. (Nach [Ehr13])

nen. Bei der zweidimensionalen Darstellung dieser Gebilde greift der Konstrukteur auf die noch einfacheren Gestaltelemente, wie Linien und Punkte zurück, die aneinandergereiht, wiederum den Verlauf einer Linie bestimmen. Eine Zusammenstellung einiger Basiselemente zur Gestaltung von Oberflächen zeigt Abb. 6.3.

Variation der Lage

Mit der Lage einer Wirkfläche oder eines Körpers ist die Orientierung ihrer Normalen oder einer anderen Bezugslinie (z. B. Mittellinie) gemeint. Diese Lage, relativ zu anderen Gestaltelementen desselben Bauteils oder zu anderen, benachbarten Bauteilen kann in der in Abb. 6.4 beschriebenen Form variiert werden. Man erreicht dadurch die Veränderung der Richtung von Aktions- und Reaktionskräften oder der räumlichen Orientierung der Bauteile.

Variation der Zahl

Einen starken Einfluss auf die gesamte Gestalt hat die Anzahl einzelner, gleicher Gestaltelemente. Diese Möglichkeit wird genutzt, um die Kräfte auf ein Gestaltelement zu verringern (z. B. Vielkeilwelle statt Passfeder) oder um die Leistungsfähigkeit eines Produktes zu erhöhen. Abb. 6.5 zeigt dieses Variationsmerkmal am Beispiel eines Windrades (Anzahl der Rotorblätter).

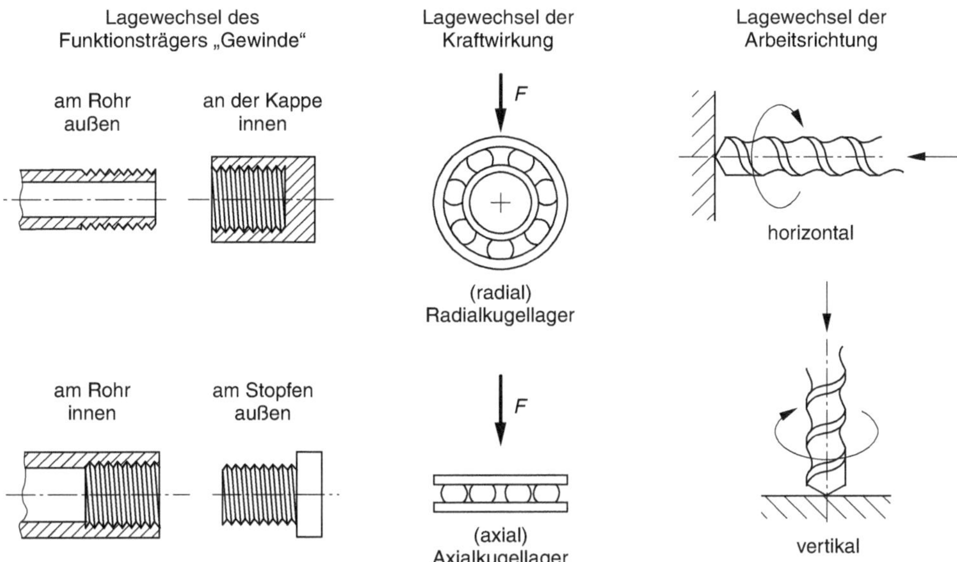

Abb. 6.4 Variationsmerkmal Lage

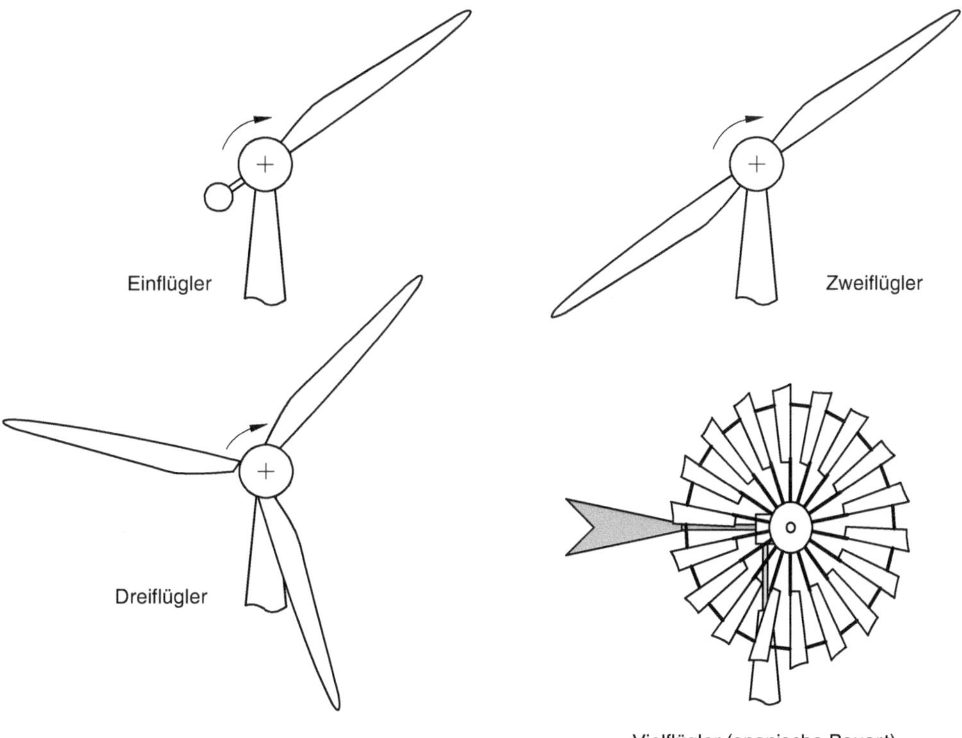

Abb. 6.5 Variationsmerkmal Zahl

Abb. 6.6 Größenvariation einer Kreiselpumpe

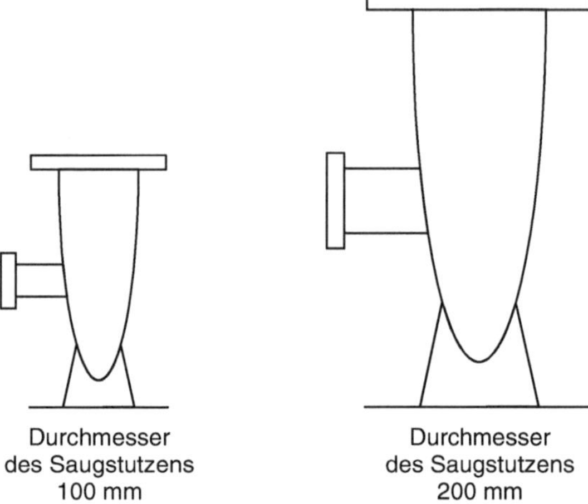

Variation der Größe

Wenn die Abmessungen einzelner Flächen oder Körper oder deren Abstände zueinander verändert werden, ergeben sich ebenfalls Gestaltvarianten. Dabei verändern sich die wirkenden Kräfte, Spannungen, Flächenpressungen oder Aktionsbereiche. Bei den Grenzvarianten, bei denen Abmessungen gegen Null oder Unendlich gehen, fallen Flächen oder Körper weg oder es verändern sich Bewegungsarten von kreisförmig in geradlinig (translatorisch). Ein Beispiel dieser Variationsart zeigt Abb. 6.6.

Zusammenfassungen der ersten vier Gestaltmerkmale an ein und demselben Objekt können bereits zu einer Vielzahl von Lösungsvarianten führen. Das Beispiel eines Schraubenkopfes in Abb. 6.7 soll verdeutlichen, wie aus der ersten Lösung, dem Kopf einer Sechskantschraube, eine Vielfalt neuer Lösungen entwickelt werden kann.

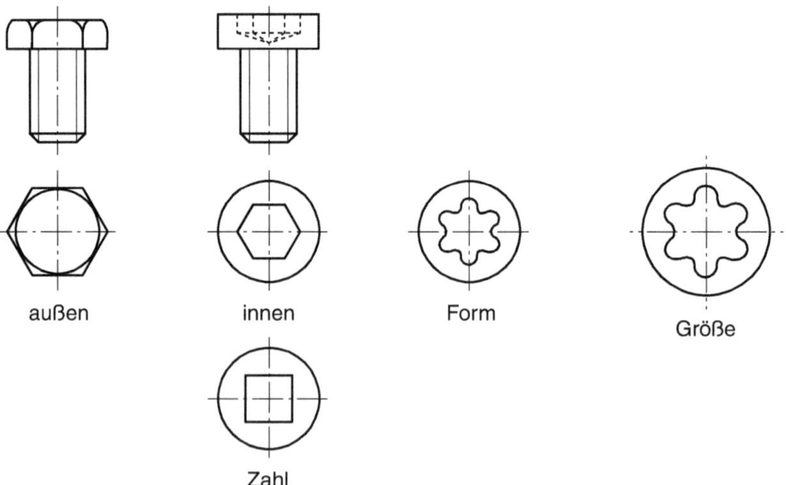

Abb. 6.7 Variation von Flächen und Körpern am Beispiel Schraubenkopf. (Nach [Ehr13])

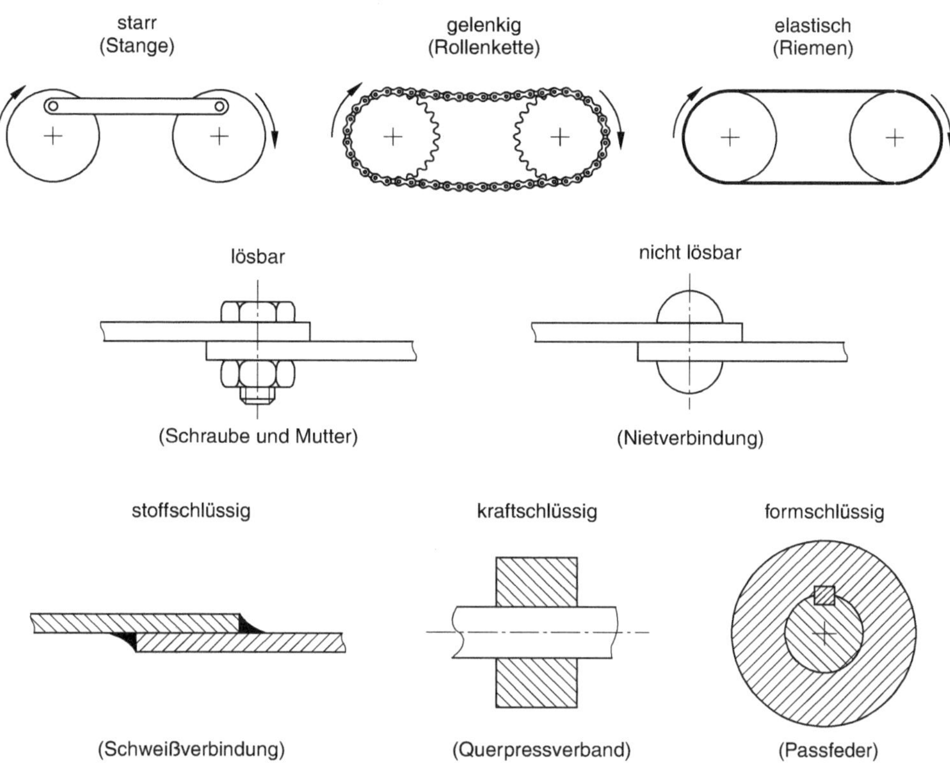

Abb. 6.8 Variationsmerkmal Verbindungsart. (Nach [Ehr13])

Variation der Flächen- und Körperbeziehung

Außer der vier beschriebenen Variationsarten, die sich im Wesentlichen auf ein isoliertes Merkmal beziehen, ergeben sich durch die folgenden Variationen hauptsächlich Veränderungen der Relationen von Merkmalen untereinander oder zueinander.

Mit der Variation der Verbindungsart (Abb. 6.8) erzielt man die bereits in den Maschinenelementen gelehrten Merkmale:

- starr, gelenkig, elastisch
- lösbar, unlösbar
- stoff-, kraft- oder formschlüssig

Bei der kraftschlüssigen Verbindungsart kann man noch unterscheiden in:

- reibschlüssig (Körper berühren sich)
- feldschlüssig (Körper berühren sich nicht)

Insbesondere bei form- und kraftschlüssigen Verbindungen sind Variationen der Berührungs- oder Kontaktart zweier Körper von besonderer Bedeutung. Die drei Varianten:

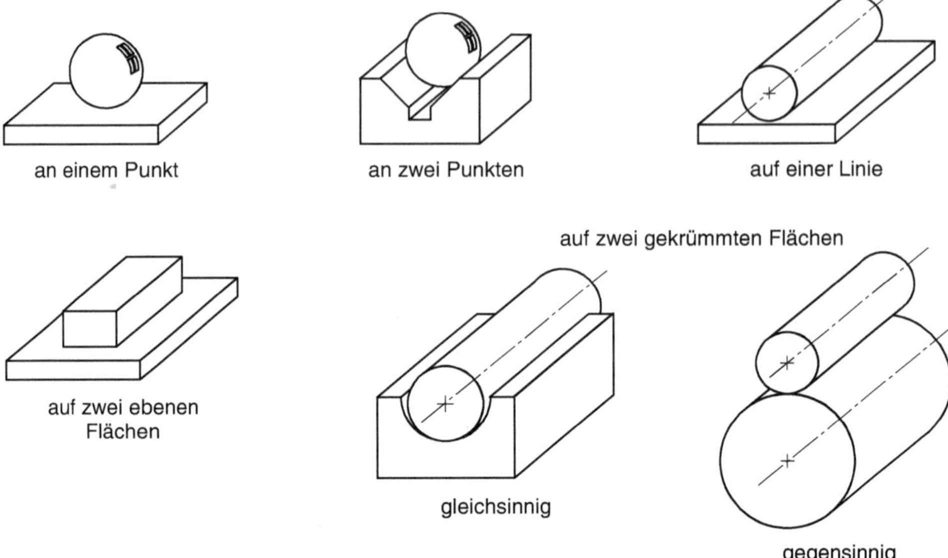

Abb. 6.9 Variationsmerkmal Berührungsart. (Nach [Ehr13])

- Punkt-
- Linien-
- Flächenkontakt

(Abb. 6.9) haben großen Einfluss auf die wirkenden Kräfte bzw. die Flächenpressung (Hertzsche Pressung zwischen zwei gekrümmten Oberflächen, s. a. tribologische Einteilung). Die Tribologie ist die Lehre von den Reibungseigenschaften zwischen sich relativ zueinander bewegenden Oberflächen.

Mit der Variation der Kopplungsart ist die Verbindung bzw. die Lagerung zweier relativ zueinander bewegter Körper gemeint (Abb. 6.10).

Die dabei auftretenden Bewegungen können durch Gleiten, Rollen, Wälzen oder Anlenkung ermöglicht werden. Dem Gleiten ist in der Regel das Abrollen vorzuziehen, weil es in Bezug auf Reibungsverluste günstiger ist. Wie in der Abbildung zu erkennen ist, kann man hier in direkte (unmittelbare) und mittelbare Berührung zweier Körper unterscheiden (Wälzkörper zwischengeschaltet) und außerdem eine berührungslose Kopplung (Hydrostatik, Hydrodynamik oder Magnetkräfte) vorsehen.

Variation der Fertigungs- und Montageverfahren

Diese beiden, neben der Variation des Werkstoffs, am häufigsten eingesetzten indirekten Variationsmöglichkeiten der Gestalt, sollen auch noch kurz erläutert werden.

Mit der Wahl des Fertigungsverfahrens wird die Gestalt des Werkstücks mittelbar (indirekt) beeinflusst. Der Wechsel von z. B. spanender Fertigung (Fräsen) auf ein anderes

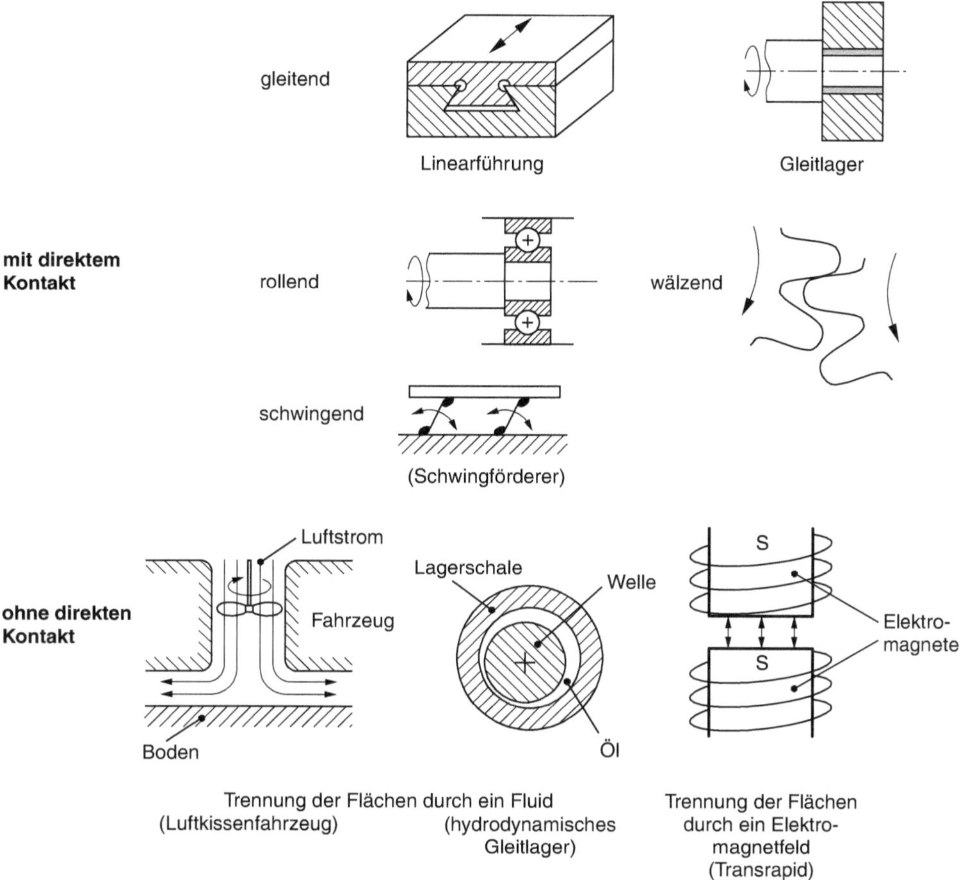

Abb. 6.10 Variationsmerkmal Kopplungsart. (Nach [Ehr13])

Verfahren (Gießen) erfordert die Veränderung der Gestalt auf die in Abb. 6.11 dargestellten Weise.

Die Verwendung des Werkstoffs Grauguss anstelle von Baustahl kann zusätzliche Gestaltänderung bedingen, weil Guss wesentlich besser Druck- als Zugspannungen verträgt. Zur Optimierung der Gestalt des geschweißten Werkstücks wurden die Wirkkörper vierkantig statt rund ausgeführt, dadurch können die Nähte gerade verlaufen und die Verbindungs- und Gestaltelemente sind einfacher (d. h. kostengünstiger) zu fertigen.

Auch das Montageverfahren hat indirekt Einfluss auf die Gestalt. So ist z. B. mit der Zeit die Montage von Bauteilen an einer Wand durch die Veränderung der Anzahl und des Aussehens der verwendeten Montageelemente völlig verändert worden (Abb. 6.12).

Ein letztes Beispiel zur Variation der Gestalt durch **Umkehrung** sei der Vollständigkeit halber noch erläutert. Allerdings überschneidet sich diese Art der Variation teilweise mit

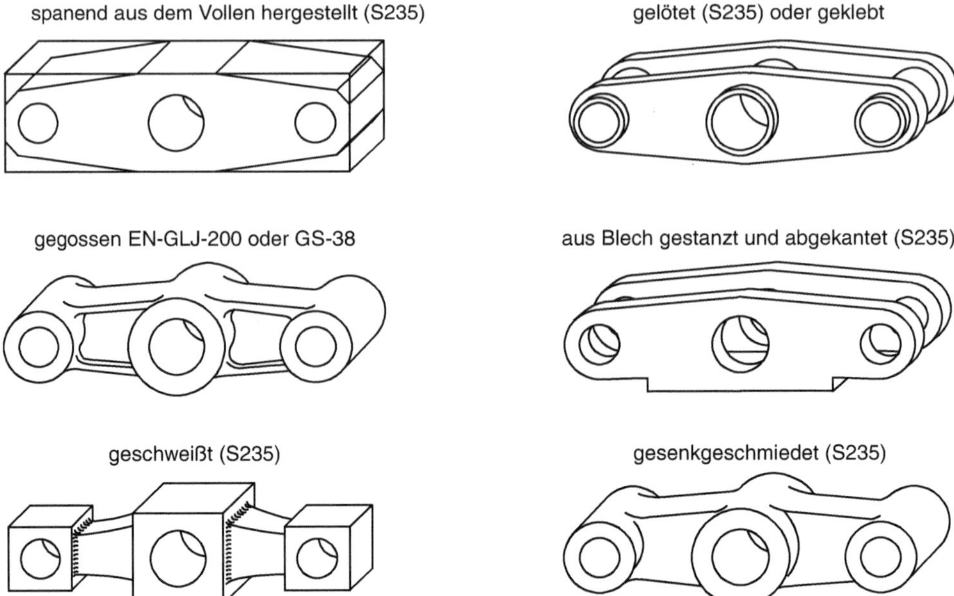

Abb. 6.11 Variationsmerkmal Fertigungsverfahren. (Nach [Ehr13])

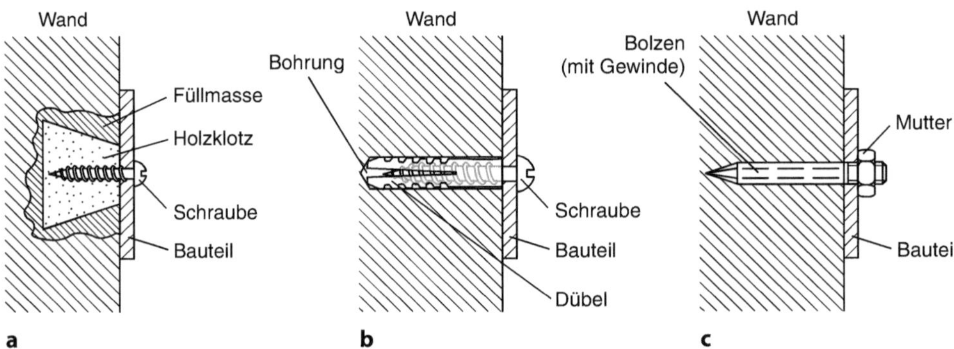

Abb. 6.12 Variationsmerkmal Montageverfahren. **a** alte Methode: Vertiefung in Wand gestemmt und Holzklotz eingegipst; **b** neue Methode: Bohrung in Wand eingebracht und Dübel eingeführt; **c** Schnellverfahren: Bolzen in Wand geschossen

anderen Merkmalen (s. Tab. 6.2). In Abb. 6.13 sind die geometrische und die kinematische Umkehrung dargestellt.

Schließlich sei noch die **Negierung** als Variationsmöglichkeit erwähnt, darunter wird die vollständige Entfernung einer Teilfunktion verstanden. Mit dieser Variationsmöglichkeit kann manchmal der Weg zu völlig neuen Lösungen eröffnet werden.

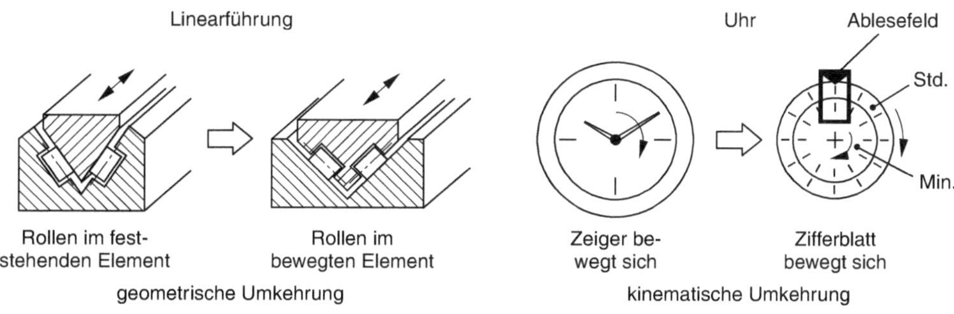

Abb. 6.13 Variationsmerkmal Umkehrung

6.1.2 Grundregeln der Gestaltung

Nachdem der Begriff der Gestalt und die Möglichkeiten der Variation geklärt sind, soll nun, mit der Darstellung fundamentaler Regeln, die Tätigkeit des Entwerfens detaillierter erläutert werden. Diese Regeln sind durch die Zusammenfassung der Erfahrung aus jahrzehntelanger Tätigkeit zahlloser Konstrukteure entstanden. Die zusammengefassten Erkenntnisse lassen sich zu Grundsätzen, Grundregeln, Prinzipien und Richtlinien formulieren, die in Abb. 6.14 dargestellt sind.

Mit den allgemeinen Konstruktionsgrundsätzen ist gemeint, dass vorrangig produktspezifische Kenntnisse beachtet werden müssen, die aus praktischen oder theoretischen Grundlagen und Erfahrungen stammen. Oft werden diese Kenntnisse im Betrieb durch Werksnormen oder technische Anweisungen dem Konstrukteur zur Verfügung gestellt und durch eine Normenstelle gepflegt.

Die so genannten **Gestaltungsgrundregeln** sind als Vorschriften zu verstehen, die in jedem Fall für die Konstruktionstätigkeit gelten. Sie werden allgemeingültig formuliert und sind immer einzuhalten, deshalb werden sie allen anderen Grundsätzen vorangestellt. Ihre Nichtbeachtung führt zu Nachteilen, Fehlern und Schäden beim Gebrauch des Produktes und kann darüber hinaus zu folgenschweren Unfällen führen. Die einzelnen **Grundregeln**:

- eindeutig
- einfach
- sicher

leiten sich aus den generellen Zielsetzungen:

- Erfüllung der technischen Funktion,
- Wirtschaftlichkeit in Herstellung und Gebrauch,
- Sicherheit für Mensch, Maschine und Umgebung,

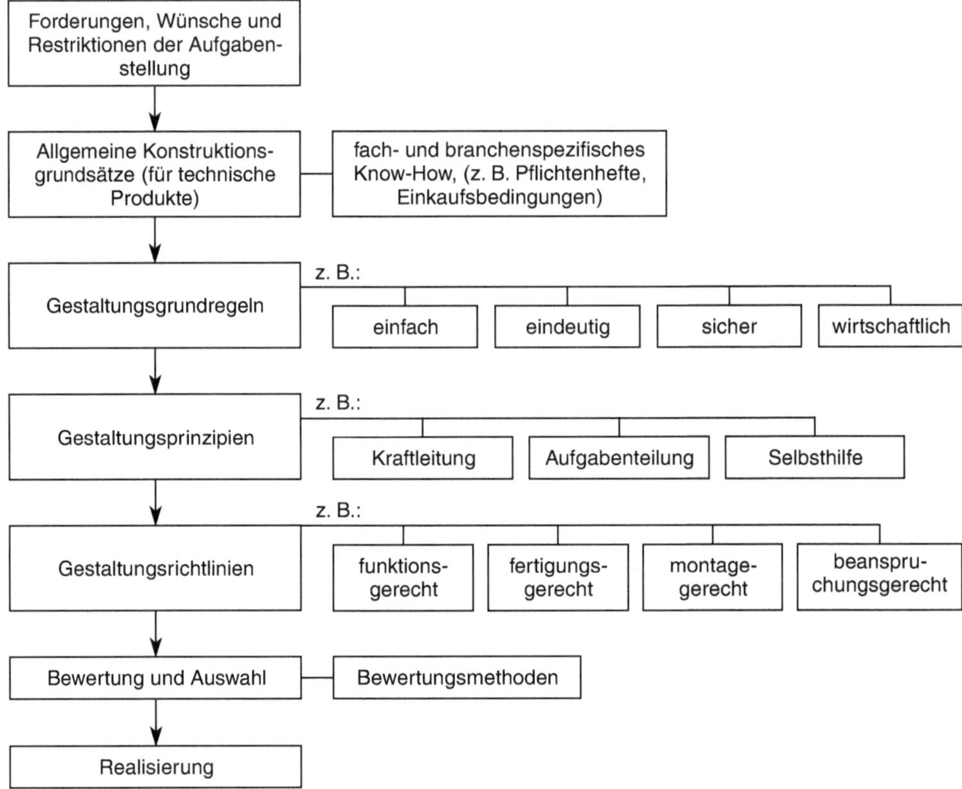

Abb. 6.14 Grundsätze für das Entwerfen. (Nach [Con13])

ab und sind in Abb. 6.15 mit den im Einzelnen ihnen zugeordneten Maßnahmen dargestellt.

Mit der Beachtung der Grundregeln soll erreicht werden, dass eine Konstruktion die folgenden Eigenschaften besitzt:

- Wirkung und Verhalten sind sicher voraussagbar, weil das Funktionsprinzip gut erkennbar ist.
- Durch die Verwendung weniger Teile und einfache Gestaltung sind die Herstellung und Montage mit geringen Kosten möglich.
- Durch den Einsatz geeigneter Materialien sind die Haltbarkeit, Zuverlässigkeit und adäquates Verhalten mit und in der Umgebung gesichert.

Dabei muss beachtet werden, dass alle drei Grundregeln voneinander abhängen und sich gegenseitig beeinflussen.

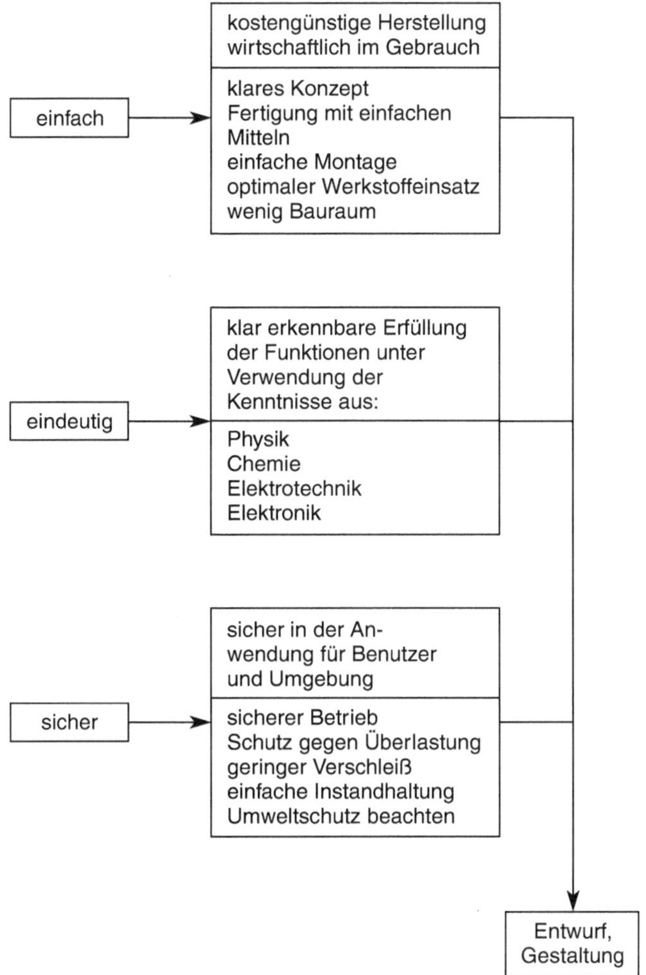

Abb. 6.15 Grundregeln der Gestaltung im Detail. (Nach [Con13])

Eindeutigkeit

Für alle Merkmale und Eigenschaften eines Produktes ist diese Grundregel von Bedeutung, z. B. für:

- Funktion (klare Zuordnung der Teilfunktionen in der Funktionenstruktur)
- Wirkprinzip (gut erkennbarer Zusammenhang zwischen Ursache und Wirkung)
- Auslegung (Lastzustände eindeutig definiert)
- Ergonomie (Reihenfolge der Bedienungsvorgänge möglichst zwangsläufig vorgeben)
- Montage und Transport (Irrtümer durch zwangsläufige Montagefolge ausschließen)
- Rezyklierung (eindeutige Trennstellen für verschiedene Werkstoffe)

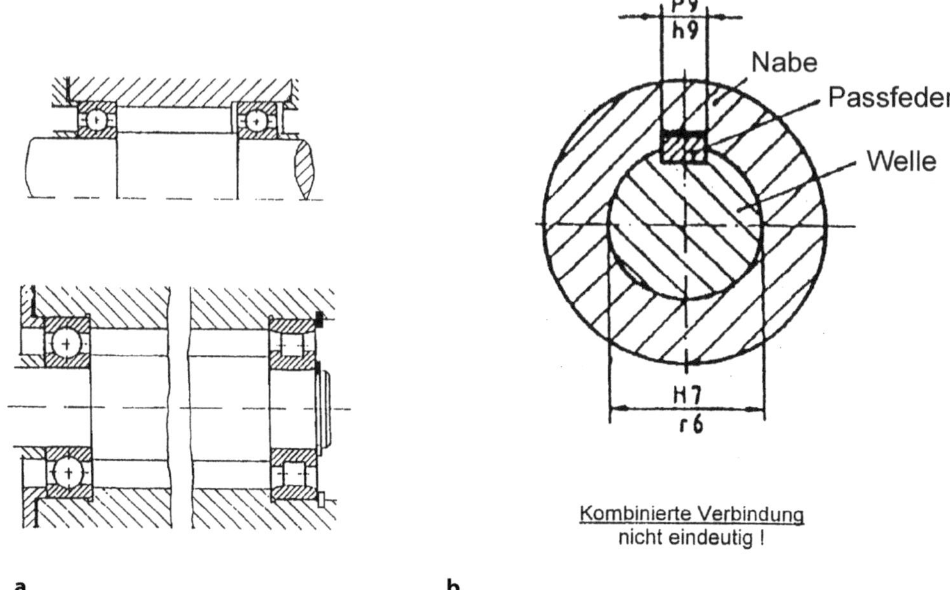

Abb. 6.16 Beispiele für die Grundregel „Eindeutig". **a** eindeutige Wellenlagerungen, **b** Welle-Nabe-Verbindung (Nach [Ehr13] und [PaBe07])

Es ist fast immer gewährleistet, dass die technischen Funktionen eines Produktes sicher erfüllt werden, wenn der Konstrukteur ohne viel Aufwand die Auslegungsgrößen der Funktionsträger berechnen kann. Das ist z. B. gegeben, wenn bei einer Wellenlagerung die Aufteilung in Fest- und Loslager, wie in Abb. 6.16a dargestellt, eingehalten wird oder bei einer Welle/Nabe-Verbindung nur ein Element zur Übertragung des Drehmomentes eingesetzt wird und nicht eine Kombination aus mehreren, eventuell sogar verschiedenen, z. B. Passfeder **und** Querpressverband (Abb. 6.16b).

Bei der Lagerung der Welle ist die Eindeutigkeit dadurch gegeben, dass konstruktionsbedingt nur ein Lager (links) in der Lage ist, eine eingeleitete Längskraft aufzunehmen und von der Welle auf das Gehäuse zu übertragen (statische Bestimmtheit). Natürlich ist es erforderlich, eine Lagerart zu verwenden, die durch ihre Bauweise zur Erfüllung der geforderten Funktionen (hier die Übertragung radialer **und** axialer Kräfte) geeignet ist. Das Zylinderrollenlager in Abb. 6.16a unten kann, durch seine Bauart bedingt, keine Axialkraft übertragen auch wenn es an allen vier Ecken fixiert wird.

Einfachheit

Unter dem Begriff „einfach" versteht man:

- nicht zusammengesetzt
- übersichtlich
- leicht verständlich
- schlicht (nur das Notwendigste).

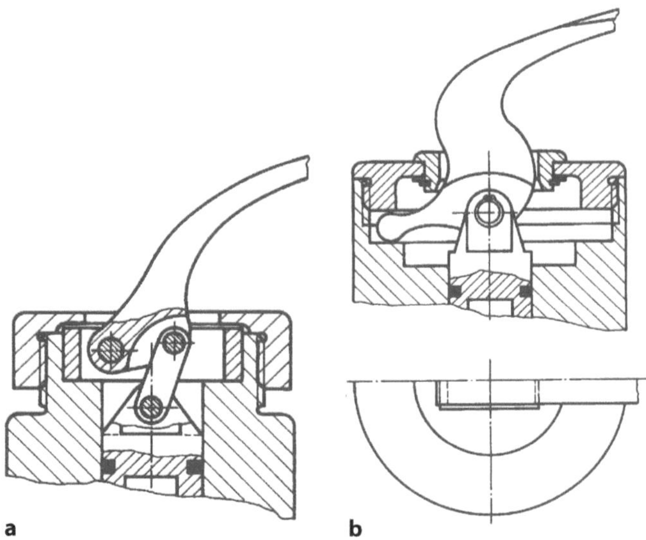

Abb. 6.17 Eingriff-Mischbatterie mit kombinierter Einstellbewegung [PaBe07]. **a** Vorschlag einer Hebelanordnung für eine Eingriff-Mischbatterie mit translatorischer und drehender Einstellbewegung; **b** Einfachere und zugleich formgestalterisch verbesserte Lösung des Vorschlags **a**

Diese Merkmale, auf ein technisches System angewendet, ergeben kostengünstige, sichere und leicht zu montierende Konstruktionen. Da die Gestaltung von Bauteilen natürlich funktionsgerecht erfolgen muss, ist der Konstrukteur häufig gezwungen, Kompromisse zu suchen. Das wird oft durch die Fertigungsmöglichkeiten (Einzel- oder Massenproduktion) und die Art der zu verwendenden Halbzeuge und Werkstoffe beeinflusst. Zu den Hauptmerkmalen der Einfachheit kann zusammenfassend gesagt werden:

- einfache Hauptfunktionen mit wenigen Teilfunktionen und einfachen Funktionselementen
- geometrische Formen verwenden, die sich mit einfachen mathematischen Ansätzen berechnen lassen, symmetrische Bauteile bevorzugen
- Fügestellen für die Montage leicht erkennbar und Einstellvorgänge nur einmal erforderlich
- Gebrauch des Produktes „selbsterklärend“, d. h. keine komplizierten Einweisungen erforderlich
- Verwendung von Werkstoffen, die wiederverwertet werden können

Das Beispiel in Abb. 6.17 zeigt anhand einer Armatur für das Mischen von warmem und kaltem Wasser, wie eine technische Lösung vereinfacht werden kann. Die Ausführung **b)** erfüllt dieselben Funktionen wie **a)** aber mit weniger Einzelteilen und in einfacherem (schlichterem) Aufbau.

Tab. 6.3 Die drei Stufen der Sicherheit. (Nach DIN 31000 und DIN EN 292)

Sicherheitstechnik DIN 31000	Wirkprinzip	EG-Maschinenrichtlinie DIN-EN-292
unmittelbare	Gefahr vermeiden	Gefahren beseitigen oder minimieren
mittelbare	gegen Gefahren sichern	Gegen nicht zu beseitigende Gefahren notwendige Schutzmaßnahmen ergreifen
hinweisende	vor Gefahren warnen	Benutzer über Restgefahren unterrichten

Die ursprüngliche Konstruktion (**a**) erforderte einen hohen Fertigungsaufwand und befriedigte hinsichtlich der Form und der Reinigung nicht (Schlitze, offene Kanäle). Die unter (**b**) dargestellte, einfachere Lösung enthält weniger Teile durch die Verwendung eines Bedienungshebels mit gleitendem Gelenk. Verschleißstellen werden vermieden und die Reinigung ist durch eine glatte äußere Oberfläche vereinfacht.

Sicherheit

Die dritte Grundregel bedeutet, dass ein technisches System seine Funktionen sicher für sich selbst und seine Umgebung erfüllen muss. Wegen seiner Bedeutung wurde dieser Aspekt in der Norm DIN 31000 zusammengefasst und in die drei Stufen

- unmittelbare,
- mittelbare und
- hinweisende Sicherheitstechnik

eingeteilt (s. Tab. 6.3).

Grundsätzlich ist die unmittelbare Sicherheitstechnik die beste Lösung, weil systembedingt erst gar keine Gefährdung auftreten kann. Erst wenn die unmittelbare Sicherheit nicht möglich ist, muss durch Hinzufügen von Schutzvorrichtungen oder Sicherheitsmaßnahmen eine mittelbare Sicherheit erzeugt werden. Die hinweisende Sicherheit ist für den Konstrukteur eigentlich keine Problemlösung, sondern sie kann nur helfen, durch Warntafeln oder Hinweise in der Bedienungsanleitung auf unvermeidbare Gefahren oder Belästigungen aufmerksam zu machen.

Bei der bisweilen hohen Komplexität technischer Systeme ist das Erfüllen der Forderung nach „absoluter" Sicherheit äußerst schwierig. Darüber hinaus kann das Streben nach absoluter Sicherheit das technische System insgesamt komplizierter und dadurch weniger sicher machen. Übertriebenes Sicherheitsbedürfnis verhindert außerdem oft wirtschaftliche Lösungen. Sicherheit bedeutet allerdings auch Zuverlässigkeit und Verfügbarkeit und ist somit wiederum notwendige Voraussetzung für die wirtschaftliche Nutzung eines Produktes. Alle Bemühungen, Richtlinien für die sichere Konstruktion zu erlassen, haben schließlich zu der Erkenntnis geführt, dass es eine absolute Sicherheit nicht geben kann. Die neueste Norm zu diesem Thema ist die DIN EN 292, in der die Begriffe Sicherheit, Grenzrisiko und Schutz allgemein erläutert werden.

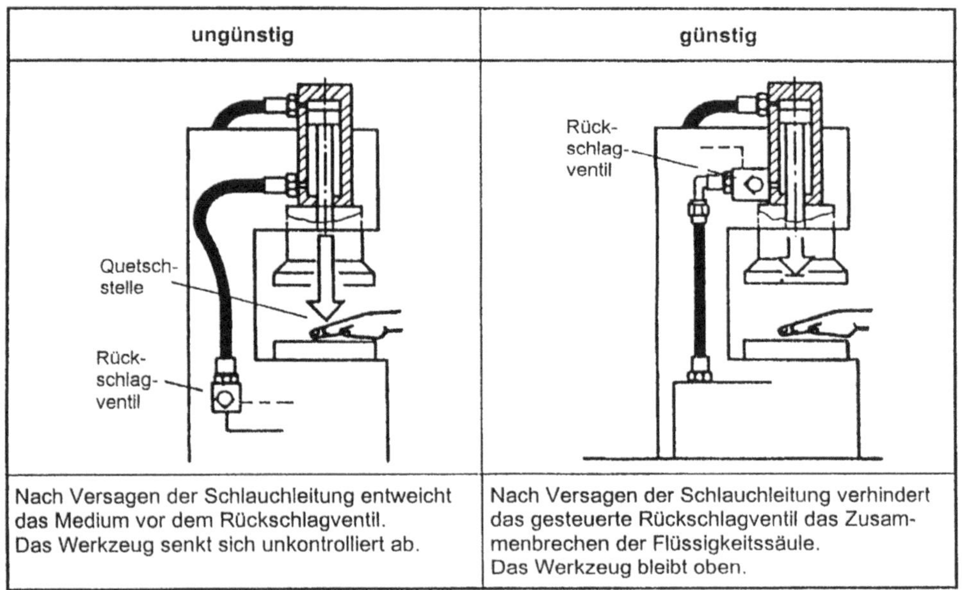

Abb. 6.18 Beispiel für unmittelbare Sicherheitstechnik [Neu03]

Die **unmittelbare Sicherheitstechnik** versucht, die Sicherheit mittels der an der Erfüllung der Funktion aktiv beteiligten Teile oder Systeme zu erzielen. Dabei ergeben sich die drei Möglichkeiten:

- sicheres Bestehen
- beschränktes Versagen
- Redundanz.

Die erste Möglichkeit beinhaltet, dass alle Bauteile oder Systeme so beschaffen sind, dass ein Versagen während der Dauer ihres Gebrauchs ausgeschlossen werden kann. Das ist natürlich nur zu erreichen, wenn alle Belastungen eindeutig bekannt und alle Auslegungen richtig sind. Zusätzlich sind Kontrollen nach der Fertigstellung und während des Betriebes unabdingbar. Es ist klar, dass diese Möglichkeit ein Maximum an Aufwand und/oder Erfahrung erfordert, sie wird vor allem da angewendet, wo das Restrisiko minimal sein muss (Brücken, Aufzüge, Flugzeuge).

Mit dem beschränkten Versagen (fail safe) ist gemeint, dass das Versagen eines Bauteils oder Teilsystems nicht zu schwerwiegenden oder kostenintensiven Folgen führt. Es ist dazu erforderlich, dass durch die Erfüllung einer eingeschränkten Restfunktion ein gefährlicher Zustand vermieden wird. Außerdem ist es sinnvoll, durch entsprechende Maßnahmen das Teilversagen erkennbar werden zu lassen. Abb. 6.18 zeigt an einem Beispiel, wie an einer hydraulischen Presse durch die richtige Anordnung eines Rückschlagventils verhindert wird, dass eine Unfallgefahr entstehen kann.

Die dritte Möglichkeit ist die Mehrfachanordnung (Redundanz) von Teilsystemen, um bei Ausfall eines Systems die Gesamtfunktion (unter Umständen eingeschränkt) erhalten zu können. Es kann sich dabei um Komponenten der Hauptfunktion (Flugzeugmotoren, Kesselspeisepumpen, Räder an Fahrwerken, Schiffsschrauben) handeln oder auch um Nebenfunktionen (Schaltkreise, Messanordnungen). Man spricht von **aktiver Redundanz**, wenn im Normalbetrieb alle Systeme eingesetzt werden. Der Ausfall eines Systems führt dann zu einer eingeschränkten Leistungsfähigkeit des Gesamtsystems. **Passive Redundanz** bedeutet, dass Einrichtungen in Reserve gehalten werden, die bei Ausfall einer aktiven Komponente deren Funktion vollständig übernehmen.

Zur **mittelbaren Sicherheitstechnik** gehören Schutzeinrichtungen, die verhindern sollen, dass ein Schaden entsteht, wenn die unmittelbare Sicherheit nicht ausreicht. Man unterscheidet dabei in:

- Schutzsysteme, die bei Gefahr eine Reaktion auslösen. Sie benötigen einen Signalumsatz zur Erkennung der Gefahr und zum Einleiten einer entsprechenden Maßnahme, z. B. die elektrische Verriegelung am Deckel einer Zentrifuge, die das Einschalten erst nach dessen vollständigem Schließen erlaubt.
- Schutzorgane, die eine Schutzfunktion ausüben, ohne einen zusätzlichen Signalumsatz zu benötigen (Sicherheitsventile, Rutschkupplungen, Scherstifte)
- Schutzeinrichtungen, die schützen, ohne zu reagieren (Verkleidungen, Abdeckungen, Abstandshalter)

Dabei besteht die Forderung nach:

- zuverlässiger Wirkung
- Zwangsläufigkeit
- Nichtumgehbarkeit

Leider ist es dem Konstrukteur meistens nicht möglich, alle Forderungen zu erfüllen; der Erfindungsreichtum der Benutzer von technischen Systemen ist dafür zu groß. Die Schwäche der mittelbaren Sicherheitstechnik liegt hauptsächlich in diesem Aspekt. Es sei an dieser Stelle noch auf die Normen DIN 13001, 33404 und 4844 verwiesen.

Maßnahmen, die der **hinweisenden Sicherheitstechnik** dienen, sind das schwächste Glied in der Sicherheitskette. Es kann sich dabei z. B. um (gelb/schwarze) Streifenmarkierungen von Gefahrenbereichen handeln oder um Hinweisschilder mit Symbolen oder Texten. Nur im Ausnahmefall darf diese Technik angewendet werden, sie ist nur als unterstützende Maßnahme zu verstehen. Der Konstrukteur ist gut beraten, sich mit den Gesetzen zur Produkt- oder Produzentenhaftung und der CE-Norm vertraut zu machen, in denen auch Betriebsanleitungen (mit Gefahrenhinweisen) eine große Rolle spielen.

6.1.3 Prinzipien der Gestaltung

Übergeordnete Prinzipien zur Gestaltung (s. Abb. 6.14) sind aus der Literatur schon seit einiger Zeit bekannt, sie sind die ersten Regeln, die in der Konstruktionswissenschaft aufgestellt wurden (Leichtbau, min. Kosten, Raumbedarf oder Verluste). Beim Konstruieren stellt sich immer die Frage, wie bei gegebener Aufgabenstellung und festgelegter Wirkstruktur eine Funktion durch welchen Funktionsträger erfüllt werden kann und wie er gestaltet werden soll. Die Gestaltungsprinzipien sollen dabei helfen, die konkrete Gestalt eines Funktionsträgers zu entwickeln, mit der er den jeweiligen Anforderungen gerecht wird. Es werden in erster Linie die Arbeitsschritte Grob- und Feingestaltung unterstützt (s. Abb. 6.1). Es handelt sich bei diesen Prinzipien um die Sammlung systematisch geordneter Erkenntnisse aus bewährten konstruktiven Lösungen. Dem Anfänger werden hierzu auch die genaue Betrachtung bestehender Produkte und das Studium einschlägiger Literatur empfohlen (*Pahl/Beitz, Ehrlenspiel, Koller*).

Bei der Anwendung der Gestaltungsprinzipien ist es durchaus möglich, dass Zielkonflikte entstehen (meistens mit der Forderung nach geringen Herstellkosten). Aus der Vielfalt der in der Literatur dargestellten Prinzipien soll der Kürze halber an dieser Stelle aber nur auf die drei wichtigsten eingegangen werden, nämlich:

- Kraftleitung
- Aufgabenteilung
- Selbsthilfe.

Diese können noch ergänzt werden durch:

- Integral- oder Differentialbauweise
- Einzel- oder Mehrfunktionsbauweise
- Lastausgleich.

Kraftleitung

Die am häufigsten wiederkehrende Aufgabe bei der Konstruktionstätigkeit ist wohl die, Teile oder Systeme zu schaffen, die Kräfte oder Momente aufnehmen oder weiterleiten. Der wichtigste dabei zu beachtende Aspekt wird als **Kraftfluss** bezeichnet, es handelt sich dabei um die Vorstellung, dass Kräfte durch ein Bauteil „fließen", ähnlich wie die Strömungslinien einer Flüssigkeit in einem Kanal (die aber durch besondere Maßnahmen sichtbar gemacht werden müssen). Der Kraftfluss ist der Weg, den eine Kraft oder ein Moment durch ein Bauteil nimmt und zwar von der Stelle ihrer Einleitung bis zur Aus- oder Weiterleitung (Abb. 6.19). Die örtliche Verdichtung von Kraftflusslinien bedeutet dabei eine Erhöhung der an diesem Ort herrschenden Spannung und damit der Beanspruchung

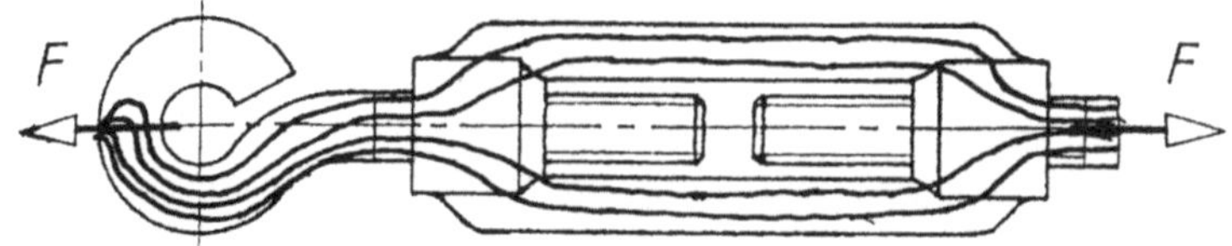

Abb. 6.19 Kraftflusslinien in einem Spannschloss

des Bauteils. Daraus folgt, dass der Kraftfluss möglichst ohne Richtungsänderung durch ein Bauteil geleitet werden soll. An Umlenkungen entstehen nämlich solche Spannungserhöhungen.

Querschnittsveränderungen sollten allmählich und nicht scharfkantig erfolgen, an schroffen Übergängen ist die Verdichtung der Kraftlinien stärker (**Kerbwirkung**). Man unterscheidet in zwei Betrachtungsweisen:

- Makrokraftfluss, bei dem ein komplettes technisches Produkt analysiert wird (s. Abb. 6.20). Hierbei wird erkennbar, ob Bauteile fehlen (Abstützungen, Verbindungen) oder ob der Kraftfluss auf kurzem Wege geschlossen werden kann (min. Verformungen).
- Mikrokraftfluss, dient zur Gestaltung eines einzelnen Bauteils. Es wird deutlich gemacht, wo eventuell unnötige Spannungserhöhungen vorkommen.

Für den Abbau von Spannungsspitzen werden einige Maßnahmen zur Verminderung der Kerbwirkung empfohlen, die auch in den Regeln für die Bemessung von Bauteilen (z. B. Wellen und Welle/Nabe-Verbindungen) bei den Konstruktionselementen behandelt werden:

- allmähliche Querschnittsveränderungen, große Radien
- kleine Sprünge (evtl. mehrere statt nur einer)
- konischer Querschnittsverlauf
- Entlastungskerben
- keine Überlagerung mehrerer Kerbwirkungen an einer Stelle.

Zum Abschluss dieses Abschnittes die Zusammenfassung der wichtigsten Erkenntnisse von *Müller*, die man zum Thema „Kraftfluss" beachten sollte:

- Jede statische Verspannungskraft erzeugt einen geschlossenen Kraftfluss.
- Wird ein Teil eines statischen Systems betrachtet, so läuft der Kraftfluss zwischen den Schnittstellen.
- Jede Massenkraft (Gewicht, Fliehkraft) erzeugt einen offenen Kraftfluss und damit zusätzliche Beanspruchung der Bauteile.
- Kraftflüsse überlagern sich (Superpositionsprinzip wie in der Mechanik).

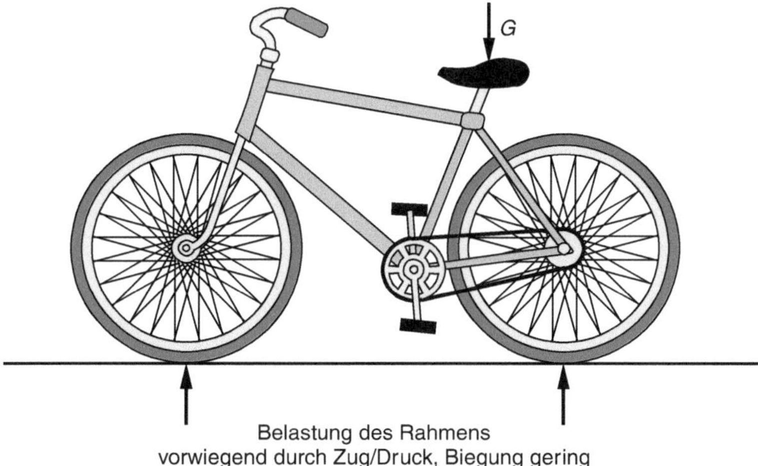

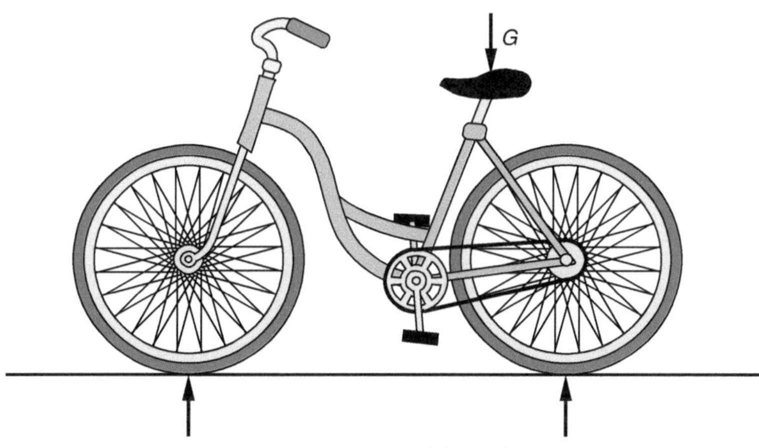

Abb. 6.20 Auswirkung der veränderten Gestalt (Kraftfluss) auf die Beanspruchung eines Fahrradrahmens (*G* Gewichtskraft des Benutzers)

- Kräfte, die in ihrer Wirkrichtung geleitet werden, erzeugen Zug- oder Druckspannungen, Umlenkung bewirkt Schub oder Biegung.
- Momente, die in Richtung ihrer Achse geleitet werden, erzeugen Torsion, quer zur Achse geleitete Momente erzeugen Biegung.
- Der Kraftfluss sucht sich den kürzesten Weg durch ein Bauteil.

Aus diesen Grundsätzen hat *Ehrlenspiel* ausführlichere Regeln zur kraftflussgerechten Gestaltung abgeleitet, auf die hier aber aus Platzgründen nur hingewiesen werden kann.

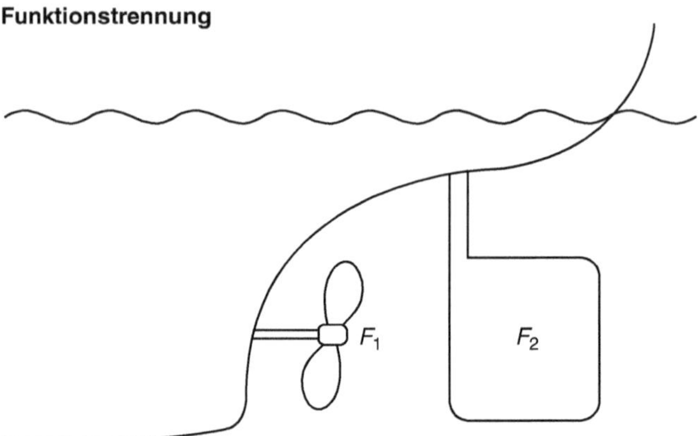

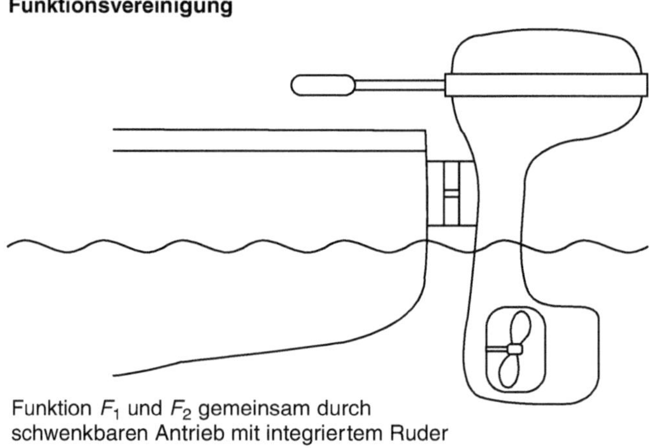

Abb. 6.21 Beispiel für Funktionsvereinigung und Funktionstrennung

Aufgabenteilung

Bereits bei der Aufstellung einer Funktionenstruktur stellt sich im Detail oft die Frage, ob eine Funktion in weitere Einzelfunktionen aufgeteilt werden soll oder nicht. Man spricht deshalb auch von **Funktionstrennung** und **Funktionsvereinigung**.

Man kann z. B. die Eindeutigkeit einer Konstruktion dadurch verbessern, dass man eine Kombination von Funktionen in einzelne Funktionen aufteilt (Abb. 6.21).

Der Vorteil der Funktionstrennung liegt darin, dass jeder Funktionsträger im Idealfall nur eine Aufgabe zu erfüllen hat und dadurch auch einfacher zu berechnen ist. Das einzelne Bauelement kann so auch besser an seine Funktion angepasst werden und wird dadurch

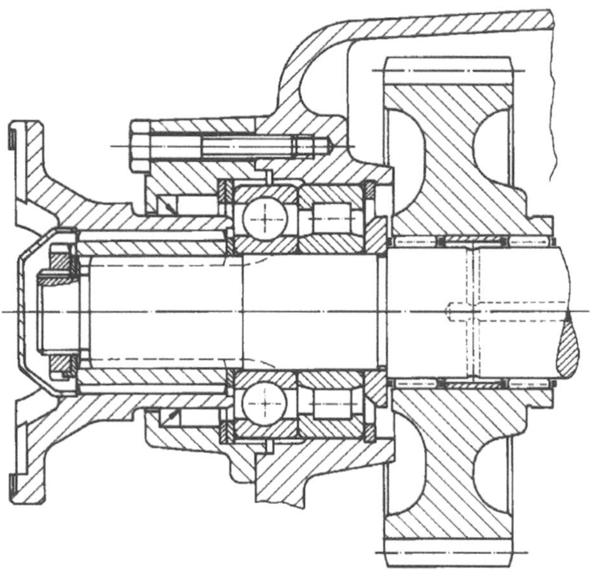

Abb. 6.22 Festlager mit Trennung der Radial- und Axialkraftleitung [PaBe07]

leistungsfähiger und kostengünstiger. Die Funktionsvereinigung dagegen führt meist zur platzsparenderen Lösung.

Auf die Lagerung einer Welle übertragen würde die Funktionstrennung bedeuten, dass für das Festlager ein Rollenlager (nur radiale Kräfte) und ein Axialkugellager (nur axiale Kräfte) kombiniert verwendet werden. Die Funktionstrennung führt zur optimalen Auslegung jedes einzelnen Lagers, der Platzbedarf in Längsrichtung und der Fertigungsaufwand dieser konstruktiven Lösung ist aber relativ groß (Abb. 6.22). In diesem Fall spricht man von der **Aufgabenteilung bei gleicher Funktion**.

Eine konstruktive Lösung für das Festlager in der Ausführung „Funktionsvereinigung" bestände darin, ein Lager zu wählen, das sowohl axial als auch radial gerichtete Kräfte aufnehmen kann. Dafür käme ein Vierpunktlager in Betracht, das aber verhältnismäßig teuer wäre. Als Alternative könnte ein Rillenkugellager gewählt werden, das aber in radialer Richtung sehr groß ausfallen würde, um die gleiche Axialkraft aufnehmen zu können, wie das Axiallager in Abb. 6.22.

Für die **Aufgabenteilung mit verschiedenen Funktionen** steht die in Abb. 6.23 gezeigte Verbindung einer Heißdampfleitung.

Die Dichtfunktion erfüllt die eingeschweißte Membrandichtung, die wegen ihrer Flexibilität aber keine großen Kräfte übertragen kann. Die Klammerverbindung übernimmt die Aufgabe, die Kräfte und Momente der Rohrleitung zu übertragen. Dabei werden wiederum zwei Prinzipien getrennt angewendet, die Klammern halten die Rohrenden formschlüssig zusammen und werden ihrerseits reibschlüssig durch die Schrumpfringe in Position gehalten.

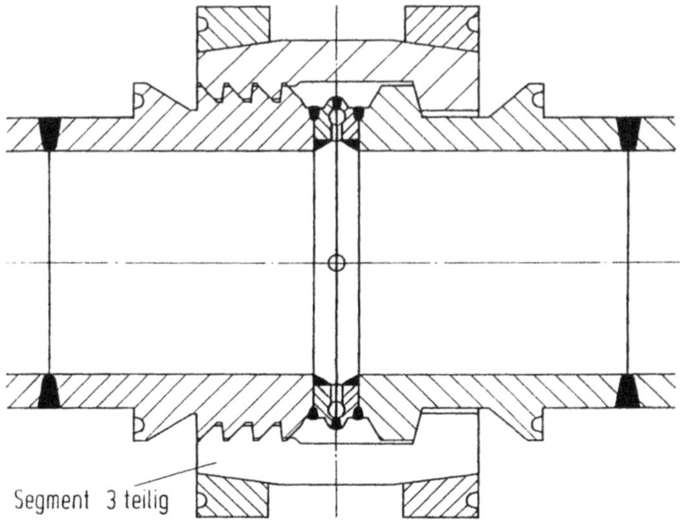

Abb. 6.23 Klammerverbindung in einer Heißdampfleitung [PaBe07]

Weitere Beispiele für Funktionsvereinigung sind:

- Gewinde einer Glühlampe (Strom leiten, Lampe fixieren)
- Rillenkugellager (Übertragung bzw. leiten von radialen und axialen Kräften)
- Maschinengehäuse (Lagerkräfte aufnehmen bzw. leiten, Leckverluste verhindern, Schmutz fernhalten, Geräusch dämpfen)
- Hubschrauber (Rotor für Auf- und Vortrieb)

Und für die Funktionstrennung:

- zusammengesetzte Treibriemen (Lederschicht für hohe Reibung, Gewebe aus Kunststoff für Übertragung hoher Zugkräfte, Schutzschicht gegen Nässe)
- Hängebrücke (Seile nur für Gewichtsaufnahme, Fahrbahn flexibel nur zur Verkehrsführung)
- Flugzeug (Tragflügel nur für Auftrieb, Propeller nur für Vortrieb)

Die Beispiele beziehen sich natürlich auf geplante Zweckfunktionen (bestimmungsgemäßer Gebrauch). Die Eigenschaften einer Konstruktion oder eines Bauteils sind aber nicht vorhersehbar, wenn sie z. B. für nicht geplante Zwecke eingesetzt werden (Missbrauch).

Selbsthilfe

Man kann aus der Fragestellung, wie sich ein Funktionsträger selbst hilft, seine geplante Funktion unter Normalbeanspruchung zu erfüllen oder, bei Versagen eines Teils, sich

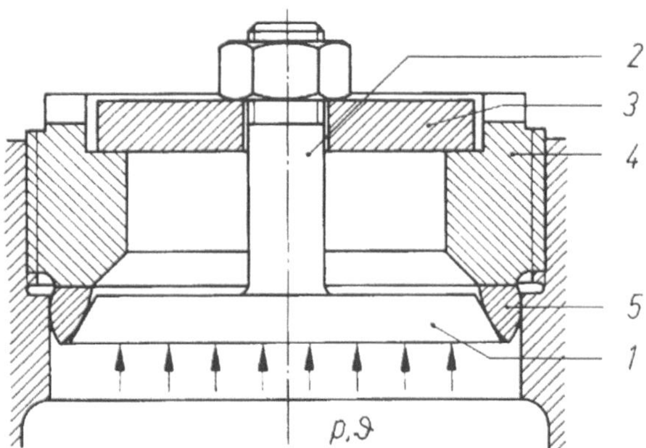

Abb. 6.24 Selbstdichtender Deckelverschluss [PaBe07]

selbst und die Gesamtkonstruktion vor größerem Schaden zu bewahren, zwei Wirkungsarten unterscheiden:

- Die Ursprungswirkung stellt die notwendige Ausgangssituation sicher, sie entspricht in den meisten Fällen der ursprünglich geplanten Funktion **(Eigensicherheit)**.
- Die Hilfswirkung wird aus funktionsbedingten Größen (Druck, Zug, Drehmoment) gewonnen (**Selbsthilfe**). Sie kann auch aus veränderter Leitung des Kraftflusses entstehen.

Ein oft angewendetes Bauelement nach dem Prinzip der Selbsthilfe ist der selbstdichtende Deckelverschluss eines Druckbehälters (Abb. 6.24).

Die Befestigungsschraube (2) bewirkt nur eine relativ geringe Anpresskraft des Deckels (1) an die Dichtung (5) und braucht deshalb nicht besonders stark dimensioniert zu sein. Die große, bei steigendem Innendruck (p) erforderliche Anpresskraft erzeugt der Innendruck selbst.

Man unterscheidet beim Prinzip der Selbsthilfe die folgenden drei Lösungsarten:

- selbstverstärkend
- selbstausgleichend
- selbstschützend.

Zu der ersten Kategorie gehört das Beispiel in Abb. 6.24. Die selbstverstärkende Wirkung ergibt sich aus der positiven Verknüpfung von Haupt- und Nebenfunktionen. Der Vorteil liegt in der Kraft- oder Leistungsverstärkung und damit in der Erhöhung des Gebrauchsnutzens des Produktes. Ein weiteres einprägsames Beispiel ist die Schraubensicherung in Abb. 6.25. Die Keilsicherungsscheiben haben auf der Außenseite Radialrippen und auf der Innenseite Keilflächen. Die Neigung der Keilflächen (α) so gewählt, dass sie stets größer ist als der Gewindesteigungswinkel (β), bei dem Versuch der Schraube, sich in Löserich-

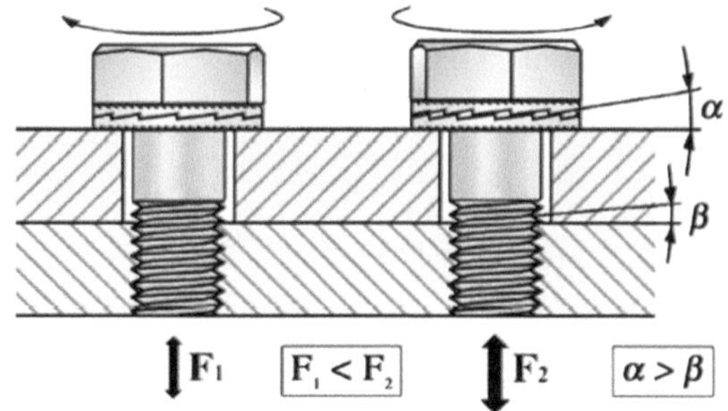

Abb. 6.25 Selbstverstärkende Schraubensicherung. (© Fa. NORD-LOCK GmbH, Westhausen und Fa. HEICO Befestigungstechnik GmbH, Ense-Niederense)

tung zu bewegen, erfolgt aufgrund der Keilwirkung eine Erhöhung der Klemmkraft – die Schraube sichert sich selbst.

Selbstausgleichende Lösungen bedienen sich der gegensätzlichen Anordnung von Ursprungs- und Hilfswirkung. Es entsteht dabei z. B. ein Ausgleich von Belastungen, der eine höhere Gesamtwirkung möglich macht. Das Beispiel einer Turbinenschaufel (Abb. 6.26) soll den Selbstausgleich verdeutlichen.

Die in radialer Richtung befestigte Turbinenschaufel (a) unterliegt im Betrieb einer Zug- und Biegebelastung, die sich überlagern und die maximale Umfangskraft bestimmen. Stellt man die Schaufel schräg (b), so wirkt ein Teil der Fliehkraft der Biegung durch die Umfangskraft entgegen und kompensiert dadurch einen Teil der Beanspruchung am

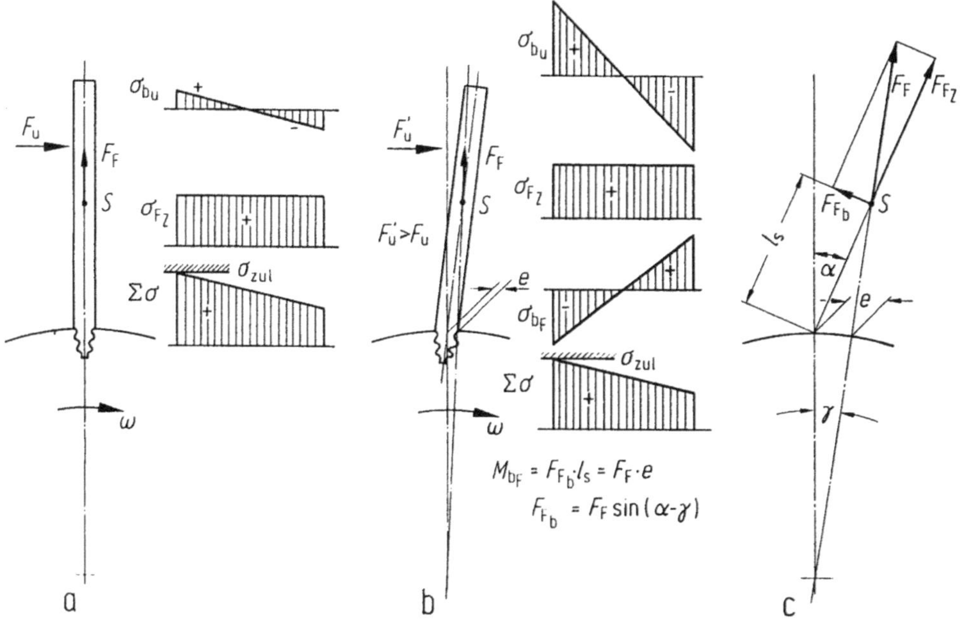

Abb. 6.26 Selbstausgleichende Lösung bei der Anordnung von Turbinenschaufeln [PaBe07]

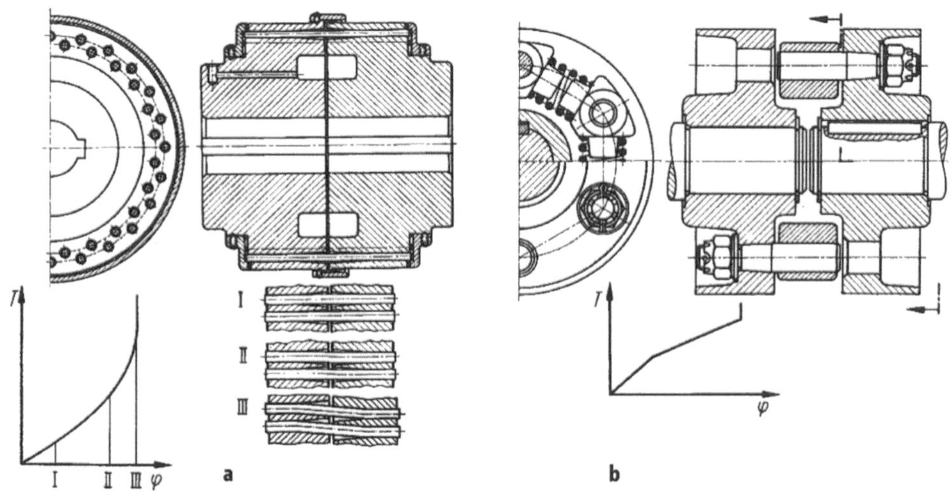

Abb. 6.27 Selbstschützende Lösung bei Kupplungen [PaBe07]

Schaufelfuß. Diese Lösung gestattet dadurch höhere Umfangskräfte und damit höhere Drehzahlen bis zum Erreichen der zulässigen Spannung am Schaufelfuß.

Die dritte Lösung, der Selbstschutz, ist erst dann von Bedeutung, wenn durch den Gebrauch des Bauteils eine Überbelastung (Versagen) auftritt. Es ist anzustreben, dass in diesem Fall noch ein (eingeschränkter) Gebrauch des Systems möglich ist bzw. die Konstruktion nicht nachhaltig beschädigt oder sogar zerstört wird. Diese Lösung bezieht die Hilfswirkung daraus, dass ein anderer (zusätzlicher) Weg der Kraftleitung eingesetzt wird als bei der Ursprungswirkung. Dabei ist anzustreben, dass die Hilfswirkung mit elastischer Verformung erreicht werden kann. Als Beispiel zu dieser Lösung dienen die in Abb. 6.27 dargestellten Kupplungen.

Die Selbsthilfe tritt dadurch ein, dass bei den Stabfedern (Abb. 6.27a) mit progressiver Federkennlinie bei steigender Kraft die auftretende Verformung der Federn immer geringer wird. Schließlich herrscht statt der Biegebeanspruchung nur noch eine Scherbeanspruchung, die höhere Belastungen zulässt, allerdings die Nachgiebigkeit der ursprünglich elastischen Kupplung auf Null reduziert. Die andere Bauform (Abb. 6.27b) kann ihren Selbstschutz einerseits daraus beziehen, dass sich die Schraubenfedern auf ihre so genannte Blocklänge zusammendrücken und damit ebenfalls die elastischen Eigenschaften der Kupplung aufheben. Andererseits ist noch ein zusätzlicher Anschlag (Aufgabenteilung) vorhanden, der beim Bruch einer oder mehrerer Federn den Winkelversatz der Kupplung begrenzt.

Das Prinzip des Selbstschutzes kann schließlich auch noch aus den Werkstoffeigenschaften selbst abgeleitet werden. Ein Bauteil aus zähem Werkstoff kann Spannungsspitzen im beanspruchten Querschnitt durch begrenztes Fließen (plastische Verformung) ausgleichen und dadurch den Bruch zunächst vermeiden.

Bei der Anwendung des Prinzips der Selbsthilfe obliegt es dem Konstrukteur, eventuell entstehenden konstruktiven Mehraufwand in das richtige Verhältnis zum entstehenden Nutzen (Vermeidung größerer Schäden) zu setzen.

6.1.4 Richtlinien zur Gestaltung

Die in den bisher behandelten Abschn. 6.1.2 und 6.1.3 dargestellten Regeln für das Konstruieren haben die gemeinsame Eigenschaft, allgemeingültig zu sein. Dabei sind die Grundregeln (s. Abb. 6.14):

- eindeutig
- einfach
- sicher

die wichtigsten. Bei den anderen Regeln oder Prinzipien erkennt man, dass sich zum Teil Überschneidungen von Eigenschaften oder andere Auswirkungen ergeben, deren Akzeptanz der Konstrukteur mit dem Anwender abstimmen muss.

Das zu entwickelnde technische Produkt hat aber immer seinem **Anwendungszweck** entsprechende **Forderungen** zu erfüllen und muss den jeweiligen Möglichkeiten des Herstellungsbetriebes angemessen konstruiert werden. Diese besonderen Forderungen oder Einschränkungen werden als **Restriktionen** bezeichnet und fast in jedem einschlägigen Fachbuch mit der Endsilbe „-gerecht“ versehen. Die Restriktionen führen dazu, dass Produkte, die die gleiche Bezeichnung tragen, sehr verschiedene Eigenschaften besitzen können. Ein Schaltgetriebe für einen PKW ist in der Regel für den Einsatz an einer Drehmaschine nicht oder nur sehr schlecht geeignet. Durch die unterschiedlichen Bedingungen entstehen speziell geeignete, optimierte Produkte (z. B. Schuhe zum Wandern, Laufen, Radfahren, Tanzen usw.). Es wird klar, dass ein Produkt, das allen denkbaren Anforderungen gleichermaßen gerecht werden soll, entweder sehr aufwendig konstruiert sein muss oder für keine Anforderung ein Optimum erreicht.

Eine Übersicht wichtiger Eigenschaften, die ein Produkt haben soll und wie der Konstrukteur auf sie einwirken kann, zeigt die Tab. 6.4.

Allein die Anzahl dieser Restriktionen macht deutlich, welche Menge an Informationen ein Konstrukteur benötigt, um ein umfassend **„-gerechtes“ Produkt** entstehen zu lassen. Einige Gestaltungsrichtlinien sind darüber hinaus Bestandteil eigener Fachgebiete und werden in gesonderten Fachbüchern ausführlich behandelt (z. B. Kunststoffverarbeitung, u. a. mit der Erläuterung zur werkstoffgerechten Konstruktion). Die Wahl des Werkstoffs ist auch entscheidend für die fertigungsgerechte Gestaltung eines Bauteils. Das gleiche gilt auch für die Forderungen nach beispielsweise schweißgerecht, gussgerecht und beanspruchungsgerecht. Als von grundsätzlicher Bedeutung können außer „funktionsgerecht“ die Restriktionen „herstellungs- und montagegerecht“ hervorgehoben werden; ohne ihre Beachtung würde ein Produkt nicht entstehen können. Für die Nutzung des Produktes

Tab. 6.4 Restriktionen, die die Produkteigenschaften beeinflussen. (Nach [Con13])

Einflussmöglichkeit des Konstrukteurs	Bedeutung für den Entwurf	Eigenschaften des Produktes (Gestaltungsrichtlinien)
unmittelbar	unabdingbar	funktionsgerecht, fertigungsgerecht, beanspruchungsgerecht, montagegerecht
	wichtig	kostengünstig, werkstoffgerecht, ausdehnungsgerecht
mittelbar	unabdingbar	sicherheitsgerecht, qualitätsgerecht
	wichtig	ergonomiegerecht, normgerecht, recyclinggerecht, umweltgerecht, termingerecht
	je nach Komplexität des Produktes	instandhaltungsgerecht, transportgerecht, entsorgungsgerecht

ist die Restriktion „sicherheitsgerechte Gestaltung“ besonders wichtig. Vor allem durch die Verschärfung der gesetzlichen Auflagen (Produzentenhaftung) steht der Konstrukteur hier in einer besonderen Verantwortung, die sogar strafrechtliche Bedeutung haben kann. Hierzu sei an dieser Stelle noch einmal auf die einschlägigen Normen, Richtlinien (VDI, VDE) und Unfallverhütungsvorschriften (UVV, VGB) hingewiesen.

Mit der Forderung nach ergonomiegerechter Gestaltung steht auch oft der Wunsch nach ästhetischem Aussehen des Produktes in Verbindung. Beide Restriktionen lassen sich unter dem Begriff „**Design**“ zusammenfassen, dem auch im allgemeinen Maschinenbau eine wachsende Bedeutung zukommt. So will man u. a. die Wiedererkennbarkeit verschiedener Maschinen eines Herstellers durch einheitliche Form- und/oder Farbgestaltung verbessern, ein Gesichtspunkt, der von Fahrzeugherstellern schon lange beachtet wird (*Bauer, Flurscheim*).

Schließlich ist insbesondere die „**kostengerechte** (kostengünstige) **Gestaltung**“ ein so zentrales Thema geworden, dass auf diese Restriktion im folgenden Abschnitt ausführlich eingegangen wird. Das Schwergewicht wird dabei auf die Herstellkosten und die Einflussmöglichkeiten des Konstrukteurs gelegt.

6.2 Kostengünstig konstruieren

Die wichtigsten Forderungen, die beim Konstruieren von technischen Produkten zu beachten sind, werden oft unter dem Oberbegriff „**Wirtschaftlichkeit**“ zusammengefasst. Dabei bedeutet Wirtschaftlichkeit allgemein ausgedrückt: „mit einem Minimum an Aufwand ein Maximum an Wirkung zu erzielen“. Man unterscheidet:

- funktionsmäßige Wirtschaftlichkeit, am besten definiert durch den **Wirkungsgrad**, d. h. mit geringen Verlusten einen angestrebten Nutzen erzielen, die Optimierung des Verhältnisses von Aufwand und Wirkung aus technischer Sicht,

- herstellungsmäßige Wirtschaftlichkeit, ein Produkt mit möglichst **geringen Kosten** (Beschaffung, Fertigung und Material, Eigen- und Fremdpersonal) erzeugen. Dabei dürfen natürlich die im vorstehenden Abschnitt beschriebenen Regeln und Prinzipien nicht verletzt werden.

In allen Phasen des Konstruktionsprozesses ist es wichtig, sich über die Konsequenzen im Hinblick auf die Kosten des zu entwickelnden Produktes im Klaren zu sein. Der überwiegende Teil der Kosten wird nämlich durch das gewählte Lösungskonzept und seine Gestaltung festgelegt. Die nachfolgenden Aktivitäten zu Entstehung des Produktes haben nur noch wenig Einfluss. Es ist daher von entscheidender Bedeutung für den Konstrukteur, dass er sich eine Übersicht darüber verschafft, welche Kosten am oder mit dem Produkt nach seiner Konstruktionstätigkeit entstehen. Nur der Rückfluss von Kenntnissen aus den der Konstruktion nachfolgenden Aktivitäten und die systematische Verwertung dieser Erfahrungen ermöglichen es dem Konstrukteur, einen auch im Hinblick auf die Kosten optimalen Entwurf anzufertigen. Seine Sicht muss also, außer auf das Ziel der Erfüllung des technischen Zwecks des Produktes, auch auf seine kostengünstige Herstellung und Nutzung gerichtet sein.

6.2.1 Entstehung und Eigenschaften der Produktkosten

Gesamtkosten

Ist ein Produkt fertig gestellt und in die Hand des Nutzers gelangt, scheint es dem Einfluss des Konstrukteurs entzogen zu sein. Für den Nutzer sind aber nicht nur die Kosten von Bedeutung, die er für den Erwerb und die Inbetriebnahme des technischen Produktes aufzuwenden hat (Abb. 6.28).

Bei der Nutzung entstehen weitere Kosten für Betrieb, Instandhaltung und die spätere Entsorgung, die der Konstrukteur zwar nicht ausschließlich, aber entscheidend beeinflusst. In der letzten Zeit wurde der Begriff „**life-cycle-costs**" für diese Betrachtung der Produktgesamtkosten zunehmend gebräuchlich. Dadurch soll deutlich gemacht werden, dass auch im Hinblick auf die Kosten eine gesamtheitliche Sicht angestrebt werden muss. Ein Produkt ist nur dann optimal, wenn seine Gesamtkosten von der Entstehung über die Nutzung bis zur Entsorgung den Forderungen des Marktes genügen.

Die verschiedenen Anteile der einzelnen Kosten an den Produktgesamtkosten fallen je nach Produkt sehr verschieden aus (Abb. 6.29).

Ein einfaches Werkzeug verursacht aus der Sicht des Nutzers fast nur Investitionskosten, ein Hilfsaggregat in einem Gesamtprozess (Pumpe, z. B. als Kesselspeisepumpe im Kraftwerk) ist für einen Betreiber in erster Linie in Bezug auf die Betriebskosten interessant. Am Beispiel eines Kraftfahrzeuges (z. B. Pkw) wird deutlich, dass ein wichtiger Anteil der Gesamtkosten oft aus der Instandhaltung und Entsorgung erwächst. Das wird vom Nutzer und auch dem Konstrukteur leider oft nicht sorgfältig genug beacht (über

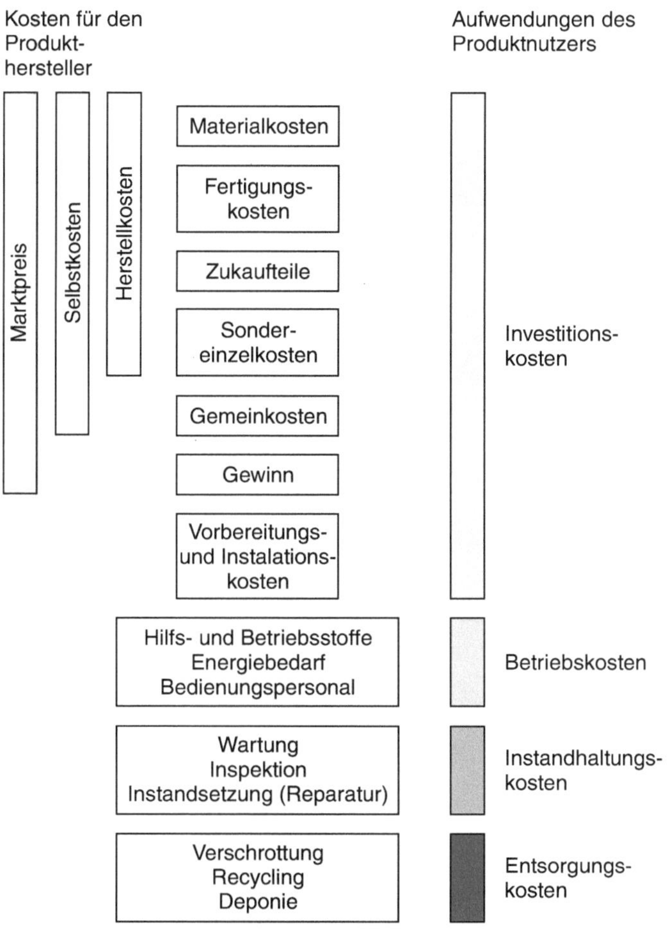

Abb. 6.28 Zusammensetzung der Produkt-Gesamtkosten. (Nach VDI-Richtl. 2235)

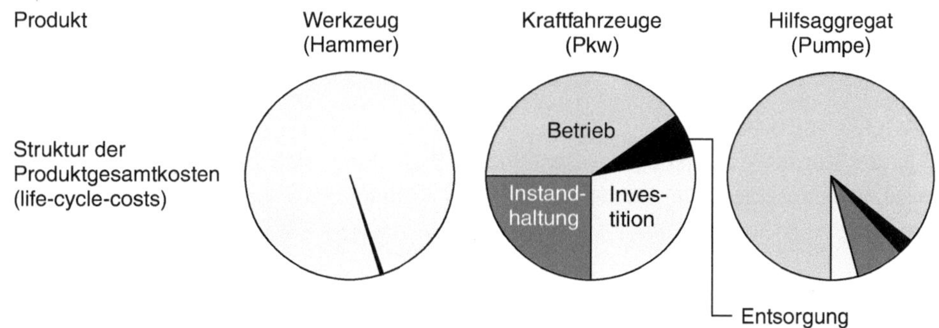

Abb. 6.29 Verschiedene Kostenstrukturen der Produkt-Gesamtkosten. (Nach VDI-Richtl. 2235)

Betriebs- und Entsorgungskosten spricht man nicht gerne, wenn man sich ein neues Fahrzeug anschafft).

Herstellkosten
Zum besseren Verständnis des Kalkulationsschemas, das nach VDMA im Maschinenbau üblich ist, sollen einige Begriffe kurz erläutert werden. Für detailiertere Informationen sei auf die Fachliteratur (*Warnecke*) und die VDI-Richtlinien 2234 und 2235 verwiesen.

- Kosten sind die finanziellen Aufwendungen für Kapital, Energie, Material und Arbeitszeit, die erforderlich sind, um ein Produkt bereitzustellen.
- Fixe Kosten sind unabhängig davon ob ein Betrieb produziert oder nicht. Es handelt sich um Aufwendungen für Kapitaldienst (Zinsen), Abgaben (Steuern), Verwaltung, Personal usw.
- Variable Kosten ändern sich in Abhängigkeit von der Produktion. Wenn viel produziert wird, steigen z. B. der Materialverbrauch und die aufgewendeten Arbeitsstunden.
- Einzelkosten werden einem Kostenträger (z. B. einem Erzeugnis) oder einer Kostenstelle (z. B. Fertigung) direkt zugeordnet.
- Gemeinkosten sind nicht direkt einem Kostenträger zuzuordnen, z. B. Heizung der Betriebsgebäude, allgemeine Instandhaltung, Verwaltung, sie werden meist nach so genannten Schlüsseln auf die Kostenträger oder -stellen verteilt.
- Kostenträger können Erzeugnisse oder Dienstleistungen sein, deren Herstellung oder Erbringung die Zuweisung der durch sie entstehenden Einzelkosten zulässt.
- Kostenarten nennt man die einzelnen Elemente, aus denen sich die Kostenstruktur eines Produktes oder einer Dienstleistung zusammensetzt.

Wie der Verkaufspreis eines Produktes nach der heute üblichen differenzierten Zuschlagskalkulation ermittelt wird, zeigt Abb. 6.30.

Die angegebenen Prozentanteile sind natürlich nur als grobe Orientierungszahlen anzusehen. Bemerkenswert ist allerdings, dass die bei der Konstruktionstätigkeit anfallenden Kosten (EKK) in der Regel einen relativ geringen Anteil an den Selbstkosten haben. Der kalkulierte Verkaufspreis entspricht bei dieser Betrachtung der Produktgesamtkosten dem Einkaufspreis für den Nutzer.

Kostenverantwortung
Für den Konstrukteur ist es von besonderer Bedeutung, sich mit den variablen Kosten auseinanderzusetzen. Nur dieser Anteil kann normalerweise bei der Entwicklung eines Produktes von ihm beeinflusst werden. Es handelt sich im Einzelnen um:

- Materialkosten
- Personalkosten (fremd und eigen)
- Fertigungs- und Montagezeiten (fremd und eigen)

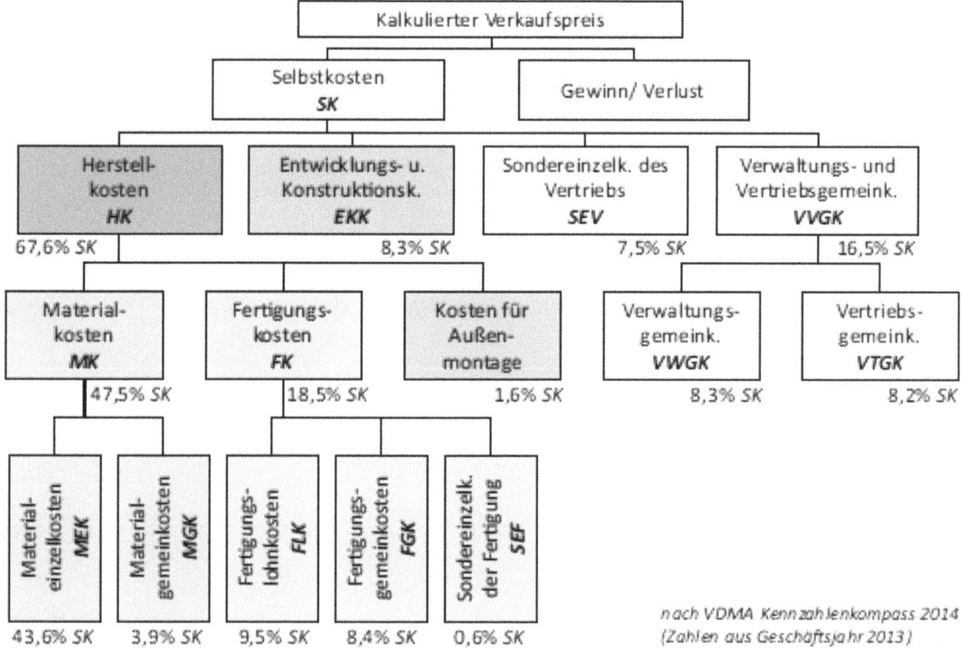

Abb. 6.30 Kalkulationsschema des Maschinenbaus (differenzierte Zuschlagskalkulation ohne Entsorgungskosten nach VDMA)

- Beschaffung von Zulieferteilen
- Losgrößen
- Fertigungsarten.

Wie hoch die Verantwortung des Konstrukteurs für die Kosten eines Produktes ist, verdeutlicht Abb. 6.31.

Obwohl die eigentlichen Konstruktionskosten nur einen geringen Anteil an den Selbstkosten ausmachen, ist der Konstrukteur im Durchschnitt für ca. 70 % dieser Kosten verantwortlich. Es ist zwar oft schwierig, in den noch nicht abgeschlossenen Konstruktionsphasen die Kosten genau im Voraus zu berechnen, der Konstrukteur sollte aber doch in der Lage sein, durch Abschätzung ihre Höhe möglichst früh zu erkennen.

Kosteneigenschaften

War das geringe Interesse der Konstrukteure an den Kosten und der Ursache ihrer Entstehung früher oft in der Ausbildung begründet, so ist heute meistens eher das „Schubladendenken“ (s. Abb. 1.5) dafür verantwortlich oder auch unübersichtliche Abläufe im Betriebsgeschehen. Die folgende Auflistung zeigt, welche Gründe und Eigenschaften von Kosten für die Entstehung von Problemen verantwortlich sein können:

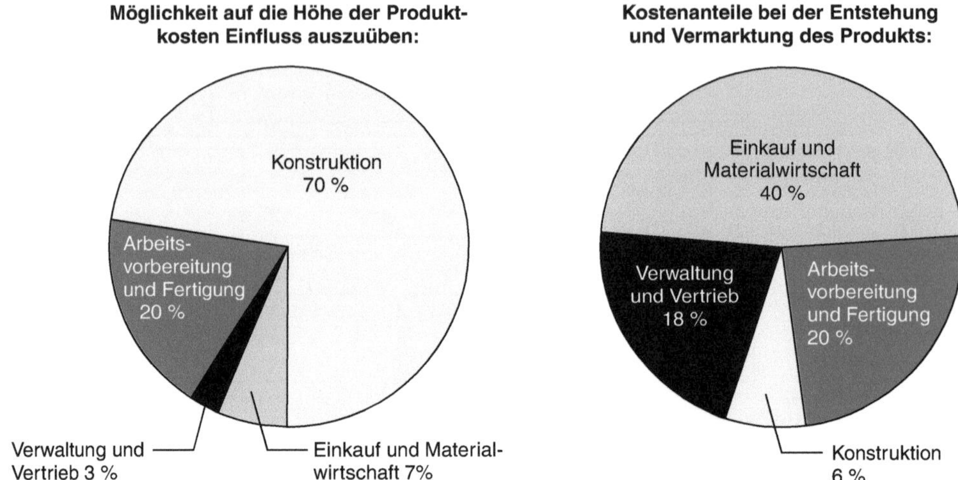

Abb. 6.31 Festlegung und Entstehung der Kosten in den verschiedenen Unternehmensbereichen. (Nach VDI-Richtl. 2235)

- Trennung von technischer und kaufmännischer Verantwortung für die Entwicklung eines Produktes. Jede „technische" Entscheidung hat auch Auswirkungen auf die Kosten.
- Die tatsächlichen Kosten und die Verfahren zu ihrer Ermittlung werden von den „zuständigen Stellen" als Verschlusssache behandelt (Herrschaftswissen).
- Kostendaten sind vertraulich zu behandeln (nach außen).
- Die Bedeutung der Kostenanteile sind betriebsabhängig und nicht den gleichen Gesetzen unterworfen wie technische Sachverhalte. Unternehmerische Entscheidungen spielen eine große Rolle.
- Die Ermittlung der Kosten ist je nach Betrieb verschieden, Kostenanteile können deshalb überbetrieblich schlecht verglichen werden. Das kann folgende Ursachen haben:
  - Fertigungskosten haben „Reserven".
  - Man orientiert sich am Althergebrachten.
  - Vorkalkulation ist von der Person des Kalkulators abhängig.
- Kennzahlen für die globale Darstellung von Kosten werden aus kaufmännischer Sicht verändert (Steuergesetze), damit sind ältere Daten für den Konstrukteur oft wertlos.
- Kalkulation und Kostenbeeinflussung werden oft nicht als eine Gemeinschaftsaufgabe der beteiligten Stellen angesehen.
- Neuere Methoden zur Ermittlung und Strukturierung von Kosten sind oft im Unternehmen noch unbekannt oder werden als zu aufwendig angesehen. Es lohnt sich aber in jedem Fall, vor der Gestaltung durch die Konstruktion die möglichen Kosten eines Produktes zu kennen.

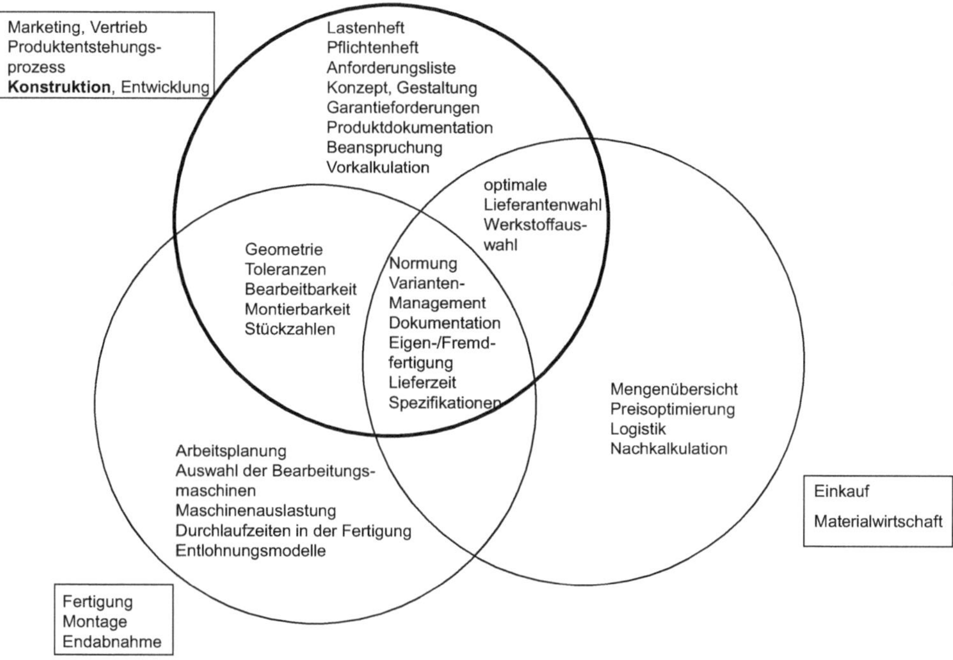

Abb. 6.32 Beispiele für Einflussgrößen auf die Herstellkosten und deren Festlegung im Unternehmen. (Nach VDI-Richtl. 2235)

Einflussgrößen auf die Herstellkosten

In welchem Umfang und durch welche Bereiche außerhalb und innerhalb der Konstruktion die Kosten eines Produktes beeinflusst werden, zeigt Abb. 6.32.

Die Überschneidungen der Kreise sollen dabei die Bereiche markieren, in denen eine gemeinsame Aktivität der verschiedenen Betriebseinheiten unerlässlich ist (s. hierzu auch Abb. 1.4). Aus der großen Zahl der Einflussgrößen sind die folgenden für den Konstrukteur am wichtigsten:

- Anforderungen
- Funktionsprinzip (Wirkmechanismus)
- Baugröße
- Stückzahl
- Möglichkeiten in Fertigung und Montage.

Leider kommt es bei der Vielzahl von Abhängigkeiten oft auch zu Zielkonflikten, die nicht immer allein durch die Berechnung konkreter Kostenunterschiede gelöst werden können.

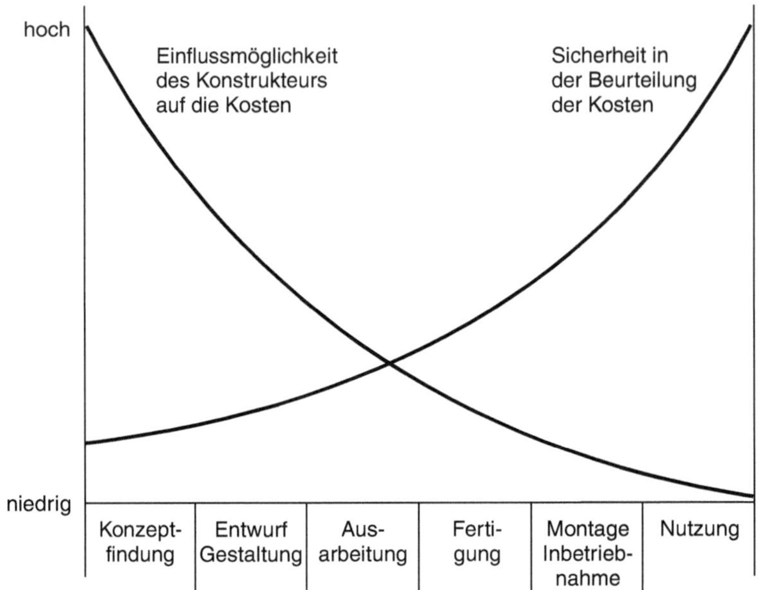

Abb. 6.33 Kostenbeeinflussung und Kostenbeurteilung im Konstruktionsprozess. (Nach VDI-Richtl. 2235)

Die Festlegung der Anforderungen ist natürlich die erste entscheidende Weichenstellung für die Kosten des Produktes. Es hat sich deshalb bewährt, bereits bei der ersten konkreten Besprechung zur Erörterung der Produkteigenschaften beim Kunden, die Konstruktion zu beteiligen. Kostenkontrollierend wirken sich dabei die folgenden Aspekte aus:

- Teuere Sonderwünsche oder überzogene Anforderungen sollten sofort erkannt werden.
- Vorzeitige Festlegung auf bestimmte Lieferanten von Zukaufteilen ist zu vermeiden.
- Einsatz von Standardteilen ist anzustreben.
- Kundenorientierung der Konstrukteure wird verbessert.
- Kostenziel (erzielbarer Verkaufspreis) kann zum frühesten möglichen Zeitpunkt erkannt werden (target costing).

Mit der Entscheidung für ein konkretes Funktions- oder Lösungsprinzip zur Bewältigung einer Aufgabenstellung legt der Konstrukteur die Kosten in erheblichem Umfang fest. Dabei ist die Beachtung der folgenden Aspekte hilfreich:

- Reduzierung der Teilezahl
- Einsatz neuer Werkstoffe oder Fertigungsverfahren
- Funktionenstruktur

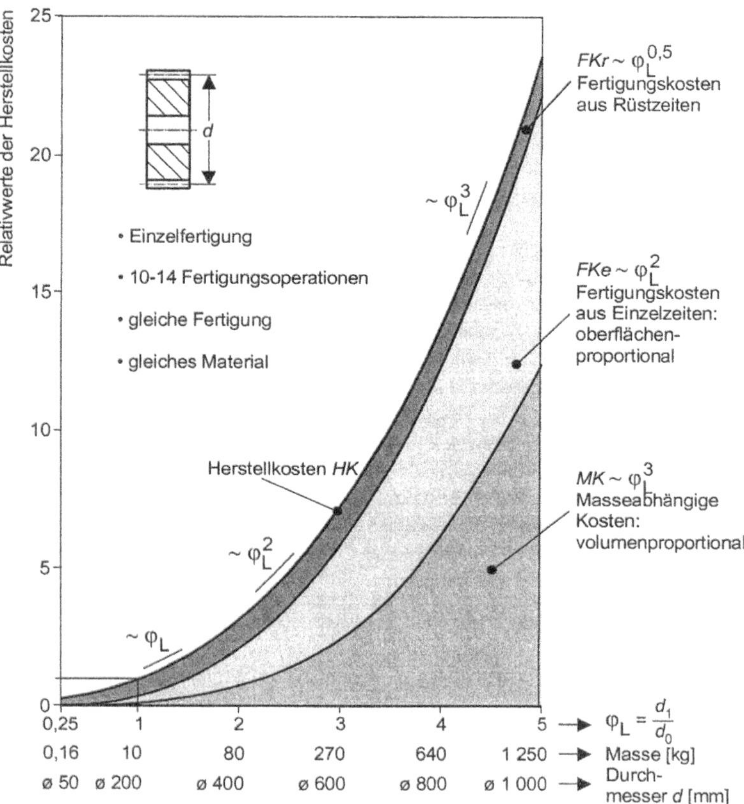

Abb. 6.34 Anstieg der Herstellkosten und ihrer Anteile über der Baugröße eines Zahnrads [EKL05]. *d* ist ein charakteristisches Längenmaß des Bauteils, hier der Teilkreisdurchmesser, phi steht für das Größenverhältnis zwischen dem Ausgangsdurchmesser *d*0 und dem aktuellen Durchmesser *d*1 (s. a. Stufensprung bei Baureihen, Abschn. 8.1)

Wie wichtig die Beachtung der Kosten bereits bei der Festlegung des Lösungsprinzips in der Konzeptionsphase ist, zeigt Abb. 6.33.

Die genaue Ermittlung der Kosten ist zu einem so frühen Zeitpunkt sehr schwierig, aber Erfahrung und intensiver Austausch mit der Arbeitsvorbereitung (Fertigungsplanung) und der Beschaffung (Einkauf) helfen dabei, Änderungskosten zu vermeiden.

Die Größe eines Bauteils beeinflusst außerdem seine Herstellkosten entscheidend, wie Abb. 6.34 zeigt.

Dabei ist es aber wichtig, die Anteile der verschiedenen Kostenbestandteile (Kostenstruktur) zu betrachten:

- Kleinteile haben verhältnismäßig hohe Fertigungskosten, besonderes Augenmerk ist auf Rüstzeiten zu legen, Materialkosten sind weniger wichtig.

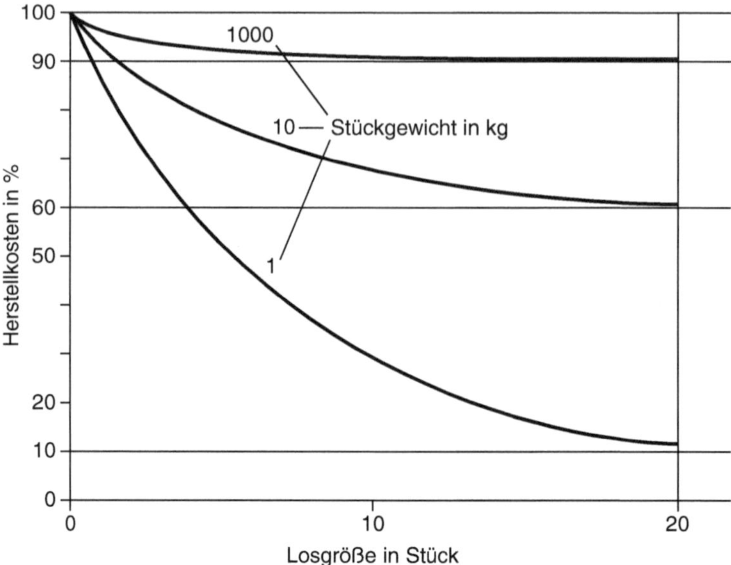

Abb. 6.35 Verringerung der Herstellkosten bei unterschiedlichem Stückgewicht durch die Losgröße. (Nach VDI-Richtl. 2235)

- Großteile haben hohe Materialkostenanteile, weil das Volumen mit der dritten Potenz ihrer Abmessungen wächst, außerdem steigen die Kosten z. B. für Oberflächenbehandlungen wegen der zweiten Potenz im Vergrößerungsfaktor ebenfalls relativ stark an.

Bei der Betrachtung der so genannten Stückkosten ist die Fertigungsart (Einzel- oder Serienfertigung) entscheidend. Die Kosten werden im Wesentlichen durch die folgenden Einflüsse gesenkt:

- einmal anfallende Sonderkosten auf eine große Stückzahl verteilen,
- wachsende Routine bei der Herstellung steigert die Fertigungsgeschwindigkeit (Verdoppelung der Stückzahl bringt 15–30 % Kostenreduktion),
- es lohnt sich, bei großer Stückzahl, das Herstellungsverfahren zu optimieren,
- bei hoher Stückzahl ist die Optimierung der Konstruktion in Bezug auf die Bauteilbemessung unabdingbar,
- die Beschaffung von Komponenten kann mit günstigeren Konditionen erfolgen wenn die Stückzahl steigt (Mengenrabatt),
- bei optimierter Fertigung sinkt der relative Anteil an Ausschuss.

Abb. 6.35 zeigt die Beeinflussung der relativen Stückkosten am Beispiel des Zahnrads aus Abb. 6.34 in verschieden großen (schweren) Ausführungen. Wegen des hohen Materialanteils (MK) ist der Einfluss (Einspareffekt) auf die Herstellkosten (HK) bei schweren Teilen in Serienfertigung nur klein. Bei Kleinteilen entsteht ein hoher Einspareffekt wegen des relativ hohen Rüstkostenanteils, der sich durch die Verwendung von Vorrichtungen und/ oder Automatisierung in der Fertigung deutlich senken lässt.

6.2.2 Kostenziele und -beeinflussung

Kostenziel

Anfang des 20. Jahrhunderts wurde von *Taylor* die Arbeitsteilung in planende und ausführende Tätigkeiten vorgeschlagen. Das Ziel war (und ist), eine Steigerung der Effizienz der Einzelbereiche des Betriebes durch Spezialisierung zu erreichen. Die Konsequenz ist aber, dass jeder Spezialist eine einseitige Betrachtungsweise aus seinem Blickwinkel entwickelt, in seinem Bereich teiloptimiert und so das Gesamtprodukt kein Gesamtoptimum werden kann. Im schlimmsten Fall behindern sich die einzelnen Bereiche gegenseitig, es entstehen Zielkonflikte und Reibungsverluste durch „Schubladendenken".

Es hat sich gezeigt, dass es ratsam ist, die Festlegung der Eigenschaften eines Produktes von der Konstruktionsabteilung organisieren und überwachen zu lassen. Die dafür erforderlichen Methoden wurden in den vorstehenden Kapiteln ausführlich beschrieben. Zu den Produkteigenschaften gehören aber auch die Herstellkosten. Die Festlegung eines Kostenzieles zu Beginn der Konstruktionstätigkeit ist deshalb genauso wichtig wie die der anderen Produkteigenschaften, und es gehört auf jeden Fall in die Anforderungsliste, die nach der Formulierung der Aufgabenstellung aufgestellt wird.

Das **Dilemma des Konstrukteurs** ist, dass in der Phase des Entwurfs eines Produktes dessen Eigenschaften und damit auch die Kosten am stärksten beeinflusst werden, aber die wenigsten Informationen darüber vorliegen, wie die tatsächlichen Gebrauchseigenschaften und Herstellkosten wirklich ausfallen werden (Abb. 6.36). Diese können nämlich erst konkret ermittelt werden, wenn das Produkt hergestellt wurde bzw. praktisch genutzt wird.

Das Ziel, die optimale Gesamtlösung, kann nur erreicht werden, wenn bereits beim Konstruieren die Kosten geplant (Kostenanalyse) und während der verschiedenen Phasen der Entwicklung dauernd überwacht werden (Kostenerkennung). Die Hilfsmittel zu dieser Vorgehensweise sind:

- enger Kontakt des Konstrukteurs zur Fertigungsplanung, Fertigung und Montage,
- Einholen von Informationen bei Lieferanten (Kaufteile, Halbzeuge, Rohmaterial),
- Kosteninformationen aus Werksnormen,
- Kostenanalyse von bereits gefertigten Erzeugnissen (Vergleiche von Vor- und Nachkalkulationen),
- gelegentlich ein Besuch des Konstrukteurs beim Kunden und ein Gespräch mit dem Benutzer des Produkts.

Als Ergänzung und Vertiefung zu diesen Hinweisen soll die Tab. 6.5 dienen, die aus der VDI-Richtlinie 2235 stammt und Maßnahmen aus verschiedenen Bereichen beschreibt, die dabei helfen sollen, ein bestimmtes Kostenziel zu erreichen.

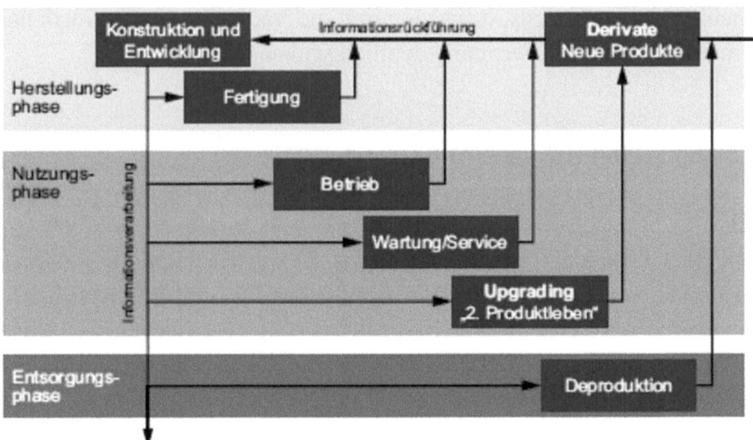

Abb. 6.36 Ohne Informations-Rückfluss über die Produkteigenschaften kann die Konstruktion nicht arbeiten [PaBe13]

Tab. 6.5 Voraussetzungen für kostengünstiges Konstruieren. (VDI-Richtl. 2235)

a) **Betriebswirtschaftliche und fertigungstechnische Informationen**	**bereitzustellen und zu verantworten von**
– Preise von Werkstoffen, Kaufteilen, Normteilen je Einheit	Einkauf, Geschäftsleitung
– auf Lager befindliche Norm- und Wiederholteile	Normung
– Übersicht über die möglichen Herstellverfahren mit zugehörigen Stundensätzen (Maschinenstundensätze, Platzkostensätze)	AV, Fertigungsleitung, Controlling
– Zeitrichtwerte für sich wiederholende Arbeitsgänge der Fertigung	AV, Fertigungsleitung
– Stundensätze für Montagearbeiten	AV, Fertigungsleitung
– Kalkulationsunterlagen gefertigter oder vorkalkulierter Produkte	Kalkulation, Verkauf, Geschäftsleitung, AV
b) **Organisatorische Maßnahmen**	
– Alle Maßnahmen müssen von den zuständigen Verantwortungsbereichen – auch von der Geschäftsleitung – bejaht und unterstützt werden.	Geschäftsleitung, kaufm. Abteilungen, Fertigung, Konstruktion
– Es muss eine Investitionsbereitschaft bezüglich Personal, Zeit, finanzieller Mittel vorhanden sein.	Geschäftsleitung, Konstruktion, Fertigung
– Klare Personalkompetenzen für Erarbeitung und Pflege der Informationsmittel und für die Kostenberatung	Geschäftsleitung, Konstruktion, Fertigung
– Klarer Bearbeitungsablauf von Konstruktionsaufgaben, z. B. nach Richtlinie VDI 2221	Konstruktion
– Vollständige Aufgabenstellung mit Angabe des Kostenziels durch den Auftraggeber	Geschäftsleitung, Verkauf, Konstruktionsleitung
– Ausführliche Information der Mitarbeiter in Entwicklung und Konstruktion. Die Maßnahmen müssen von diesen gewollt und weiterentwickelt werden. Sie haben damit zu arbeiten!	Konstruktion

Analog zum Vorgehensplan und den verschiedenen Arbeitsschritten des Konstruierens nach der VDI-Richtlinie 2221 kann man auch ein systematisches Vorgehen im Hinblick auf die Kosten eines Produktes darstellen (Abb. 6.37).

Die Zuordnung von Methoden und Hilfsmitteln zu den Arbeitschritten ist hier aber nur beispielhaft möglich. So kann natürlich die Ermittlung von Relativkosten in allen Arbeitsschritten sinnvoll sein. Unter **Methoden** sind Verfahren zu verstehen, die Informationen geordnet verarbeiten. **Hilfsmittel** sind Datensammlungen, die im Rahmen von Methoden eingesetzt werden können (Kostenlisten, Kostenstrukturen).

Eine wichtige Frage, die auch die Kosten eines Produktes betrifft, muss am Anfang jeder Konstruktionstätigkeit gestellt werden: „Soll ein Produkt überhaupt selbst (im eigen Betrieb) gefertigt werden oder nicht?“ Diese Frage kann nur in Zusammenarbeit mit anderen Bereichen des Betriebes (Einkauf, Rechnungswesen, Fertigungsplanung) beantwortet werden. Die folgende Übersicht über die in diesem Zusammenhang zu prüfenden Aspekte ist aus der VDI-Richtlinie 2235 abgeleitet:

1. Frage: Existiert der gesuchte Gegenstand bereits?
   - Im eigenen Betrieb vorhanden? (Standardteil, Lagerteil)
   - Als Kauf- und/oder Normteil beschaffbar?
2. Frage: Muss der gesuchte Gegenstand neu konstruiert werden?
   - Selbst konstruieren?
   - Komplett fremd konstruieren lassen? (Dienstleistungsunternehmen)
   - In Kooperation mit einem Partner konstruieren?
   - Vorhandene Konstruktion übernehmen? (Lizenz erwerben)
3. Frage: Wo soll der Gegenstand gefertigt werden?
   - In eigener Produktionsstätte fertigen?
   - Fremd fertigen lassen? (komplett oder teilweise)

Die wichtigste Frage, ob ein Produkt überhaupt konstruiert werden muss oder schon existiert, kann natürlich nur beantwortet werden, wenn entsprechend aussagefähige Informationsquellen zur Verfügung stehen. Hier ist insbesondere auf Teilestammsätze, Sachmerkmal-, Normteil- und Wiederholteilkataloge zu verweisen, deren Qualität meist von der internen Normenbearbeitung des Betriebes abhängt.

Die übliche Vorgehensweise bei der Definition eines Kostenzieles ist der Vergleich mit der Konkurrenz. Dabei werden natürlich zunächst Marktpreise betrachtet, denn die wirklichen Herstellkosten eines Produktes bei einer anderen Firma sind ja in der Regel nicht bekannt. Aus dem Preisziel ist dann ein Kostenziel für die eigene Entwicklung zu definieren (Sollherstellkosten, target costing).

Schwerpunkte der Kostenbeeinflussung

Die Strukturierung eines Produktes, im Hinblick auf die Kosten, kann unter verschiedenen Aspekten erfolgen. In der Praxis hat es sich bewährt, besonderes Augenmerk bei der

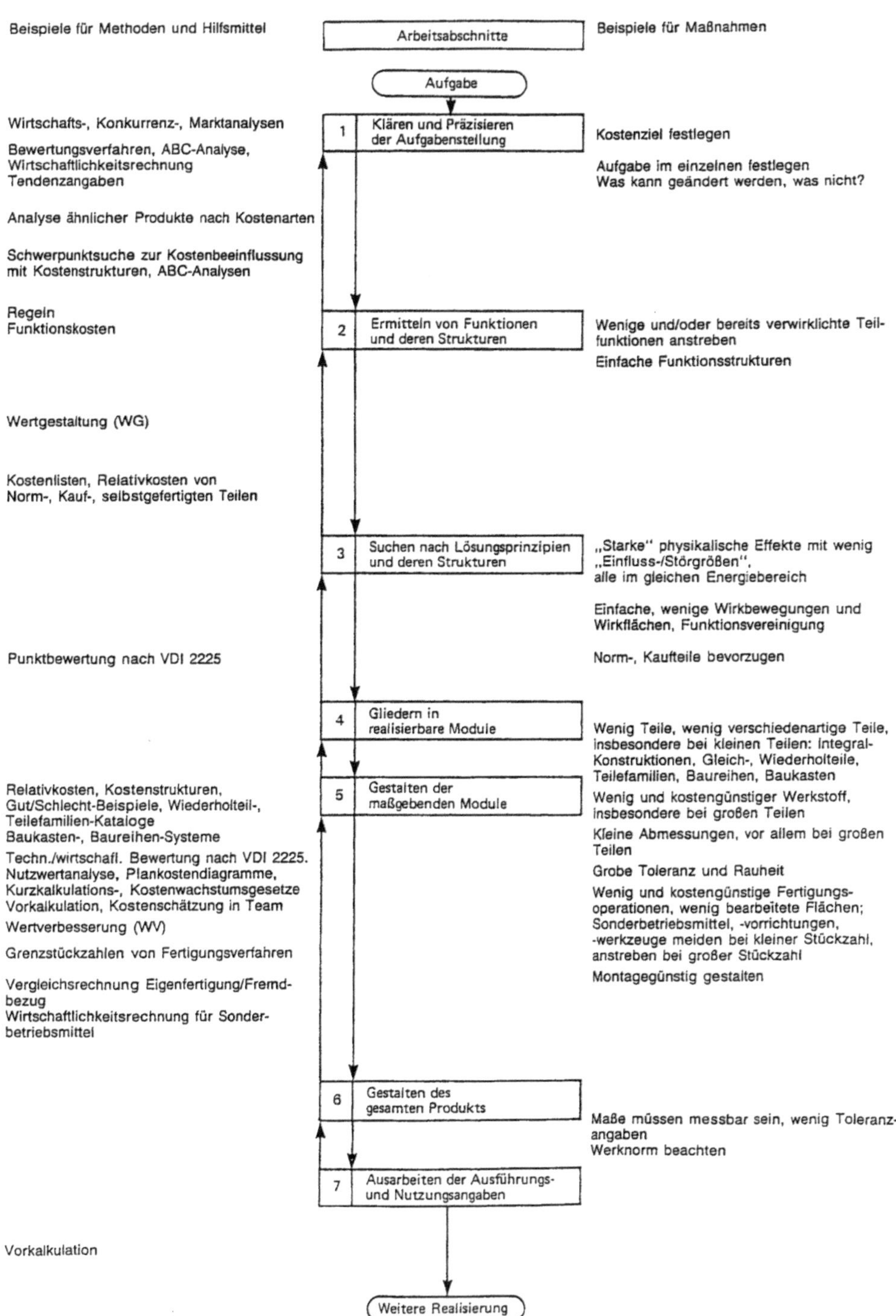

Abb. 6.37 Vorgehensplan nach VDI-Richtl. 2221 mit Zuordnung von Methoden, Hilfsmitteln und Maßnahmen zum Senken der Herstellkosten. (VDI-Richtl. 2235)

Ermittlung des Kostenzieles auf die folgenden Bereiche zu legen:

- Kostenarten (Gliederung der Herstellkosten = Kostenstruktur)
- Kostenschwerpunkte des Produktes (aus der Funktionenstruktur)
- Funktionskosten der Einzelfunktionen (Wertanalyse).

Bei der Planung der Herstellkosten ist es eine große Hilfe, wenn man versucht, innerhalb des Betriebes Produktgruppen zu definieren, die in den folgenden Merkmalen Ähnlichkeiten aufweisen:

- funktioneller Aufbau
- Beanspruchungen
- Material
- Genauigkeit in der Fertigung.

Man kann zwar nicht erwarten, dass die Strukturen der Herstellkosten (HK) verschiedener Produkte eines Betriebes gleich sind, aber die prozentuale Zusammensetzung aus den verschiedenen Kostenarten:

- Materialkosten (MK)
- Fertigungslohnkosten (FLK)
- Fertigungskosten (FK)
- Gemeinkosten (GK)
- Zulieferteile

sind innerhalb eines Betriebes einer bestimmten Branche oft sehr ähnlich, wenn man ähnliche Produkte betrachtet. Ein neu zu entwickelndes Produkt, das einer bereits bestehenden Erzeugnisgruppe zuzuordnen ist, hat dann meistens auch fast die gleiche **Kostenstruktur**. Zur Vorkalkulation (Festlegung eines Kostenzieles) ist es also nur noch erforderlich, die Spanne zwischen Herstellkosten und Verkaufspreis innerhalb des eigenen Betriebes zu kennen. Damit ist es möglich, vom geplanten Marktpreis eines Produktes auf die Herstellkosten zu schließen und aus der Kostenstruktur die einzelnen Anteile abzuleiten.

In der Regel hat ein einzelnes Unternehmen nur eine eng begrenzte Anzahl von Erzeugnisgruppen. Es lohnt sich, durch eine sorgfältige Nachkalkulation die Herstellkostenstruktur möglichst genau zu ermitteln und übersichtlich darzustellen. Die Kostenschätzung neuer Produkte wird dadurch so stark vereinfacht, dass oft die Herstellkosten näherungsweise allein aus den Materialkosten ermittelt werden können.

Eine insbesondere für die Änderungskonstruktion oder Wertanalyse zu empfehlende Betrachtung ist die Ermittlung von Kostenschwerpunkten an einem bestehenden Produkt. Die beste Methode hierfür ist die in Abschn. 4.1.2 beschriebene ABC-Analyse. Aus ihr kann der Konstrukteur die folgenden Erkenntnisse ableiten:

- A-Teile müssen besonders intensiv analysiert werden, ihre Kosten sind genau zu kalkulieren.
- B-Teile können bei der Vorkalkulation oft als einfacher Zuschlagsfaktor berücksichtigt werden, C-Teile in jedem Fall.
- Bei den selbst gefertigten Teilen stehen die Material- und Fertigungskosten im Vordergrund.

6.2.3 Kostenermittlung

Zur exakten Ermittlung der Kosten für ein Erzeugnis müssten alle Kostenanteile einzeln und möglichst genau ermittelt werden (s. Zuschlagskalkulation in Abb. 6.30). Der dafür erforderliche hohe Aufwand kann aber in der Regel nicht für jedes Produkt betrieben werden. Man vereinfacht das Verfahren durch die Annahme, dass die Kostenanteile bei einer Produktgruppe ungefähr proportional zueinander sind. Dadurch kann man eine vereinfachte Zuschlagskalkulation durchführen (s. a. VDI-Richtl. 2225, Bl. 1).

Da für die **Vorkalkulation** eines Produktes in der Konstruktion die Zuschlagskalkulation entweder zu ungenau und/oder zu aufwendig ist, hat man noch einfachere Kalkulationsverfahren entwickelt. Dabei geht man davon aus, dass die Kostenanteile in der Kostenstruktur über längere Zeiträume annähernd gleich bleiben, insbesondere die Relativwerte der Kosten verschiedener Materialien (Werkstoffe) zueinander weniger schwanken als ihre Absolut- oder Durchschnittswerte.

Relativkosten

Bewertungszahlen zum Vergleich der Kosten von Lösungsvarianten werden Relativkosten genannt. Man wählt eine Lösungsvariante, meist die kostengünstigste oder am häufigsten verwendete, und gibt die Verhältnisse der Kosten der anderen Varianten als Relativwerte an. Dieses Verfahren hat nicht den Wert einer Kalkulation, kann aber für eine Schätzung zum Auffinden der kostengünstigsten Lösungsvariante häufig eingesetzt werden.

In der VDI-Richtlinie 2225, Bl. 2 befindet sich eine Sammlung von überbetrieblich gültigen **Relativkosten für Werkstoffe**. Die DIN 32990, 32991 und 32992 weisen die Begriffe, die Erarbeitung und die Darstellung von Relativkosten aus. Ein Beispiel für die Relativkosten von Werkstoffen zeigt Tab. 6.6.

Hier ist die Bezugsgröße der Baustahl (früher USt-37, heute S 235 JRG1) in mittlerer Bauteilgröße (relative Werkstoffkosten 1,0). Eine große Anzahl anderer Werkstoffe sind mit ihren relativen Werkstoffkosten in zahlreichen weiteren Tabellen in diesem Teil der Richtlinie angegeben (k_v^*). Trotz der geringen Schwankungen der Relativkosten wird aber empfohlen, diese regelmäßig zu überprüfen und zu aktualisieren. Es ist außerdem notwendig, überbetrieblich angegebene Relativkosten, je nach den Einkaufskonditionen, auf den einzelnen Betrieb anzupassen und zu dokumentieren.

Es gibt auch Beispiele für Relativkosten, die nicht alleine auf den Werkstoffkosten beruhen sondern z. B. auf unterschiedlichen technischen Ausführungen eines bestimm-

Tab. 6.6 Relativkosten von Werkstoffen. (Auszug für Stahl aus VDI-Richtl. 2225 Blatt 2)

1 Technisch-wirtschaftliche Kenngrößen

1.1 Werkstoffgruppe Stahl und Eisen

1	2	3	4	5	6	7	8			9		
Werkstoff					Werkstoff-Daten[1]		Abmessungen in mm			Relative Werkstoffkosten[4]		
Alte Bezeichnung nach DIN		Neue Bezeichnung nach DIN-EN		Güte-Norm bzw. SE-Werkstoffbl.	R_p	R_m				k_v^*		
Kurzname	Werkst.-Nr.	Kurzname	Werkst.-Nr.		N/mm²	N/mm²	klein	mittel	groß	klein	mittel	groß
						mind.						
Rundstahl, warm gewalzt[7], Maßnorm DIN 1013												
Vierkantstahl, warm gewalzt, Maßnorm DIN 1014												
Allgem. Baustahl												
USt37-2[3]	1.0112	S235JRG1	1.0036	EN 10025	360- 440	215- 235		d =	[2]	1,2	1,0	1,05
USt42-2	1.0132			DIN 17100	410- 490	235- 255	6	35 bis	160 bis	1,25	1,05	1,1
St50-2	1.0532	E295	1.0050		490- 590	275- 295		100	200	1,3	1,1	1,15
Vergütungsstahl												
C35N	1.0501	C35	1.0501	EN 10083	490- 640	275		a =		1,4	1,2	1,25
Ck35N	1.1181	C35E	1.1181	DIN 17200	490- 640	275	6	35 bis	150	2,8	1,5	1,6
Ck35V	1.1181	C35E	1.1181	W550	490- 770	295- 420		100		2,9	1,6	1,7
20MnSV[5]	1.5053	20MnS	1.5053		490- 590	295				3,0	1,7	1,9
30MnSG	1.5066				590- 690	350				2,9	1,6	1,7
30MnSV	1.5066				590- 940	390- 540				3,0	1,7	1,8
34CrNiMo 6 V	1.6582	G34CrNiMo6	1.6582		780-1380	590- 980				3,7	2,4	2,5
30CrNiMo 8 V	1.6580	30CrNiMo8	1.6580		880-1430	685-1030				4,0	2,7	2,8
Nitrierstahl												
34CrAlNi7V	1.8550	34CrAlNi7	1.8550	DIN 17211	780- 980	590				3,9	2,6	2,7
41CrAlMo7V	1.8509				830-1130	635- 735						
Einsatzstahl[6]								d = a				
							6	30	-			
C15	1.0401			DIN 17210	590- 890	355- 440				1,3	1,1	-
Ck15	1.1141	C15E	1.1141		590- 890	355- 440				2,7	1,4	-
16MnCr5G	1.7131	16MnCr5	1.7131		640-1190	440- 635		d = a		3,0	1,7	1,8
15CrNi6G	1.5919	15CrNi6	1.5919		780-1280	540- 685		63		3,4	2,1	2,2
18CrNi8G	1.5920				1080-1480	685- 835	6			3,6	2,3	2,4
Warmfester Stahl[7]									d =			
									160 bis			
24CrMo5V	1.7258	24CrMo5	1.7258	DIN 17240	590- 740	440		d = a	200	3,3	2,0	2,1
21CrMoV511V	1.8070			W 550	690- 840	540	6	35 bis	a = 150	4,1	2,9	3,0
								100				

ten Lösungsvorschlags. Manche Firmen stellen ihren Konstrukteuren diese Zahlenwerte in Diagramme oder Tabellen zur Verfügung. Die entsprechenden Kataloge können die Relativkosten für Einzelteile, Normteile, Bearbeitungsverfahren oder ganze Baugruppen enthalten.

Bei der Ermittlung der (Werkstoff-)Materialkosten (MK) über Relativzahlen ist das Volumen des Werkstücks in der Regel die entscheidende Größe. Die volumenbezogenen relativen Werkstoffkosten k_v^* (Tab. 6.6) dienen deshalb häufiger zur Abschätzung der Materialkosten als die gewichtsbezogenen k_G^*, obwohl letztere im Handel üblich sind. Die folgenden Rechenoperationen dienen zur Ermittlung der Materialkosten eines Bauteils aus einer Baugruppe mit mehreren Teilen:

$$MK_i = V_i \cdot k_{vi}$$

MK_i: Materialkosten oder auch Materialeinzelkosten (MEK) des Teils i aus der Anzahl der Teile 1 bis n

V_i: Volumen des Teils i

k_{vi}: volumenbezogene absolute Materialkosten des Werkstoffs für Teil i (5–10 % Bearbeitungszuschlag für Halbzeuge)

Dieses Verfahren erfordert, dass der Konstrukteur alle aktuellen Werte für k_{vi} von allen Teilen 1 bis n kennt. Dazu sind unter Umständen umfangreiche Recherchen notwendig.

Mit den relativen volumenbezogenen Werkstoffkosten vereinfacht sich das Verfahren dadurch, dass die Definition der Werte für k_{vi} bezogen auf die Kosten für den Bezugswerkstoff k_{vo} mit den Relativkostenzahlen k_{vi}^* erfolgt:

$$k_{vi} = k_{vi}^* \cdot k_{vo}$$

k_{vo}: volumenbezogene Bezugswerkstoffkosten (S 235 JR)

Der Konstrukteur benötigt jetzt nur noch **einen** Zahlenwert, nämlich den für den Bezugswerkstoff. Dann kann er die Werkstoffkosten für alle anderen Teile mit den Relativkostenzahlen ermitteln, die aus der VDI-Richtlinie 2225 Blatt 2 (s. Tab. 6.6) zu entnehmen sind.

Kalkulation mit Ähnlichkeitsbeziehungen

Außer der Vorkalkulation von Produkten über die Relativkosten, haben sich noch weitere so genannte Kurzkalkulationsverfahren über die folgenden Anteile aus der Kostenstruktur bewährt:

- Gewichtskosten,
- leistungsbestimmende Parameter,
- Regressionsrechnung,
- Unterschiedskosten,
- Kostenwachstumsgesetze,

die hier im Einzelnen nicht weiter beschrieben werden. Es sei lediglich erwähnt, dass als Vorteil der Methode der Kostenschätzung mit Hilfe von Wachstumsgesetzen Folgendes gilt:

- Kostenwachstumsgesetze sind am ehesten überbetrieblich anwendbar.
- Kosten für maßlich abweichende Entwürfe können schnell ermittelt werden. Es ist nicht erforderlich, erst zu konstruieren, um kalkulieren zu können.
- Man erkennt bereits beim Entwurf, wie sich die Kostenanteile in der Kostenstruktur verändern.
- Eine Aktualisierung ist nur dann erforderlich, wenn sich technologische Daten (Werkstoffe, Fertigungsverfahren) ändern.

Die Unsicherheit in der Abschätzung der Herstellkosten für die Folgekonstruktion beträgt in der Regel weniger als 10 %. Die Durchführung von Kalkulationen nach Wachstumsgesetzen wird im Lehrbuch von *Pahl/Beitz* ausführlich beschrieben.

Fazit
Die Entwurfsphase ist in der Regel die umfangreichste im Arbeitsablauf beim Konstruieren und sie enthält zahlreiche Aktivitäten, die zum Teil parallel ablaufen, deshalb ist sie auch die anspruchsvollste. Es müssen konkrete technische Lösungen für alle Funktionen des Produkts festgelegt werden und außerdem deren Gestalt im Einzelnen, d. h. die Abmessungen und die Prüfung auf Kollisionsgefahr bei bewegten Teilen. Zusätzlich sind Fragen nach dem jeweils geeigneten Werkstoff und dem Fertigungsverfahren zu klären. Sind mehre Entwürfe für das Produkt oder Teile davon vorhanden, erfordert die Entscheidung für die zu realisierende Ausführung unter Umständen die Durchführung eines Bewertungsverfahrens. In der Entwurfsphase ist der Konstrukteur auch in Bezug auf seine Fähigkeiten zur Selbstorganisation und/oder des Projektmanagements gefordert.

Besonders hervorzuheben ist die Notwendigkeit des kostenbewussten Konstruierens. Die Herstellkosten beeinflussen nämlich entscheidend die Konkurrenzfähigkeit des zu entwickelnden Produkts.

Literatur

[PaBe07] Pahl, G.; Beitz, W.: Konstruktionslehre. 7. Aufl., Springer, Berlin Heidelberg (2007)

[PaBe13] Pahl, G.; Beitz, W.: Konstruktionslehre. 8. Aufl., Springer, Berlin Heidelberg (2013)

[Con13] Conrad, K.-J.: Grundlagen der Konstruktionslehre. 6. Aufl., Hanser Verlag München (2013)

[Ehr13] Ehrlenspiel, K.: Integrierte Produktentwicklung. 5. Aufl., Hanser Verlag München (2013)

[Neu03] Aus: Neudörfer, A.: Konstruieren sicherheitsgerechter Produkte. nach: Gorgs, K.-J.; Kleinbreuer, W.: Sicherheitstechnische Anforderungen und Hinweise zur Unfallverhütung bei Hydraulikschlauchleitungen (1987), Kennziffer 330 2235 In: BGIA-Handbuch Sicherheit und Gesundheitsschutz am Arbeitsplatz. 8. Lfg. X/87. Hrsg.: Berufsgenossenschaftliches Institut für Arbeitsschutz – BGIA, Erich Schmidt Verlag, Berlin, Losebl.-Ausg., 2. Aufl. (2003)

[EKL05] Ehrlenspiel, K.: Kiewert, A.; Lindemann, U.: Kostengünstig entwickeln und konstruieren. 5. Auf., Springer Berlin Heidelberg (2005)

7 Ausarbeiten

Die letzten Arbeitsschritte des Konstruktionsprozesses werden der vierten Phase in der Vorgehensweise nach VDI-2221 zugeordnet, dem Ausarbeiten. Das ist der Teil in der Produktentwicklung, in dem die **Baustruktur** des Produktes durch die Erstellung der

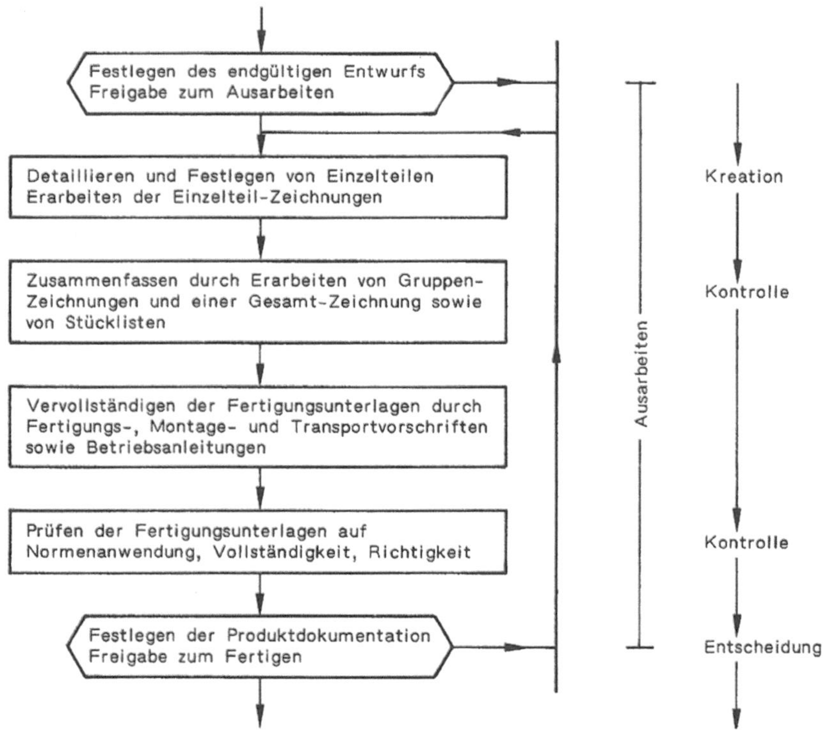

Abb. 7.1 Arbeitsschritte beim Ausarbeiten [PaBe07]

P. Naefe, *Methodisches Konstruieren*, https://doi.org/10.1007/978-3-658-22636-7_7

erforderlichen Unterlagen endgültig festgelegt wird. Alle Einzelheiten, wie Form, Bemessung, Oberflächen, Werkstoffe und letztlich auch die Fertigungs- und Montagestrukturen werden durch entsprechende Unterlagen dokumentiert. Dieser Phase gehören der sechste und siebte Arbeitsschritt der erwähnten VDI-Richtlinie an, sie bestehen aber in der Praxis aus mehreren Einzelschritten, die in Abb. 7.1 dargestellt sind.

7.1 Vorgehensweise und Hilfsmittel

Die Arbeitsschritte, aus denen die letzte Phase im Einzelnen besteht, beinhalten die Ausarbeitung aller Einzelteilzeichnungen mit Stücklisten. Falls es erforderlich ist, werden auch noch Gruppenzeichnungen, die Einzelteile zu Montage- oder Funktionseinheiten zusammenfassen und gegebenenfalls zusätzlich die Gesamt- oder Zusammenstellungszeichnung, die das gesamte Produkt zeigt, ausgeführt, damit man den Gesamtzusammenhang versteht. Außer diesen Dokumenten, die in genauer Abstimmung mit den (DIN-)Normen und/oder Werksnormen auszuführen sind, müssen auch Unterlagen erarbeitet werden, die den Bau und den Betrieb des Produktes unterstützen. Dabei kommt der Betriebsanleitung (mit Gefahrenhinweisen) im Rahmen der Produzentenhaftung eine besondere Bedeutung zu.

Bereits bei der Erstellung der Entwürfe werden, außer dem herkömmlichen Zeichenbrett, immer häufiger CAD-Systeme eingesetzt. Hierbei ist die Ähnlichkeit der Arbeitsweise bei 2D-CAD-Systemen mit der am Zeichenbrett noch relativ groß. Immer häufiger werden aber, wegen fallender Systempreise, auch 3D-Darstellungen genutzt. Die rasante Entwicklung der EDV-Unterstützung in der Konstruktion hat teilweise bereits zu starken Veränderungen der Arbeitsweise geführt, es können z. B., außer der Erstellung von Zeichnungen mit CAD, durch Verknüpfungen zu anderen Bereichen des Betriebes auch Stücklisten, Beschaffungsunterlagen und Fertigungsdatensätze (CNC-Programme) erstellt werden (s. a. [NaLu16]).

Die Ergebnisse der Ausarbeitung werden je nach Fertigungsart (Einzel-, Kleinserien- oder Massenfertigung) vor der Freigabe mit unterschiedlichem Aufwand laufend optimiert. Es kann auch in dieser Phase noch zu Entscheidungen über Fremd- oder Eigenfertigung kommen. Nach Abschluss der Konstruktionstätigkeit erhalten alle beteiligten Stellen des Betriebes die für ihre Aufgabe erforderlichen Unterlagen und es wird ein Terminplan aufgestellt, der die Festlegung des Auslieferungstermins für das Produkt ermöglicht.

7.2 Erzeugnisgliederung

Außer der Kenntnis über das methodische Vorgehen, von der Produktidee bis zur Fertigstellung der letzten Unterlage, ist es nützlich, wenn der Konstrukteur sich über einige systematische Aspekte klar ist, die dazu dienen, eine sinnvolle Struktur des Erzeugnisses und der Fertigungsunterlagen zu schaffen.

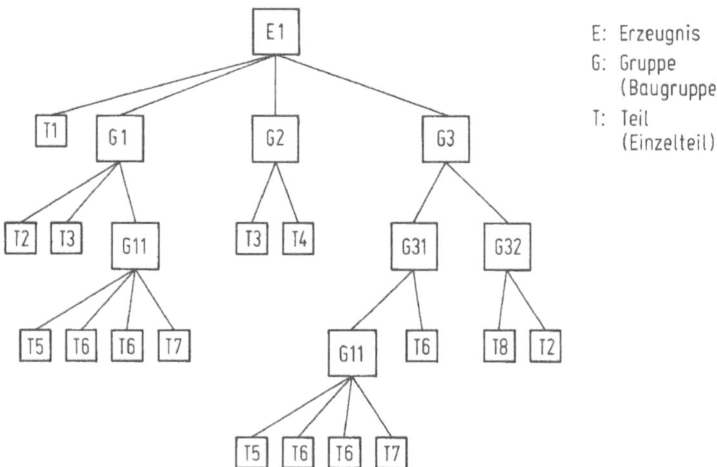

Abb. 7.2 Schema einer Erzeugnisgliederung [PaBe07]

Das gewünschte Produkt, hier Erzeugnis genannt, wird gedanklich so gegliedert, dass seine Fertigungsunterlagen ein Ordnungsschema ergeben, dass auch Erzeugnisstruktur genannt wird. Die zu verwendenden Begriffe sind in der DIN 199 und der VDI-Richtlinie 2215 definiert. Ein Produkt oder Erzeugnis kann dabei sowohl ein Gegenstand als auch eine Software sein.

Mit steigender Ordnungs- oder Strukturstufe wird das Erzeugnis in der Regel in immer mehr Gruppen oder Einzelteile gegliedert (Abb. 7.2).

Je nach Zielsetzung, kann ein Produkt nach den Forderungen der Funktionssystematik, Fertigung, Montage und/oder Beschaffung unterschiedlich strukturiert werden. Es kann auch erforderlich sein, für ein Produkt mehrere Erzeugnisgliederungen zu erstellen, die einerseits die Fertigung und Montage unterstützen und andererseits der Aufbau von Katalogen und/oder Preislisten. Die konkrete Gliederung eines Produktes in Strukturstufen zeigt Abb. 7.3 am Beispiel eines Kugellagers, hier als Montagestruktur, die entsprechend Abschn. 5.3 der Baustruktur gleichgesetzt werden kann.

Eine fertigungs- oder montagegerechte Gliederung des Erzeugnisses entspricht weitgehend dem Erzeugnisstammbaum und dient dazu, durch die Definition und Zuordnung von:

- Baugruppen
- Untergruppen
- Einzelteilen

die Organisation der Fertigung, Vormontage, Lagerhaltung und Endmontage zu erleichtern. Außer den hier angesprochenen Vorteilen, dass ein Produkt durch die Strukturierung seiner Unterlagen überhaupt erst kosten- und termingerecht erstellt werden kann, wird

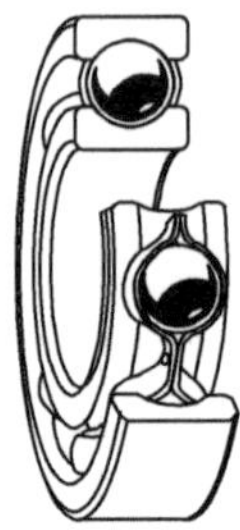

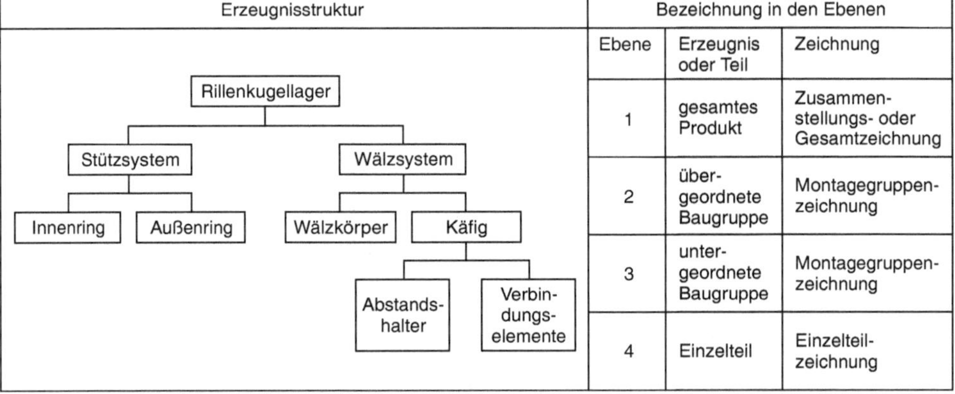

Bezeichnung in den Ebenen		
Ebene	Erzeugnis oder Teil	Zeichnung
1	gesamtes Produkt	Zusammen-stellungs- oder Gesamtzeichnung
2	über-geordnete Baugruppe	Montagegruppen-zeichnung
3	unter-geordnete Baugruppe	Montagegruppen-zeichnung
4	Einzelteil	Einzelteil-zeichnung

Abb. 7.3 Beispiel eines Erzeugnisstammbaums. (Nach [Con13])

auch die Konstruktion von Varianten, Baureihen und Baukästen unterstützt. Es ist aber auch einleuchtend, dass an der Erstellung der Erzeugnisgliederung alle betroffenen Stellen des Betriebes beteiligt sein müssen.

7.3 Zeichnungssysteme und Stücklisten

Auf die Anfertigung von Zeichnungen wird an dieser Stelle nicht weiter eingegangen, es soll nur kurz erläutert werden, nach welchen Aspekten die DIN 199 die Begriffe des Zeichnungs- und Stücklistenwesens gliedert, nämlich nach:

- Art der Darstellung
- Art der Anfertigung
- Zeichnungsinhalt
- Zeichnungsaufbau
- Zeichnungseinsatz (Zweck)
- Zeichnungsorganisation

Mit der Art der Darstellung ist gemeint, ob es sich um Skizzen, maßstäbliche Zeichnungen, vereinfachte Maßbilder oder Diagramme handeln kann.

Die Art der Anfertigung unterscheidet im Wesentlichen zwischen maßstäblich gezeichneten Tuscheoriginalen und/oder geplotteten Zeichnungen, Reproduktionen oder Vordrucken, die auch maßstäblich sein können.

Die wichtigste Unterscheidung der Zeichnungen betrifft ihren Inhalt und Aufbau (VDI-Richtlinie 2211), hier ist der Aspekt der Vollständigkeit der Darstellung des Erzeugnisses maßgeblich (DIN 6789) hinsichtlich:

- geometrischer Informationen
- technologischer Informationen
- organisatorischer Informationen

die in die bereits angesprochenen:

- Gesamtzeichnungen (oberste Strukturstufe)
- Gruppen- und Untergruppenzeichnungen (meist unter Montagegesichtspunkten)
- Einzelteilzeichnungen (meist unter Fertigungsgesichtspunkten)

gegliedert werden. Gegebenenfalls ergänzt durch:

- Rohteilzeichnungen (z. B. Gussrohlinge zur mechanischen Bearbeitung)
- Pläne zur Anordnung von Funktions- oder Montagegruppen
- Modellzeichnungen
- Schemata (Darstellung von Funktionsabläufen).

Es ist anzustreben, die Organisation und Kennzeichnung von Zeichnungen so vorzunehmen, dass sie auftragsunabhängig verwendbar sind. Hinweise zum Aufbau eines Zeichnungssatzes liefert u. a. die DIN 6789. Detaillierte Angaben, wie z. B.:

- Benennung des Teils oder der Baugruppe
- Zeichnungsnummer und/oder Identnummer
- Maßstab
- Datum der ersten Ausführung bzw. erfolgter Änderung

enthält das Schriftfeld. Stücklisten werden heute, bedingt durch CAD-Anwendung, fast immer getrennt von der Zeichnung erstellt und entsprechend dem System der Zeichnungsnummer mit EDV-Hilfe verwaltet.

Als Zeichnungssatz bezeichnet man die Gesamtheit aller Zeichnungen, die ein Erzeugnis beschreiben. Der Zweck einer Zeichnung betrifft ihre Verwendung in:

Tab. 7.1 Stücklistenarten. (Nach [Con13])

Stückliste	
unstrukturiert	**strukturiert**
Mengenübersichtsstückliste z. B. für Materialwirtschaft	Strukturstückliste Baukastenstückliste Variantenstückliste Fertigungs-/Montage-Stückliste Konstruktionsstückliste

- der Entwurfsphase, mit unterschiedlichem Grad der Konkretisierung der Darstellung des Erzeugnisses oder Einzelteils,
- der Fertigung, zur Prüfung oder zur Dokumentation.

In der **Stückliste** sind alle Teile, aus denen ein Bauteil oder eine Baugruppe besteht enthalten. Durch die Positionsnummer erfolgt eine eindeutige Zuordnung in der Zeichnung. Ihr formaler Aufbau ist in DIN 6771 festgelegt. Der Stücklistensatz, der die Gesamtheit aller Teile des Erzeugnisses enthält, entspricht meist in seiner Gliederung dem Zeichnungssatz.

Die Stücklistenart spiegelt die Erzeugnisgliederung, die Fertigungsorganisation und die Organisation der Beschaffung wider. Man unterscheidet die Stücklistenarten (Tab. 7.1):

- Mengenübersichtsstückliste: sie enthält eine Auflistung der Teile mit Sachnummern und der Anzahl, keine Gliederung in Erzeugnisstufen, einfachste Art der Stückliste, Teile erscheinen nur einmal.
- Strukturstückliste: sie entspricht der Erzeugnisstruktur und deren Ebenen nach Gesichtspunkten der Fertigung. Gleiche Teile erscheinen mehrmals, den Gruppen oder Einzelteilen zugeordnet. Der Vorteil ist, dass die Struktur des Erzeugnisses in allen Teilen erkennbar ist, der Änderungsdienst wird aber aufwendiger.
- Variantenstückliste: sie fasst Gleichteile verschiedener Ausführungsformen eines Erzeugnisses zusammen und weist nur noch die unterschiedlichen Teile einzeln aus.
- Konstruktionsstückliste: sie fasst die Teile nach Funktionen zusammen, nicht nach dem Ablauf der Montage.
- Fertigungsstückliste: sie enthält Angaben zu Ablauf von Fertigung und Montage, sie ist auftragsspezifisch.

Bei umfangreicheren Strukturen wird die Stückliste durch den Teileverwendungsnachweis ergänzt. Hier ist erkennbar, in welche Strukturstufe ein Teil eingeht. Das erleichtert den Änderungsdienst erheblich und wird meist durch EDV unterstützt.

Den Zweck der Stückliste kann man wie folgt zusammenfassen:

- Verknüpfung von alphanumerischen mit grafischen Daten,
- systematische Auflistung aller Teile die zu einem Erzeugnis gehören,

Tab. 7.2 Stücklisteninformationen für Unternehmensabteilungen. (Nach [Con13])

Betriebseinheit	Informationen im Hinblick auf:
Konstruktion	Dokumentation des Produktes, Teileverwendung, Kostenermittlung
Normung	Teileverwendungsnachweis
Arbeitsvorbereitung	Entscheidung über Fremd-/Eigenfertigung, Erstellen von Arbeitsplänen
Materialwirtschaft	Bedarfsermittlung, Lieferantenauswahl, Bestandskontrolle
Fertigung und Montage	Zuordnung von Teilen, Kontrolle des Auftragsumfangs, Montagepläne
Qualitätswesen	Wareneingangskontrolle, Qualitätsvergleich
Kalkulation und Rechnungswesen	Vor-/Nachkalkulation von Aufträgen und/oder Lieferungen, Statistik
Kundendienst	Zuordnung und Preise von Ersatzteilen
Vertrieb	Erstellung von Angeboten und Produktpreisen

- Bereitstellung von Informationen über ein Erzeugnis für die verschiedenen Bereiche des Betriebes.

Eine Aufzählung von wichtigen Informationen aus Stücklisten für die Stellen, die an der Entstehung eines Produktes beteiligt sind, ist in Tab. 7.2 zusammengefasst.

Die Verantwortung für Vollständigkeit und Richtigkeit der Stückliste liegt beim Konstrukteur. Die Verknüpfung von Zeichnung und Stückliste erfolgt über ein betriebseinheitliches und sorgfältig zu verwaltendes Nummerungssystem.

7.4 Kennzeichnungssysteme

Damit Unterlagen von Erzeugnissen oder Erzeugnisse ihrer Erscheinungsform nach geordnet, archiviert und bei Bedarf wiedergefunden werden können, wurden zwei wichtige Systeme zur Kennzeichnung entwickelt. Es handelt sich um die Nummerung und die Kennzeichnung von Sachmerkmalen.

7.4.1 Nummerungstechnik

In der Nummerungstechnik unterscheidet man nach DIN 6763 „Nummern“, die ausschließlich aus Ziffern oder Buchstaben bestehen und gemischte Systeme. Die Anforderungen an ein Nummerungssystem lassen sich folgendermaßen zusammenfassen:

- einheitlicher Aufbau für den gesamten Betrieb
- möglichst geringe Anzahl von Stellen
- eindeutige Identifizierung von Teilen oder Unterlagen

- Suche mit EDV-Unterstützung möglich
- je nach Erfordernis erweiterbar
- Fehlervermeidung durch Prüfziffern

Die wichtigsten Aufgaben der Nummern sind:

- Identifizieren, eindeutiges Erkennen von Teilen oder Unterlagen (Identnummern)
- Klassifizieren, das Auffinden von Teilen, die sich einem bestimmten Merkmal zuordnen lassen, aber nicht identisch sind (Ordnungsnummern)

Die Eigenschaften der Nummernarten sind ausführlich in der Tab. 7.3 dargestellt.

Es gibt außerdem noch Informationsnummern (sprechende Nummern), die eine Aussage über ein Teil machen (z. B. seine Zuordnung zu einer Erzeugnisgruppe). Zur Identifizierung von Teilen dienen meist so genannte Sachnummern. Es kann sich dabei um Erzeugnis-, Teile-, Material- oder Zeichnungsnummern handeln. Sie können auch zur Klassifizierung herangezogen werden, wenn sie entsprechend aufgebaut sind; sie werden als Parallelnummer eingesetzt und sind auftragsunabhängig. Die Vergabe der Nummer erfolgt in der Konstruktion und wird durch die Normenabteilung überwacht, ggf. mit EDV-Unterstützung (CAD oder Produktionsplanungssystem).

Die Klassifizierung kann, außer durch eine geeignete Sachnummer, auch durch ein gesondertes, von der Sachnummer unabhängiges Nummernsystem erfolgen. Es dient dem Zweck, Gegenstände und Unterlagen nach bestimmten Gesichtspunkten zu ordnen. Der Kürze halber soll hier der Hinweis genügen, dass als Grundprinzip stets gelten muss:

► **„Zu einer Sache gehört eine Nummer und umgekehrt"**

Der Hauptvorteil der Klassifizierung liegt darin, dass sich der Konstrukteur schnell und vollständig über bereits vorhandene Teile informieren kann. Bei der Änderungs- oder Variantenkonstruktion und beim Einsatz bereits vorhandener Teile in eine Neukonstruktion kann so rationeller gearbeitet werden.

Tab. 7.3 Vergleich von Ident- und Klassifizierungsnummer. (Nach [Con13] und [PaBe07])

Merkmal	Identifizierung (Identnummer)	Klassifizierung (Sachnummer)
DIN 6763	Eindeutiges und unverwechselbares Bezeichnen eines Bauteils.	„Sprechende" Nummer zum Zuordnen von Bauteilen oder Baugruppen nach bestimmten Gesichtspunkten.
Eigenschaft	Zählnummer oder z. B. durch CAD-System vergebene Ziffernfolge	Suchkriterium, kann zusätzlich und unabhängig von der Identnummer zugewiesen werden. Auch Kombination von Buchstaben und Ziffern möglich.
Ziel	Zu jeder Unterlage, die einer Sache zugeordnet ist, gehört eine eindeutige Identnummer und umgekehrt.	Zuordnung eines Teils zur entsprechenden Baugruppe oder einem Produkt. Außerdem Zuordnung zu Sachgebieten oder Betriebsteilen möglich.

Tab. 7.4 Sachmerkmale abgeleitet aus den Produktmerkmalen. (Nach DIN 2330, s. a. Tab. 2.3 Produktmerkmale)

Sachmerkmale	
Beschaffenheitsmerkmal	**Verwendbarkeitsmerkmal**
Wie erscheint das Objekt?	Was kann das Objekt, was benötigt es?
Größe	Leistung
Form	Tragfähigkeit
Farbe	Energiebedarf
	Raumbedarf

7.4.2 Sachmerkmale

Eine Ergänzung der klassifizierenden Nummer ist das Sachmerkmal. Mit ihm werden Gegenstände, unabhängig von ihrer Herkunft oder Verwendung, gekennzeichnet. In der DIN 4000 sind die Regeln für die so genannte Sachmerkmalleiste festgelegt. Dabei werden die folgenden Ziele verfolgt:

- ähnliche Teile zusammenfassen
- einheitliche Darstellung der Information
- Beschreibung bestimmter Merkmale
- vereinfachte Zeichnungen verwenden

Sachmerkmale werden unterschieden in:

- Beschaffenheitsmerkmale
- Verwendbarkeitsmerkmale (s. a. Tab. 7.4).

Unter dem Sachmerkmal wird eine bestimmte Eigenschaft verstanden, die zur Unterscheidung von Gegenständen oder Baugruppen dienen kann. Das Merkmal „Farbe“ hat damit die Merkmalsausprägung „rot, blau, gelb, usw.“, das Merkmal „Form“ entsprechend „rund, eckig, usw.“. Außer dem Sachmerkmal wird auch das Relationsmerkmal verwendet, es kennzeichnet die Beziehung eines Gegenstandes zu seinem Umfeld. Die Änderung der Merkmalsausprägung ergibt dann keinen anderen Gegenstand, sondern z. B. veränderte Herstellkosten oder Bestellmengen.

Die für einen Gegenstand oder eine Baugruppe kennzeichnenden Sachmerkmale werden in einer so genannten Sachmerkmal-Leiste zusammengefasst. Abb. 7.4 zeigt als Beispiel den Ausschnitt (vier Schrauben) einer nach DIN 4000 aufgebauten Sachmerkmal-Leiste von sieben Schraubenarten.

Die Zuordnung der Kennbuchstaben (A, B, C, usw.) zu den Sachmerkmalen (Merkmal-Kennung s. zugehörige Tabelle) wird im Einzelfall festgelegt.

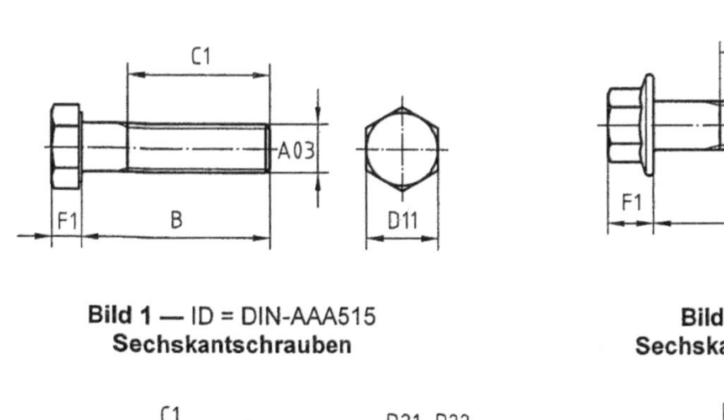

Bild 1 — ID = DIN-AAA515
Sechskantschrauben

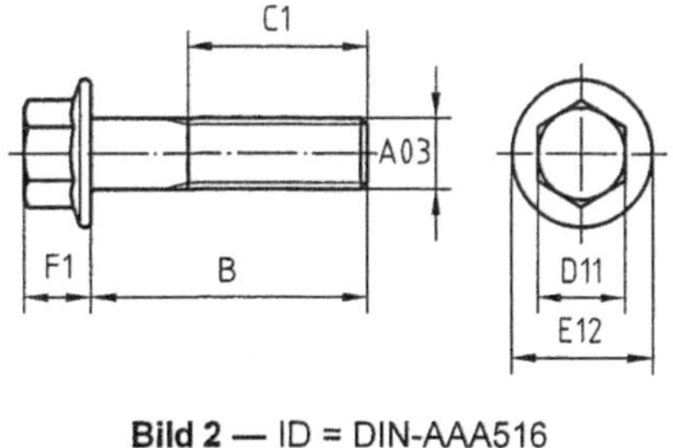

Bild 2 — ID = DIN-AAA516
Sechskantschrauben mit Flansch

Bild 3 — ID = DIN-AAA518
Außensechsrundschrauben

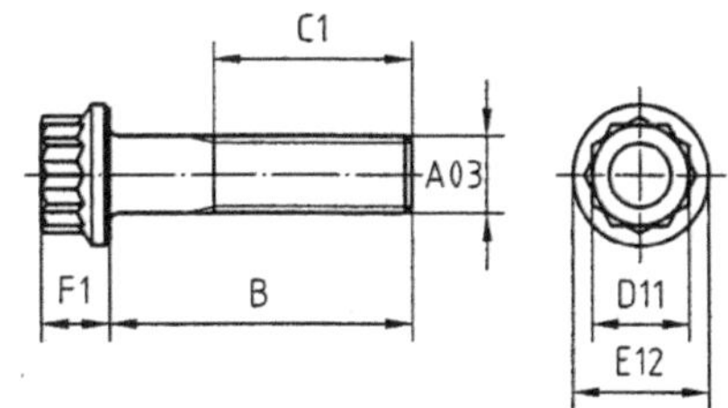

Bild 4 — ID = DIN-AAA517
Zwölfkantschrauben mit Flansch

Abb. 7.4 Sachmerkmal-Leiste Schrauben, flach aufliegend, mit Außenantrieb DIN 4000-160: 2007-02

In der Norm sind zurzeit ca. 100 Teile definiert z. B.:

- Radiallager
- nicht schaltbare Getriebe
- Drehmeißel

Es werden, außer mechanischen, auch elektrotechnische Teile (Normteile, Konstruktionselemente und Baugruppen) erfasst; dabei spielt die EDV eine wachsende Rolle, was u. a. auch durch die DIN-Software GmbH unterstützt wird.

Fazit

In der vierten Phase der Vorgehensweise nach VDI-Richtlinie 2221 werden alle für die Fertigung des technischen Erzeugnisses erforderlichen Unterlagen erstellt. Ein sehr wichtiger Bestandteil ist außerdem die Betriebsanleitung mit den Gefahrenhinweisen für den Nutzer des Produkts.

Die Erzeugnisgliederung orientiert sich an der Produktstruktur (s. Kap. 5). Für das Aussehen und die Kennzeichnung von Zeichnungen und Stücklisten sind die entsprechenden DIN- und/oder ISO-Normen maßgeblich. Als zusätzliches Ordnungskriterium, insbesondere bei Serienprodukten, können auch die Sachmerkmale dienen.

Literatur

[PaBe07] Pahl, G.; Beitz, W.: Konstruktionslehre. 7. Aufl., Springer, Berlin Heidelberg (2007)

[Con13] Conrad, K.-J.: Grundlagen der Konstruktionslehre. 6. Aufl., Hanser Verlag München (2013)

[NaLu16] Naefe, P.; Luderich, J.: Konstruktionsmethodik für die Praxis. 1. Aufl., Springer Vieweg, Wiesbaden (2016)

Rationalisierung durch Variantenmanagement 8

Die verstärkte Kundenorientierung, die sich bis in die Konstruktionsabteilung eines Herstellers (insbesondere bei hochwertigen technischen Erzeugnissen) auswirkt, hat nicht nur Vorteile. Im Bestreben, den unterschiedlichen Kundenwünschen möglichst weit entgegenzukommen, läuft der Konstrukteur oft Gefahr, sehr viele **Varianten eines Produkts** zu erarbeiten. Manchmal unterscheiden sich diese Varianten nur in Details. Es entsteht eine immer größere Vielfalt verschiedener Lösungen, die in immer kleinerer Stückzahl gefertigt werden. Dadurch steigen die Herstellkosten und die Durchlaufzeiten in der Fertigung.

Um dieser Tendenz begegnen zu können, ist es erforderlich, regelmäßig die Produktpalette zu durchforsten. Dabei werden die folgenden Ziele verfolgt:

- Herausfinden der wirklich für den Anwender interessanten Varianten
- Reduktion der aktuellen Varianten durch konstruktive Maßnahmen
- Überarbeitung der verbleibenden Varianten im Hinblick auf die Senkung der Herstellkosten

Auf die möglichen Ursachen für die Vielfalt der im Laufe der Zeit entstandenen Varianten soll nur kurz eingegangen werden, weil diese in jedem Betrieb unterschiedlich sind. Es ist aber sinnvoll, die Gründe, die für jede Variante sprechen, mit dem Verursacher gemeinsam zu hinterfragen. Grundsätzlich können Varianten unterschieden werden in:

- Produkt- oder Erzeugnisvarianten bezogen auf z. B. Leistung, Baugröße, Ausstattung, Werkstoff, usw.,
- Baugruppen- und/oder Teilevarianten, verursacht durch Anforderungen aus der Fertigung und/oder Montage.

Zur besseren Übersicht ist es empfehlenswert, bei der Überarbeitung der Varianten, einen so genannten Variantenbaum zu erstellen. Dabei ordnet man die Teile eines Produktes entsprechend der Montagereihenfolge in einer Erzeugnisstruktur und stellt die in jedem

P. Naefe, *Methodisches Konstruieren*, https://doi.org/10.1007/978-3-658-22636-7_8

Schritt vorkommende Variantenanzahl dar. Man gelangt auf diese Weise zu einer Variantenbaumstruktur und verfährt dabei nach der Reihenfolge:

► **„zuerst das Basisteil, dann die Anbauteile, dann die Varianten darstellen".**

Durch die übersichtliche Darstellung der Ist-Struktur kann leichter herausgefunden werden, an welcher Stelle an einem Erzeugnis auffallend viele Varianten existieren. Für die anzustrebende Sollstruktur müssen dann, eventuell mit Einsatz der Methode der Wertanalyse, die als nicht mehr akzeptabel erkannten Varianten entfernt werden.

Erfolgreiche Unternehmen zeichnen sich in der Regel gegenüber weniger erfolgreichen durch eine übersichtlichere Produktpalette und deutlich verringerte Baugruppen- und Teilevariantenanzahl aus.

Maßnahmen zu Reduzierung der Teilevielfalt können sowohl organisatorischer als auch technischer Art sein. Organisatorische Maßnahmen sind z. B.:

- verbesserte Information innerhalb der Konstruktion über ähnliche Produkte oder Teile,
- EDV-unterstützte Information (Datenbanken) über Norm- und Kaufteile,
- Offenlegung der Kosten für die Einführung oder Änderung von Teilen oder Baugruppen.

Technische Maßnahmen können sein:

- konstruktive Zusammenfassung mehrerer Einzelteile zu einem Gesamtteil (Integralbauweise),
- Verwendung eines Teils in mehreren Produkten oder Baugruppen (Gleich- oder Wiederholteile),
- Mehrfachverwendung von gleichen Baugruppen an verschiedenen Produkten (Baukasten)
- Produkte gleicher Funktion aber verschiedener Größe oder Leistung ähnlich konstruieren (Baureihe).

In der Regel kann man durch die beiden letztgenannten Maßnahmen die wirksamste Reduzierung der **Variantenvielfalt** erzielen.

8.1 Baureihen

Das Wesen einer Baureihe oder Typengruppe besteht darin, nur bestimmte Parameterwerte der Bauteile oder Baugruppen eines Produkts zuzulassen und andere auszuschließen. Bei den Parametern kann es sich um qualitative und/oder quantitative handeln. Im ersten Fall spricht man auch von Typengruppen (z. B. Wälzkörperform bei Lagern), im zweiten von Baureihen.

Baureihen können z. B. mit den folgenden physikalischen Größen gebildet werden:

- Leistung, Kraft, Druck, Drehzahl
- Weg, Reichweite, Gewicht
- elektr. Kenngrößen (Stromstärke, Kapazität)
- Wärmemenge, Lichtstärke.

Für den Hersteller ergeben sich durch die Entwicklung von Baureihen die folgenden Vorteile:

- Verschiedene Anwendungen eines Produktes können nach demselben Ordnungsprinzip konstruiert werden.
- In der Fertigung können größere Mengen gleicher Teile bearbeitet werden.
- Eine höhere Qualität ist leichter erreichbar.

Der Nutzer des Produktes hat die Vorteile:

- Das Produkt ist preisgünstig und von hoher Qualität.
- Die Lieferzeit ist kurz.
- Ersatzteile sind schnell (ab Lager) beschaffbar.

Als Nachteil ist zu erwähnen, dass man nur aus einem eingeschränkten Angebot an Varianten auswählen kann, die Anpassung des Produktes an den Anwendungsfall ist dadurch nicht immer optimal. Die Kunst des Konstrukteurs besteht deshalb darin, den Bedarf am Markt möglichst genau zu analysieren, bevor er sich auf die Größe bzw. die Abstufung eines oder mehrerer der erwähnten Parameter festlegt. Die Abstufung der Parameter innerhalb einer Baureihe geschieht dann nach bestimmten Gesetzmäßigkeiten. Man geht dabei von einem so genannten **Grundentwurf** aus und die davon abgeleiteten Baugrößen werden als **Folgeentwurf** bezeichnet. Hierbei bedient man sich verschiedener **Ähnlichkeitsgesetze**, im einfachsten Fall sind das dezimalgeometrische **Normzahlenreihen**. Viele der physikalischen Parameter führen in der Praxis zu Abmessungsbaureihen, das auffälligste sich ändernde Merkmal ist dann die Größe des Produktes (Abb. 8.1).

8.1.1 Normzahlenreihen

Der Behandlung der Ähnlichkeitsgesetze soll die Betrachtung des so genannten **Stufensprungs** vorangestellt werden, der z. B. den Größenunterschied zweier benachbarter Ausführungen eines Produktes in einer Baureihe beschreibt. Untersuchungen haben gezeigt, dass Konstrukteure dazu neigen, die Größen z. B. eines Reibradgetriebes oder von Wellendichtungen nach einer geometrischen Reihe abzustufen.

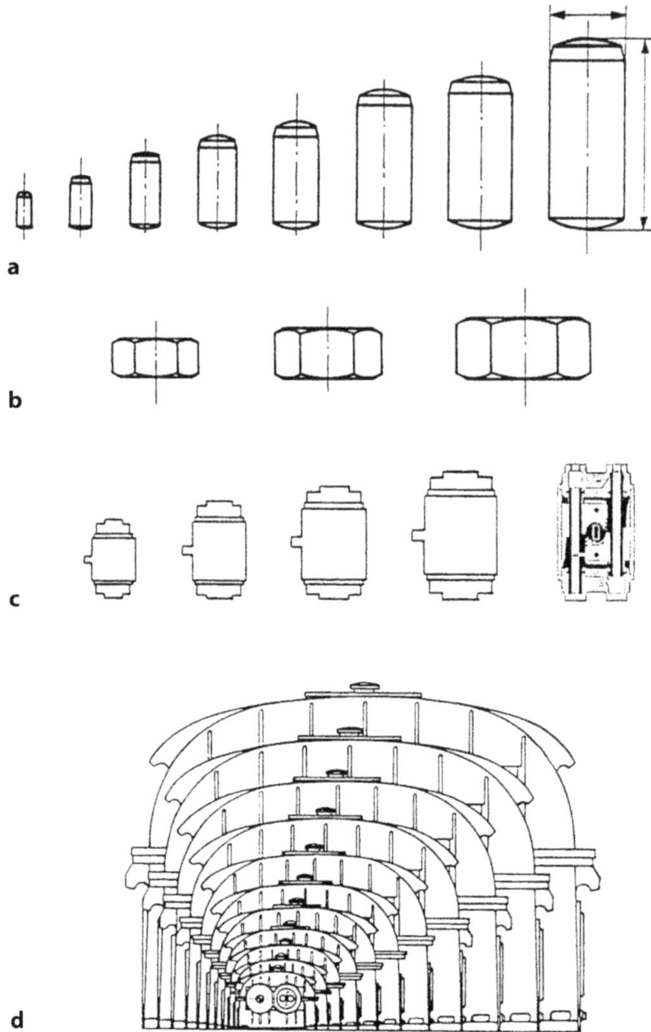

Abb. 8.1 Beispiele für Baureihen: **a** Zylinderstift, **b** Sechskantmutter, **c** Drehantrieb, **d** Getriebegehäuse [Kol98]

Normzahlen nach DIN 323 sind in dezimalgeometrisch gestuften Reihen geordnet. Innerhalb einer Dekade ergibt sich jedes Glied der Reihe aus dem vorherigen durch Multiplikation mit einem konstanten Faktor (φ), z. B. die Reihe R10 mit:

$$\varphi = \sqrt[10]{10} = 1{,}25$$
$$\varphi^0 = 1;\ \varphi^1 = 1{,}25;\ \varphi^2 = 1{,}6\ bis\ \varphi^{10} = 10$$

Die absolute Sprungweite bei einer solchen Reihe ist am Anfang klein und wächst mit dem Fortschreiten der Größenabstufung. Diese Eigenschaft der geometrischen Reihe kommt

dem menschlichen Empfinden offenbar besser entgegen als der konstante Betrag des Zuwachses, wie er sich bei einer arithmetischen Reihe ergibt.
Die Benutzung von Normzahlenreihen bietet folgende Vorteile:

- Man kann die Abstufung zwischen den Gliedern einer Reihe dadurch anpassen, dass man in ausgewählten Bereichen Glieder einer feiner abgestuften Reihe einsetzt. In einer Reihe R10 kann man z. B. zwischen dem 6. und 8. Glied die Abstufung nach R20 oder R40 vornehmen. Dadurch kann man den Forderungen des Nutzers besser nachkommen, indem man die Abstufung an eine Häufigkeitsverteilung der Wünsche anpasst, ohne die ursprüngliche Größenstufung verlassen zu müssen. In jeder höheren Reihe sind ja die Glieder der niedrigeren Reihen enthalten.
- Durch die Reduzierung der Abmessungsvarianten auf eine Normreihe werden die Aufwendungen für Lehren, Vorrichtungen und Messwerkzeuge in der Fertigung reduziert.
- Das Produkt oder der Quotient aus zwei Normzahlen ist wieder eine Normzahl. Bei der Auslegung von Bauteilen stufen sich so z. B. kreisförmige Querschnitte wieder in Normzahlenreihen.
- Lineare Veränderungen der Baugröße von Teilen ergeben wieder Maßzahlen aus derselben Reihe.

Die Festlegung des Stufensprunges (Auswahl der konkreten Normzahlenreihe) ist eine Optimierungsaufgabe, an der alle Bereiche eines Betriebes und der potentielle Nutzer des Produktes beteiligt werden müssen (Marktstudie). Die Konsequenzen aus Fehlern in dieser Phase können für einen Herstellen erheblich sein, denn:

- zu großer Stufensprung bedeutet, dass die Herstellkosten zwar gering gehalten werden können, weil die Losgrößen in der Fertigung steigen, die Betriebskosten für den Nutzer sind aber hoch, weil die Anpassung z. B. der Leistung an den Bedarf schlecht ist (Kunde kauft das Produkt nicht),
- zu kleiner Stufensprung bedeutet, dass die Herstellkosten hoch werden (zu kleine Losgrößen, Einzelfertigung), die Betriebskosten sind niedrig durch optimale Anpassung an den Bedarf, der Preis des Produktes ist aber relativ hoch (Kunde kauft eventuell bei der Konkurrenz).

Am Beispiel für die Baureihe einer Kreiselpumpe, das in Abb. 8.2 dargestellt ist, kann man die Optimierungsaufgabe verdeutlichen.

Durch die Wahl der Normreihe R20 kann der Hersteller die 18 (vom Markt geforderten) verschiedenen Durchsatzgrößen zwischen ca. 82 m^3/h und ca. 550 m^3/h auf vier (für seine Fertigung optimalen) Stufen mit 125, 200, 315 und 500 m^3/h zusammenfassen. Der Stufensprung der Reihe R20 beträgt 1,12, man wählt aber nur jedes 4. Glied für die Baugrößenstufung, dadurch wird der Stufensprung $1{,}12^4$ also $\varphi = 1{,}6$ (entsprechend der Reihe R5) und man beginnt mit dem 3. Glied der Reihe R20 (1,25), dadurch entsteht die Auswahlreihe mit der Bezeichnung R20/4 (1,25). Durch diese Maßnahme kann eine

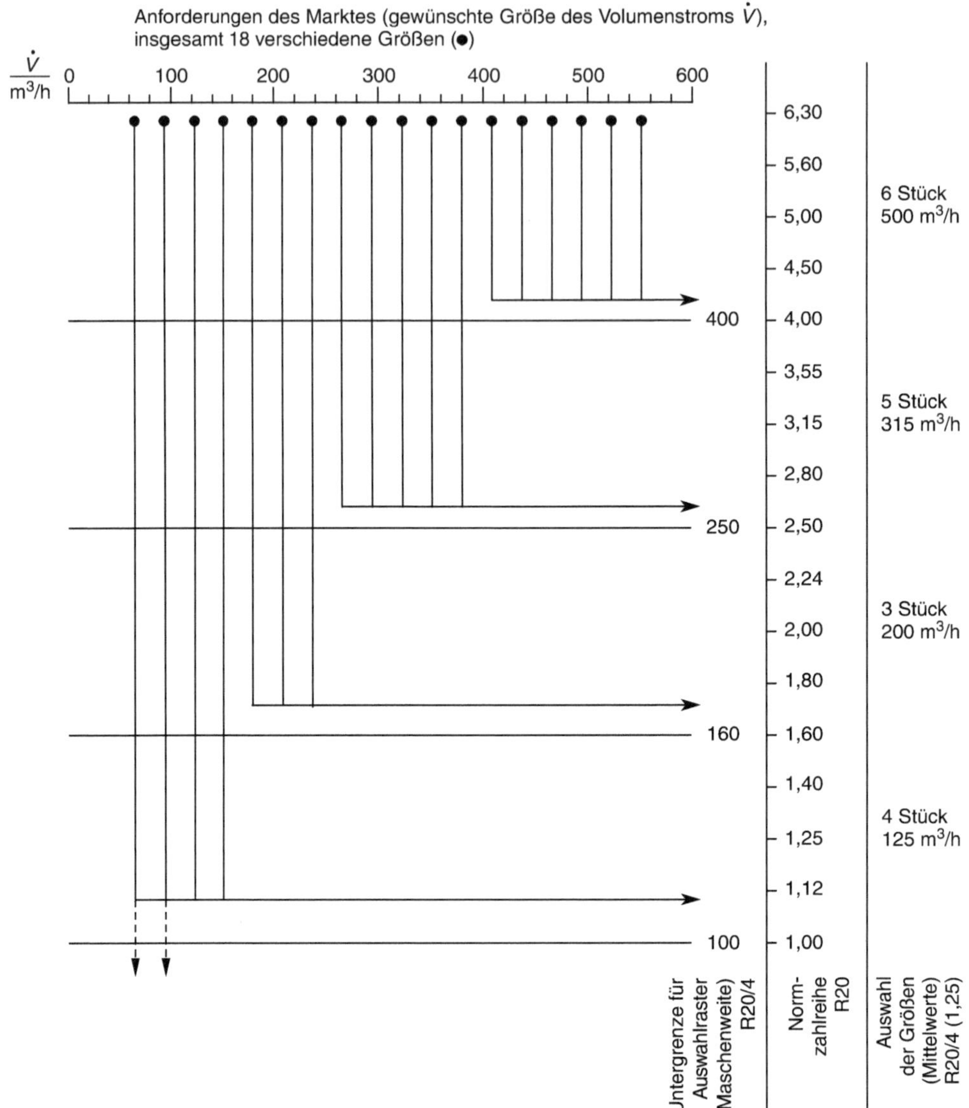

Abb. 8.2 Bildung einer Auswahlreihe für die Abstufung der Förderleistung

Stückzahl in den Stufen von 4, 3, 5 bzw. 6 erreicht werden. Die beiden unter $100\,m^3/h$ liegenden Durchsatzgrößen wurden dabei der untersten Stufe zugeordnet. Das bedeutet allerdings, dass die Kunden, die diese Durchsatzgrößen wünschten, nicht den anderen Stufungen entsprechend bedient werden können.

Manchmal ist es erforderlich, die Stufung nach geometrischen Reihen durch das Einfügen von arithmetischen Stufungen zu ergänzen. Das kann dadurch bedingt sein, dass

- die Arbeitshöhe an einer Drehmaschine oder die Größe von Bedienungselementen (Hebel, Drucktaster) z. B. nur nach ergonomischen Bedürfnissen ausgelegt werden können,
- man sich beim Einsatz von Kaufteilen den marktgängigen Gepflogenheiten anpassen muss, Schraubenlängen oder Wälzlagerdurchmesser sind z. B. nicht geometrisch gestuft,
- ein wichtiger Kunde eine spezielle Abmessung an einem Produkt fordert, die nicht der gängigen Reihe entspricht; dann muss die Konstruktion dieser Variante in Betracht gezogen werden.

8.1.2 Baureihen nach Ähnlichkeitsgesetzen

Eine vom Grundentwurf ausgehende Variantenbildung nach rein geometrischen Aspekten führt in vielen Fällen nicht zu befriedigenden Lösungen. Es ist deshalb zu empfehlen, zusätzlich zu prüfen, ob es nicht ratsam ist, so genannte Ähnlichkeitsgesetze anzuwenden. Hierbei handelt es sich in der Regel um Verhältnismäßigkeiten von charakteristischen physikalischen Größen, wie sie z. B. auch bei Modelluntersuchungen in der Strömungstechnik angewendet werden (Reynolds-Zahl).

Bei der Entwicklung von Baureihen strebt der Konstrukteur in den meisten Fällen an, dass bei Grundentwurf und Folgeentwurf die Werkstoffausnutzung gleich ist, also die tatsächlich auftretende und die maximal zulässige Spannung für den Werkstoff im gleichen Verhältnis stehen. Nähere Ausführungen zu diesem Thema und eine Auswahl von wichtigen Ähnlichkeitsgesetzen sind dem Lehrbuch von *Pahl/Beitz* [PaBe07] zu entnehmen.

8.2 Baukästen

Im Gegensatz zur Baureihe, bei der Konstruktionen gleicher Gesamtfunktion aber unterschiedlicher Größenstufen betrachtet werden, kombiniert ein Baukasten Bauteile und Baugruppen für ein Produkt gleicher Größe zu unterschiedlichen Gesamtfunktionen. Beide Prinzipien können auch gemeinsam (in Kombination) angewendet werden. Manchmal wird aber auch der Baukasten nur dazu benutzt, aus der unterschiedlichen Anzahl immer gleicher Bauteile oder Baugruppen, Produkte unterschiedlicher Größen zu realisieren (Modulbauweise).

Die Zusammensetzung eines **Baukastens** erfolgt aus **Bausteinen**, die lösbar oder unlösbar miteinander verbunden werden können. Man unterscheidet dabei in Funktionsbausteine und Fertigungsbausteine, je nachdem welcher Aspekt der Rationalisierung für die Entwicklung des Produktes den Ausschlag gegeben hat.

Funktionsbausteine lassen sich systematisch nach verschiedenen Gesichtspunkten ordnen (Abb. 8.3).

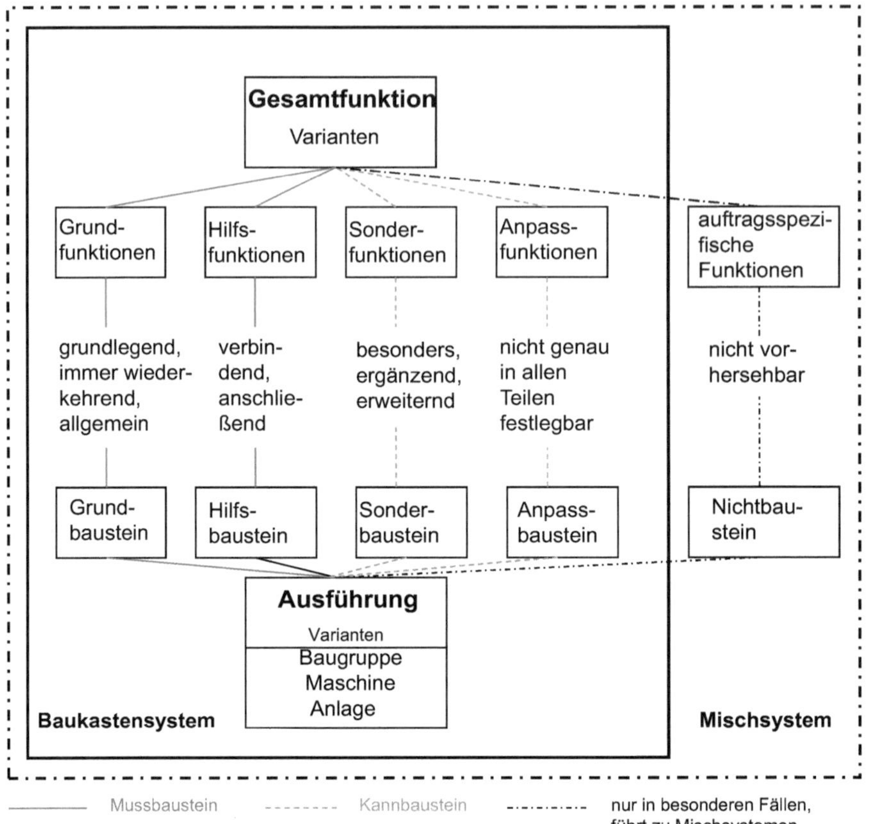

Abb. 8.3 Funktions- und Bausteinarten bei Baukasten- und Mischsystemen [PaBe07]

Dabei wird in die folgenden Funktionsarten unterschieden:

- Grundfunktionen sind kennzeichnend für das gesamte System und unerlässlich, sie sind nicht variabel. Ihre Verwirklichung erfolgt durch einen entsprechenden Grundbaustein der in jeder Ausführung gefordert wird (Mussbaustein).
- Hilfsfunktionen sind für die Verbindung von Bausteinen erforderlich, sie werden durch Hilfsbausteine erfüllt und sind in der Regel ebenfalls Mussbausteine.
- Sonderfunktionen sind Teilfunktionen, sie werden durch Sonderbausteine verwirklicht, die nicht in allen Varianten der Gesamtfunktion enthalten sein müssen. Sie sind spezifisch für die Erfüllung besonderer Aufgaben der Gesamtfunktion erforderlich (Kannbausteine).
- Anpassfunktionen sind dann erforderlich, wenn besondere, nicht vorhergesehene Randbedingungen die Anpassung an andere Systeme oder Bausteine erfordern. Die hierfür vorgesehenen Anpassbausteine können sowohl Muss- als auch Kannbausteine sein.

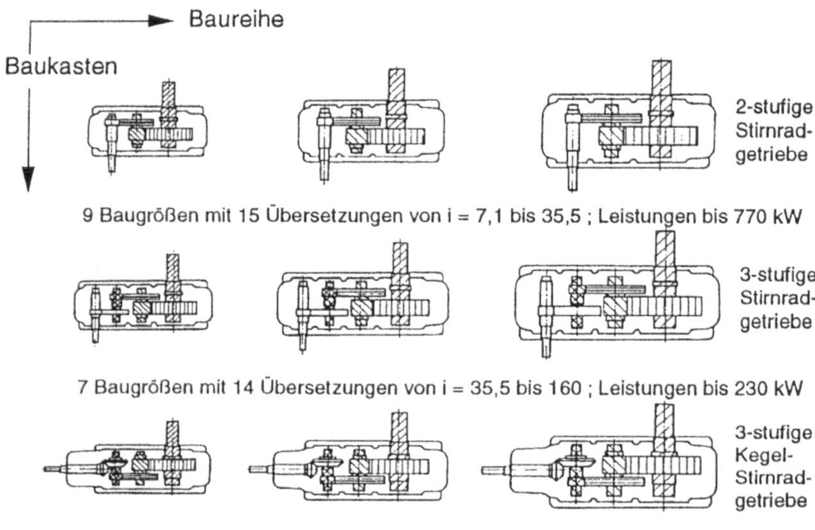

Abb. 8.4 Kombination von Baureihe und Baukasten an einem Zahnradgetriebe [Ehr13]

- Auftragsspezifische Funktionen werden in der Regel nicht von Anfang an Bestandteil des Baukastens sein. Sie werden nicht im Voraus konstruiert, sondern erst dann, wenn sie durch spezielle Kundenforderungen notwendig werden. Sie kommen trotz sorgfältiger Entwicklungsarbeit immer wieder vor und werden über Nichtbausteine realisiert.

Aus der Sicht der Fertigung kann es sinnvoll sein, einzelne Funktionen (Bausteine) zu unterteilen. Dabei einstehen dann:

- Großbausteine, die noch in weitere Bauteile oder -gruppen zerlegt oder vormontiert werden können,
- Kleinbausteine, die oft Einzelteile sind.

Man begrenzt einen Baukasten oft durch Einschränkungen des Umfangs und der Möglichkeiten (Aufgabenstellungen/Funktionen) und definiert so ein **Bauprogramm**, das als Standardangebot dient (geschlossenes System). Mit diesen Systemen ist der größte Effekt in Bezug auf die Reduzierung der Herstellkosten erzielbar. Abb. 8.4 zeigt den Aufbau eines Baukastens am Beispiel eines Getriebes.

Hier ist außerdem zu erkennen, wie die Sichtweise des Baukastens und die der Baureihe zusammengefügt werden können. Der betreffende Hersteller hat sich dazu entschlossen, drei unterschiedliche Leistungsstufen zu realisieren. Innerhalb der verschiedenen Leistungen können dann die verschiedensten Funktionen (Getriebestufen, An- und Abtriebssituation) realisiert werden.

Gut strukturierte Baukastensysteme können zu erheblichen Einsparungen führen. So gelang es z. B. der Fa. Demag für einen Hallenkran durch Überführung in ein Baukastensystem, unter zusätzlicher Anwendung der Modulbauweise, die Herstellkosten um 68 % und die Kosten für die Auftragskonstruktion um nahezu 90 % zu senken [Ehr13] und [PaBe07].

Bei der Entwicklung von Baukästen geht man so vor, dass zunächst festgestellt wird, wie oft bestimmte Funktionen eines Systems gefordert werden. Die Aufgliederung der Gesamtfunktion in Teilfunktionen erfolgt so, dass möglichst wenige und gleiche Teilfunktionen vorkommen. Sehr häufig geforderte Teilfunktionen werden in der Regel als Basisfunktion (Grundfunktion) vorgesehen. Anpass- und Sonderfunktionen sollten so wenig wie möglich vorgesehen werden. Es ist zweckmäßig, selten verlangte, das System stark verteuernde Funktionen, dahingehend zu überprüfen, ob sie gestrichen werden können.

Ähnlich wie für die Baureihen, lassen sich für Baukästen Vor- und Nachteile feststellen und zwar für den Hersteller und den Nutzer. Es ist aber, vor allem für die optimale Nutzung von CAD/CAM-Anwendungen in der Konstruktion, in zunehmendem Maße erforderlich, dass der Konstrukteur die Methode des Baukastens zur Rationalisierung benutzt.
Vorteile für den Hersteller:

- geringer Konstruktionsaufwand für den Auftrag, weil fertige Ausführungsunterlagen bereits zur Verfügung stehen
- vereinfachte Arbeitsvorbereitung und rationelle Fertigung
- vereinfachte Montage
- kurze Auftragsbearbeitungszeit und damit Lieferzeit
- einfache und genaue Kalkulation
- Lagerfertigung möglich, dadurch sofortige Lieferbereitschaft (Kosten für Lagerhaltung beachten)
- Kundenwünschen kann flexibel entsprochen werden
- verkürzte Entwicklungszeiten, weil nur Bausteine und nicht ganze Systeme konstruiert werden müssen

Vorteile für den Anwender:

- kurze Lieferzeiten
- einfacher Austausch, leichte Instandhaltung
- einfache Ersatzteilhaltung
- Funktionserweiterung des Systems möglich
- geringe Fehlerwahrscheinlichkeit, da ausgereifte Konstruktion und hohe Zahl der Anwendungen gleicher Funktion
- man kauft nur benötigte Funktionen, dadurch preiswertes System

Dem müssen aber auch Nachteile gegenübergestellt werden. Für den Hersteller sind dies:

- eingeschränkte Anpassung der Konstruktion an Wünsche des Kunden
- vorab hoher Konstruktionsaufwand
- Änderungen am Produkt schwierig und teuer
- Festlegung des optimalen Baukastens erfordert sehr sorgfältige Vorarbeit

und für den Anwender:

- spezielle Wünsche sehr schwer realisierbar
- Qualitäts- und Leistungsanforderungen nur nach Standard erfüllbar
- Die Erfüllung von zusätzlichen Funktionen bedingt gegenüber Spezialmaschinen oft ein erhöhtes Bauvolumen.

Abschließend muss festgestellt werden, dass ein Baukasten nur als Gesamtsystem preiswerter sein kann als eine entsprechend hohe Zahl von speziellen Einzellösungen. Der Konstrukteur muss also frühzeitig über alle eventuell erforderlichen Bausteine des Baukastens nachdenken, damit dem Vertrieb ein vollständiges Produkt zur Verfügung steht.

Fazit
Jeden Kundenwunsch erfüllen zu wollen, kann einen Hersteller technischer Erzeugnisse auch Nachteile einbringen. Es entsteht möglicherweise eine große Vielfalt von Einzelteilen, die in geringer Stückzahl gefertigt werden müssen, dadurch steigen die Herstellkosten. Es ist daher ratsam, das eigene Produktangebot im Hinblick auf eine Rationalisierung immer wieder zu überprüfen. Hierbei sind möglichst viele Interessen von Konstruktion, Fertigung, Beschaffung und des Marktes (Kunden) zu berücksichtigen.

Ob Baureihen oder Baukästen Vorteile bringen, hängt im Wesentlichen von der Struktur und den Eigenschaften des Produktes ab. In beiden Fällen sind Vor- und Nachteile sowohl für den Hersteller aus auch für den Kunden sorgfältig zu prüfen.

Literatur

[Kol98] Koller, R.: Konstruktionslehre für den Maschinenbau. 4. Aufl., Springer, Heidelberg (1998)
[PaBe07] Pahl, G.; Beitz, W.: Konstruktionslehre. 7. Aufl., Springer, Berlin Heidelberg (2007)
[Ehr13] Ehrlenspiel, K.: Integrierte Produktentwicklung. 5. Aufl., Hanser Verlag München (2013)

Übungsaufgaben 9

9.1 Aufgabenstellungen

1. Aufgabe: Klassifikation technischer Systeme
Ordnen Sie den folgenden technischen Systemen jeweils den Hauptumsatz und die in der technischen Systemtechnik festgelegte Bezeichnung zu.

Systeme: Siebmaschine, elektr. Rasierapparat, Schreibmaschine, Windturbine, Kaffeemaschine, Luftfilter, Radioapparat, Elektromotor, Fernsehgerät, Spülmaschine, Wäschetrockner, Automobil (Pkw)

Hinweis: entscheidend ist der Hauptumsatz, Lösung am besten in Tabellenform

2. Aufgabe: Zuordnung der allgemein anwendbaren Funktionen
Skizzieren Sie für die folgenden technischen Systeme: Luftfilter, Elektromotor und Pkw die passenden Funktionensymbole und ordnen Sie den Relationspfeilen die Bezeichnung der jeweiligen Eigenschaften zu. Formulieren Sie zusätzlich den jeweiligen Wesenskern in Form einer Funktionenbeschreibung.

3. Aufgabe: Funktionensynthese
Für die folgende Aufgabenstellung: Eine Flüssigkeit (Wasser) ist von Ort A nach Ort B zu transportieren. Der Massenstrom muss regelbar und die Förderung ein/ausschaltbar sein. Als Hilfsenergie steht elektrischer Strom zur Verfügung.

a) Stellen Sie die Teilfunktion „Flüssigkeit fördern“ mithilfe der allgemein anwendbaren Funktionen (Symbole) und den erforderlichen Bezeichnungen der Eigenschaften an den Relationen dar.
b) Stellen Sie das vollständige System für die gesamte Aufgabenstellung mithilfe der allgemein anwendbaren Funktionen (Symbole) und den erforderlichen Bezeichnungen an den Relationen dar.
c) Zeichnen Sie in den beiden Darstellungen die jeweilige Systemgrenze ein.

P. Naefe, *Methodisches Konstruieren*, https://doi.org/10.1007/978-3-658-22636-7_9

4. Aufgabe: ABC-Analyse

Von einem Hersteller für Kunststoff-Spritzgussteile wurden die folgenden Herstellkosten und die zugeordneten Stückzahlen für den Zeitraum einer Produktionsperiode ermittelt.

Tab. 9.1 Aufstellung der Herstellkosten von Kunststoff-Spritzgussteilen

Teil/Bezeichnung	Herstellkosten in €/Stück	Stückzahl pro Periode
Z	120	40.000
Y	1000	200
X	600	3000
W	900	6000
V	2400	800
U	0,12	800.000
T	8,40	10.000
S	840	10
R	12.000	4
Q	600	80

Führen Sie für die Kunststoff-Spritzgussteile eine ABC-Analyse durch und stellen Sie das Ergebnis in einem Pareto-Diagramm dar. Nehmen Sie eine sinnvolle Unterteilung in die Bereiche A, B und C vor und markieren Sie diese im Diagramm mit der Angabe der jeweiligen prozentualen Anteile.

5. Aufgabe: Anforderungsliste

Für die Aufgabenstellung:

Es ist ein 3-Punkt-Sicherheitsgurt für Pkw zu entwickeln, der mithilfe der Fahrzeugverzögerung geschaltet wird. Überschreitet die Verzögerung ein bestimmtes Maß, soll die Person am Sitz fixiert werden. Unterhalb der Schaltverzögerung bleibt der Gurt flexibel (Abrollmechanismus), wodurch die Person eine ausreichende Bewegungsfreiheit erhält.

a) Stellen Sie für die Aufgabenstellung eine Liste der Anforderungen auf.
b) Weisen Sie diese den Kategorien: Festforderung, Minimalforderung, Maximalforderung und Wunsch zu.

Hinweis zur Vorgehensweise:

Stellen Sie sich zunächst die folgenden Fragen:

1. Welche Anforderungen ergeben sich direkt aus der Aufgabenstellung?
2. Gibt es ein Lastenheft seitens des Kunden?
3. Existieren bereits vergleichbare Systeme, an denen eine Schwachstellenanalyse durchgeführt wurde oder werden kann?
4. Können bereits bekannte oder potentielle Kunden befragt werden?

6. Aufgabe: Baustruktur, Funktionenstruktur

Zeichnen Sie für das in Abb. 9.1 dargestellte technische System:

a) eine hierarchisch aufgebaute Baustruktur und wählen Sie dabei für die Systemelemente geeignete Benennungen.
b) eine hierarchisch aufgebaute Ist-Funktionenstruktur. Verwenden Sie für die Bezeichnung der Funktionen die in Abschn. 5.2 beschriebene Art der Formulierung.

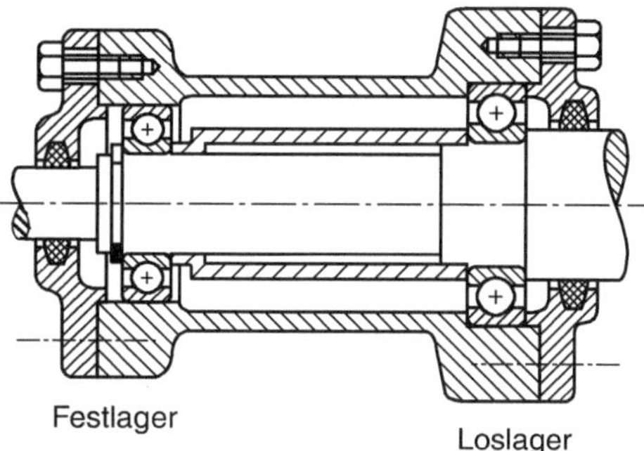

Abb. 9.1 Wellenlagerung

7. Aufgabe: Black Box, Soll-Funktionenstruktur

Aufgabenstellung:

Es ist eine Vorrichtung zu konstruieren, die dazu geeignet ist, einen Korken aus einer Flasche zu entfernen. Die folgenden Forderungen sind zu beachten:

- Die notwendige Körperkraft soll möglichst gering sein.
- Die Vorrichtung soll so bemessen sein, dass sie in einer Küchenschublade Platz findet (L × B × H max. 200 × 100 × 50 mm)

a) Formulieren sie die Gesamtfunktion (Wesenskern) und zeichnen Sie eine Black Box mit allen erforderlichen Einzelheiten (s. hierzu Abschn. 2.4.1).
b) Zeichnen Sie eine Soll-Funktionenstruktur in hierarchischer Form.
c) Zeichnen Sie eine Soll-Funktionenstruktur in Form eines FAST-Diagramms.

8. Aufgabe: Morphologischer Kasten, Lösungsvarianten

Definieren Sie in dem FAST-Diagramm aus der Lösung von Aufgabe 7 c) fünf Einzelfunktionen und stellen Sie

a) für diese Funktionen einen Morphologischen Kasten zusammen, der für jede Funktion mindestens drei verschiedene Einzellösungen ausweist.
b) Definieren Sie mithilfe des Morphologischen Kastens mindestens drei Lösungsvarianten (Vorgehensweise s. Abschn. 5.4.2).
c) Fertigen Sie von den Lösungsvarianten jeweils eine Skizze an.

9. Aufgabe: Bewertung von Lösungsvarianten (Nutzwertanalyse)

Die in der Lösung der Aufgabe 8 c) dargestellten Ausführungsvarianten des Korkenziehers sind mithilfe einer Nutzwertanalyse zu bewerten.

Verwenden Sie für die Aufstellung der Bewertungstabelle (s. Abschn. 5.4.4.1) die in der Aufgabe 8 definierten fünf Einzelfunktionen, legen Sie für diese Gewichtungsfaktoren fest und benutzen Sie die Werteskala mit dem Punkterahmen von 0 bis 10.

10. Aufgabe: Paarweiser Vergleich (Dominanzmatrix)

Für die in Abb. 9.2 dargestellten Schraubenverbindungen ist eine Rangfolge zu ermitteln. Verwenden Sie dazu die Methode der Dominanzmatrix. Das Bewertungskriterium lautet: Möglichst geringe Gesamtkosten der Verbindung.

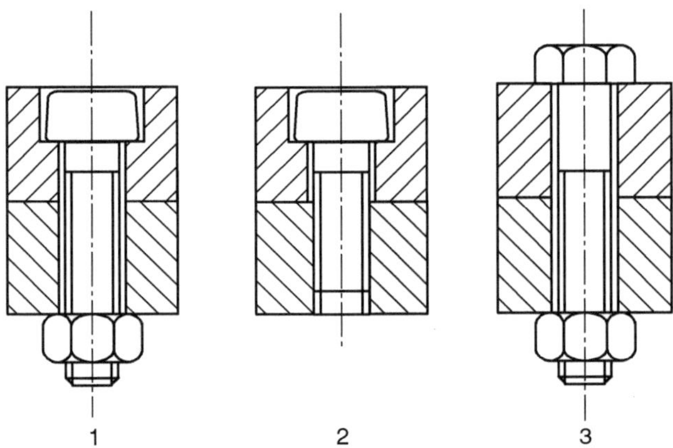

Abb. 9.2 Schraubenverbindung in drei verschiedenen Ausführungen

11. Aufgabe: Kalkulation von Werkstoffkosten

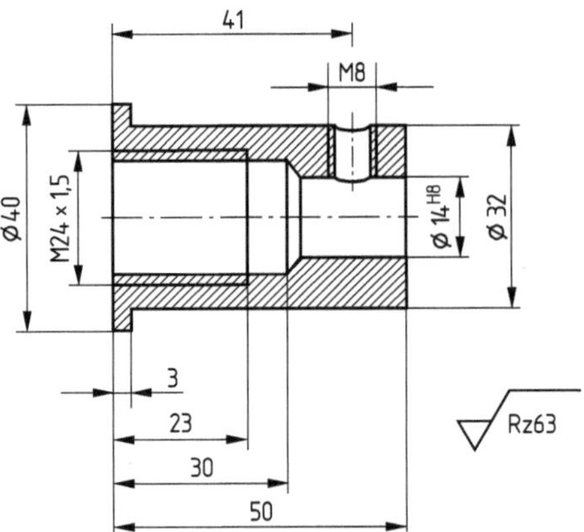

Abb. 9.3 Fertigungszeichnung des zu kalkulierenden Werkstücks

Für das in Abb. 9.3 dargestellte Werkstück sind die Werkstoff- bzw. Materialkosten (MK) zu ermitteln. Für die Berechnung des insgesamt benötigten Materialvolumens ist ein pauschaler Zuschlag von 10 % zu berücksichtigen. Die Bezugswerkstoffkosten betragen $k_{v0} = 3{,}55 \cdot 10^{-3}\,€/\text{cm}^3$.

a) Ermitteln Sie die Werkstoffkosten für den Fall, dass das Werkstück aus dem Bezugswerkstoff (S 235 JR) gefertigt werden soll.
b) Ermitteln Sie die Werkstoffkosten die entstehen, wenn das Werkstück aus einem Nitrierstahl gefertigt werden soll.

12. Aufgabe: Baureihen nach Normzahlenreihen
Der Flächeninhalt der internationalen Papierformate A0, A1 und A2 ist durch die Seitenlängen 1189 mm × 841 mm, 841 mm × 594 mm und 594 mm × 420 mm festgelegt. Der Grundentwurf dieser Reihe ist A0, dessen Flächeninhalt 1 m^2 beträgt.

a) Leiten Sie den Stufensprung der geometrischen Reihe A für die Papierformate her.
b) Ermitteln Sie den Flächeninhalt des Folgeentwurfs A8.

9.2 Lösungen

Aufgabe 1

Tab. 9.2 Hauptumsatz und Zuordnung der technischen Systeme

Bezeichnung	Hauptumsatz	Zuordnung
Siebmaschine	Stoff	Apparat
el. Rasierapparat	Stoff	Apparat
Schreibmaschine	Information	Gerät
Windturbine	Energie	Maschine
Kaffeemaschine	Stoff	Apparat
Luftfilter	Stoff	Apparat
Radioapparat	Information	Gerät
Elektromotor	Energie	Maschine
Fernsehgerät	Information	Gerät
Spülmaschine	Stoff	Apparat
Wäschetrockner	Stoff	Apparat
Automobil (PKW)	Stoff	Apparat

Hinweis: Für die Zuordnung (Klassifikation) in eine der drei Kategorien (Maschine, Apparat, Gerät) ist der Hauptumsatz maßgebend. Beim elektrischen Rasierapparat, der von einem Elektromotor angetrieben wird (Nebenumsatz Energie) ist der Hauptumsatz Stoff, entsprechend der Hauptfunktion (Wesenskern) „Haare aus dem Gesicht entfernen".

Je nach Verwendung kann sich der Hauptumsatz auch ändern. Beim Pkw, der üblicherweise dazu benutzt wird, Personen von A nach B zu transportieren, ist der Hauptumsatz also Stoff. Wird der Pkw in einem Autorennen eingesetzt, in dem er am Ende des Rennens normalerweise da ankommt, wo er gestartet ist, ist der Hauptumsatz Energie, denn ein Transport von A nach B hat ja nicht stattgefunden. Der Pkw ist also in diesem Fall eine Maschine. Benutzt man ihn in einem Crashtest dazu herauszufinden, wie er sich bei einem Unfall verformt, dann ist der Hauptumsatz Information, der Pkw wird zum Gerät.

Aufgabe 2

Luftfilter

Wesenskern: Verunreinigungen vom Luftstrom trennen

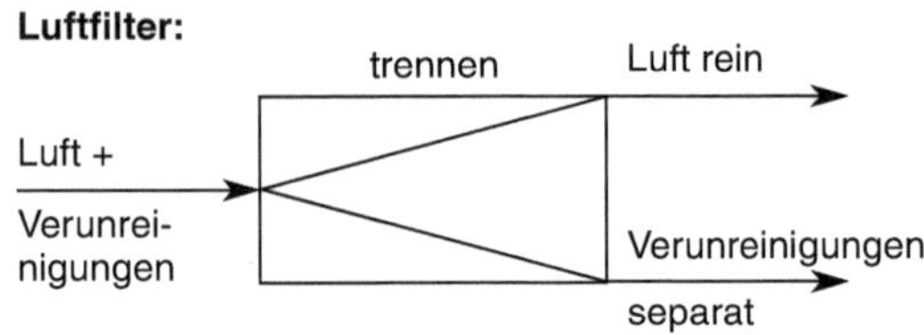

Abb. 9.4 Funktionensymbol mit Bezeichnung der Eigenschaften

Elektromotor

Wesenskern: elektrische Energie in mechanische Energie (Drehmoment) wandeln

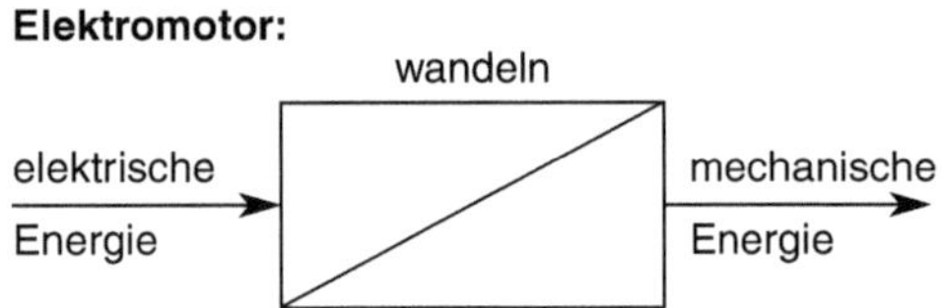

Abb. 9.5 Funktionensymbol mit Bezeichnung der Eigenschaften

Pkw

Wesenskern: Personen (oder Gegenstände) von einem Ort (A) zu einem anderen Ort (B) transportieren (leiten)

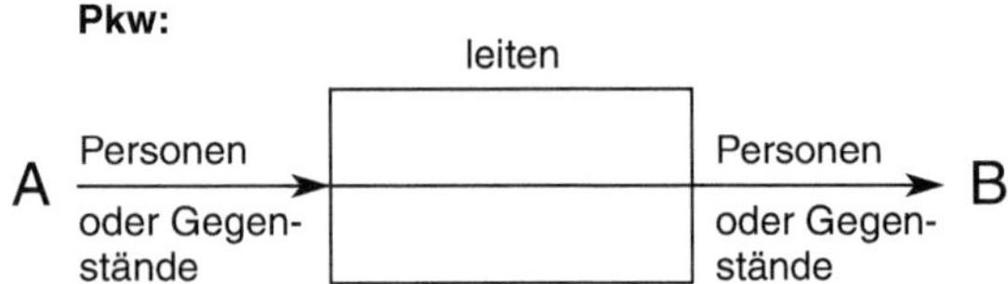

Abb. 9.6 Funktionensymbol mit Bezeichnung der Eigenschaften

Aufgabe 3

a) Teilfunktion „Flüssigkeit fördern“

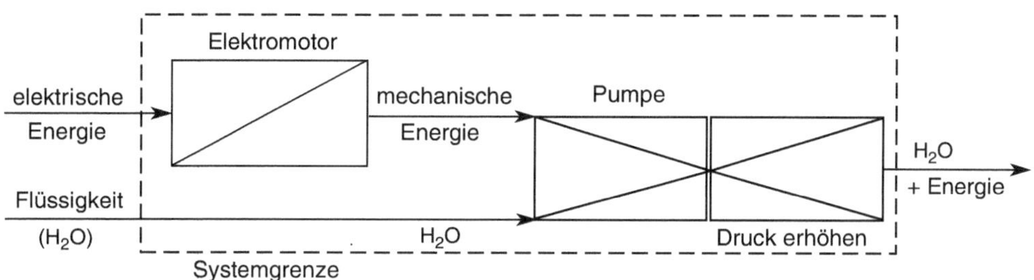

Abb. 9.7 Darstellung der Teilfunktion mithilfe der Funktionensymbole und Markierung der Systemgrenze (Aufgabe 3 c)

b) Gesamtfunktion nach Aufgabenstellung

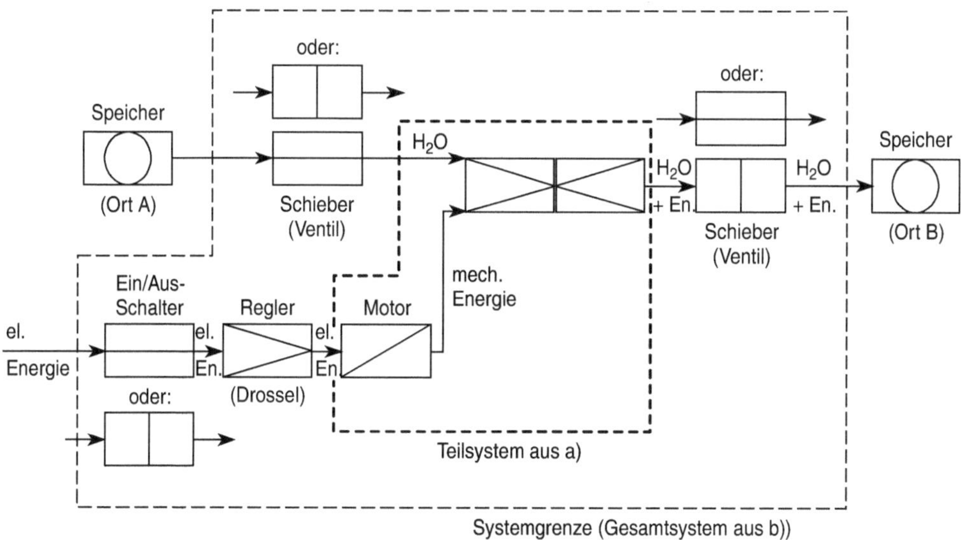

Abb. 9.8 Darstellung des Gesamtsystems mithilfe der Funktionensymbole und Markierung der Grenzen für das gesamte System und das Teilsystem aus a) (Aufgabe 3 c)

Hinweis: Da sich mit den allgemein anwendbaren Funktionen keine zeitlichen Verläufe abbilden lassen, kann an den entsprechenden Stellen (leiten/nicht leiten bzw. ein/aus) jeweils **nur einer** der Zustände im System dargestellt werden.

Für die Funktion der Regelung wurde hier das Symbol für „verkleinern" gewählt, da sich die Energiemenge durch einen Regler ja nicht vergrößern lässt. Sinnvollerweise befindet sich die Regelung im elektrischen Bereich (z. B. Frequenzsteuerung), im Bereich der Flüssigkeit würden Ventile oder Schieber ab einer gewissen Größe hohe Kosten verursachen und außerdem energetisch ungünstiger sein.

Aufgabe 4

Auswertung der Aufstellung der Herstellkosten (HK) der Bauteile. Die €-Beträge werden in %-Anteile umgerechnet und es wird eine Rangfolge gebildet.

Tab. 9.3 Auswertung der Herstellkosten

Nr.	Bez.	HK in €/Stk.	Anzahl	Gesamtbetrag in €	Anteil in %	Rang
1	Z	120	40.000	4.800.000	33,30	2
2	Y	1000	200	200.000	1,40	5
3	X	600	3000	1.800.000	12,50	4
4	W	900	6000	5.400.000	37,50	1
5	V	2400	800	1.920.000	13,30	3
6	U	0,12	800.000	96.000	0,70	6
7	T	8,40	10.000	84.000	0,60	7
8	S	840	10	8400	0,06	10
9	R	12.000	4	48.000	0,30	8
10	Q	600	80	48.000	0,30	8
			Summe:	14.404.400	99,96	

Hinweis: Wenn sich gleiche Anteile an den Herstellkosten ergeben, ist auch die Ziffer der Rangfolge gleich. Je nachdem wie viele gleiche Anteile sich ergeben, wird die entsprechende Anzahl an Folgerängen übersprungen.

Die grafische Darstellung der ABC-Analyse erfolgt als kumulierte Eintragung der %-Anteile in ein Diagramm, das Pareto-Diagramm genannt wird. Die Grenzen zwischen den Bereichen A, B und C sind vorzugsweise da zu ziehen, wo deutliche Unterschiede in den Einzelanteilen an den Herstellkosten erkennbar sind. Dabei wird zugelassen, dass der kumulierte Anteil der A-Teile nicht immer 75 % erreicht oder überschreitet.

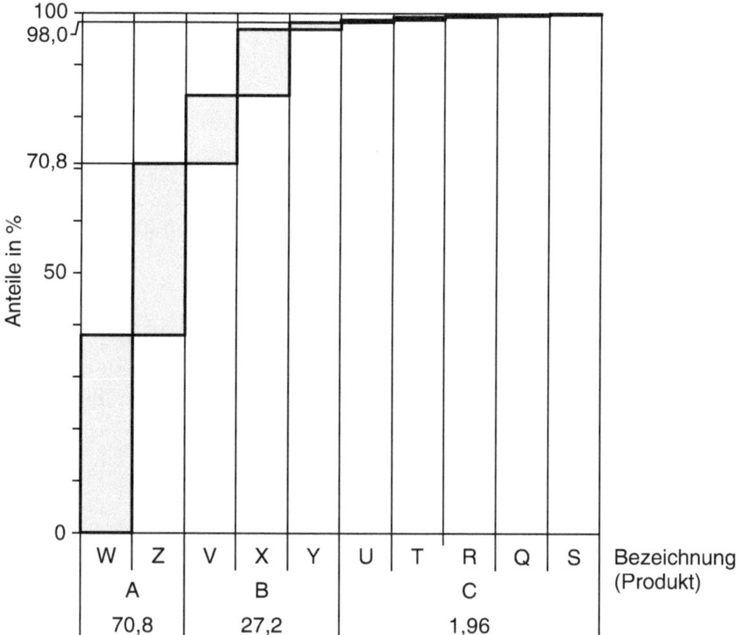

Abb. 9.9 Auswertung der ABC-Analyse mithilfe eines Pareto-Diagramms

Aufgabe 5

a) Anforderungen (die ersten drei direkt aus der Aufgabenstellung)

1. Das System muss ein 3-Punkt-Gurt sein.
2. Die Ansprechgrenze für die Blockierung soll z. B. bei einer Verzögerung von $a = 0{,}5g$ liegen (g = Erdbeschleunigung).
3. Die Beweglichkeit bei Normalbetrieb soll durch eine zusätzlich abrollbare Gurtlänge von z. B. $l = 500\,\text{mm}$ gegeben sein.
4. Festlegung des Raufbedarfes für den Abrollmechanismus, Länge × Breite × Höhe.
5. Temperaturbereich für die Anwendung (Minimaltemperatur und Maximaltemperatur).
6. Schutz oder Widerstandsfähigkeit vor Verunreinigungen (Kekskrümel, aggressive Flüssigkeiten).
7. Häufigkeit der Beanspruchungen (wie oft wird der Gurt angelegt, wie oft spricht der Blockiermechanismus an?)
8. Wie groß muß/darf die Rückholkraft für den Gurt sein?
9. Wie groß wird die maximale Verzögerungskraft auf den Gurt?
10. Wie groß darf die Flächenpressung auf den Körper der angeschnallten Person werden?
11. Welches Material kommt für den Gurt infrage (Festigkeit, Abmessungen, elastisches Verhalten)?

12. Welche Farbe soll der Gurt haben?
13. Wie viel Gurtlänge wird insgesamt benötigt (Leibesumfang der Person, Verstellung des Sitzes)?
14. Kann die Kante des Gurtes Verletzungen hervorrufen?
15. Normen, Richtlinien?
16. Gurtstraffer erforderlich oder gewünscht?
17. Wie hoch dürfen die Herstellkosten werden? (z. B. max. X € oder min. 10 % niedriger Modell YX)
18. Wartungsfreiheit

b) Fast alle Anforderungen können als Festforderung (quantifiziert mit zulässiger Abweichung) definiert werden. Die Nr. 17 ist eine Maximalforderung, Nr. 2 und 3 sind Minimalforderungen und die Nummern 12, 16 und 18 können als Wunsch (oder als Option) angesehen werden.
Nach der Erledigung der Aufgabe kann die Anforderungsliste (s. Tab. 4.10) aufgestellt werden. Dazu bedient man sich der Leitlinie (Tab. 4.9), weist die Forderungen und Wünsche den entsprechenden Hauptmerkmalen zu und versieht sie mit Ordnungsnummern nach den Regeln der Dezimalklassifikation.

Aufgabe 6

a) Die Lösung ist in Abb. 9.10 dargestellt. Die Benennung der einzelnen Baugruppen und Einzelteile kann natürlich individuelle Unterschiede aufweisen.

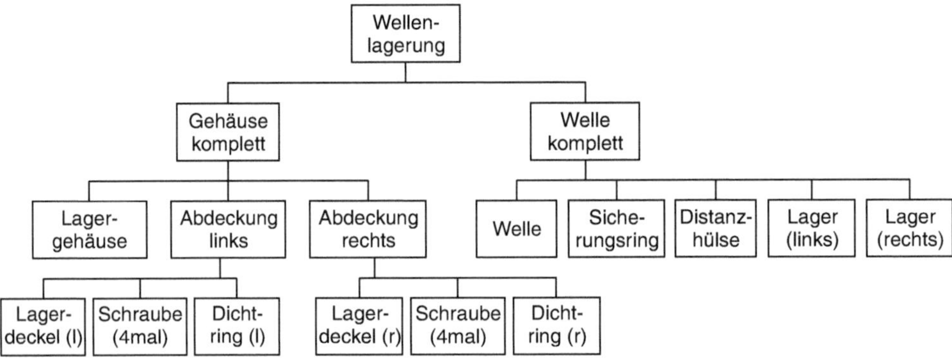

Abb. 9.10 Hierarchische Darstellung einer Baustruktur

b) Abb. 9.11 zeigt einen Lösungsvorschlag. Diese Darstellung ist nicht zwingend, es können auch Abweichungen als Lösung akzeptiert werden.

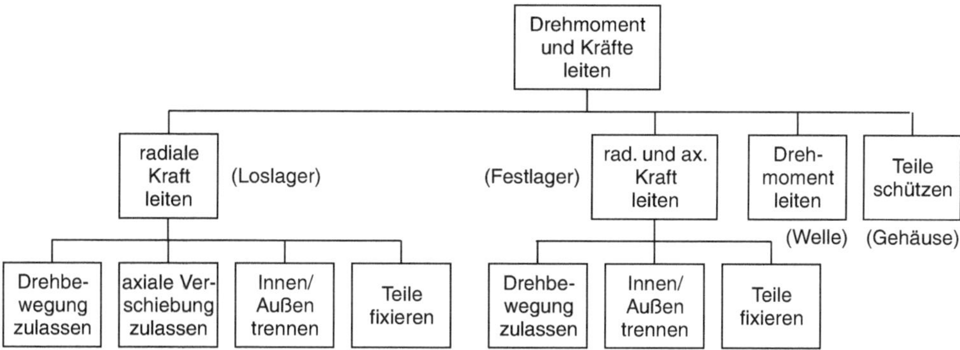

Abb. 9.11 Hierarchische Darstellung einer Funktionenstruktur

Hinweis: Bei der Beschreibung der Funktionen kann es u. U. dazu kommen, dass sich die in Abschn. 5.2 erwähnte Regel nicht streng einhalten lässt. Es kann sein, dass statt nur jeweils einem Haupt- und Tätigkeitswort mehrere notwendig werden. Man muss aber darauf achten, dass die Formulierung so kurz und prägnant wie möglich gewählt wird.

Aufgabe 7

a) Wesenskern: (verstärkte) Handkraft in translatorische Bewegung wandeln um damit den Korken von der Flasche zu trennen

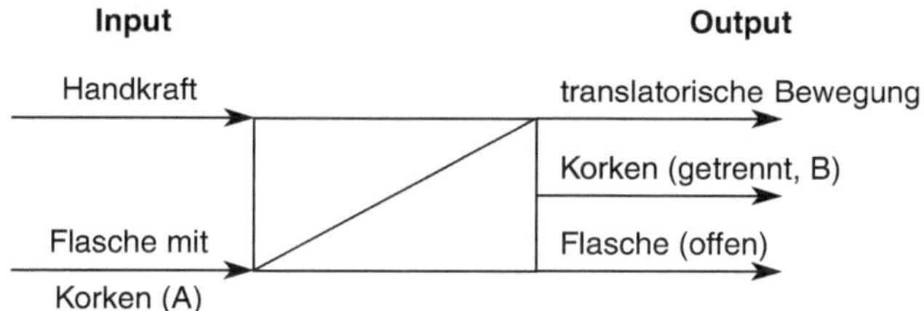

Abb. 9.12 Black Box unter Verwendung eines allgemein anwendbaren Funktionensymbols

Hier wird als Hauptumsatz die Energie angesehen (Handkraft in Bewegung wandeln), der Korken (Stoff) ist dann Nebenumsatz (Korken von A nach B befördern).

b) Soll-Funktionenstruktur

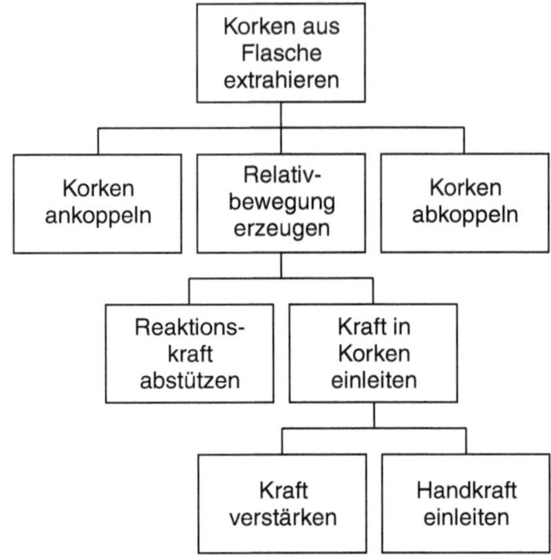

Abb. 9.13 Soll-Funktionenstruktur in hierarchischer Form

Hinweis: Die in Abb. 9.13 dargestellte Funktionenstruktur ist als Lösungsvorschlag anzusehen. Abweichungen in der Anordnung der Einzelfunktionen zueinander und der Bezeichnungen sind möglich.

c) Soll-Funktionenstruktur

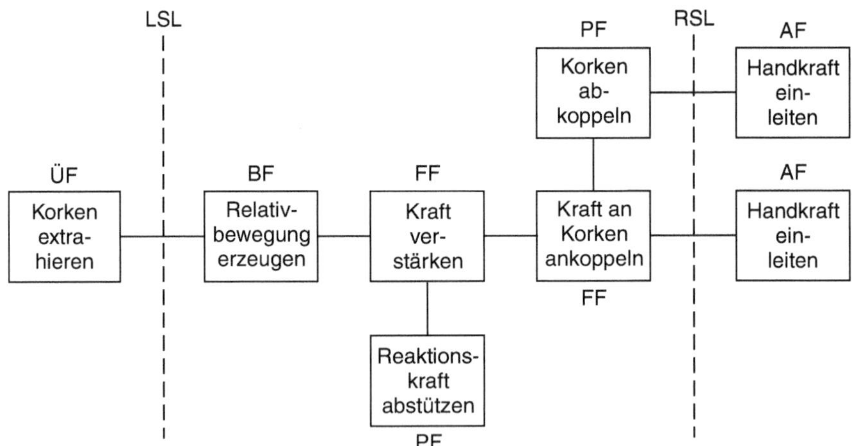

Abb. 9.14 Soll-Funktionenstruktur als FAST-Diagramm

Für den Lösungsvorschlag c) gilt der gleiche Hinweis wie für b).

Aufgabe 8

a) Die fünf Einzelfunktionen für die Aufstellung eines Morphologischen Kasten sind:
   19. Kraft an Korken ankoppeln
   20. Reaktionskraft abstützen
   21. Relativbewegung erzeugen
   22. Kraft verstärken
   23. Korken abkoppeln

b) Aufstellung eines Morphologischen Kastens

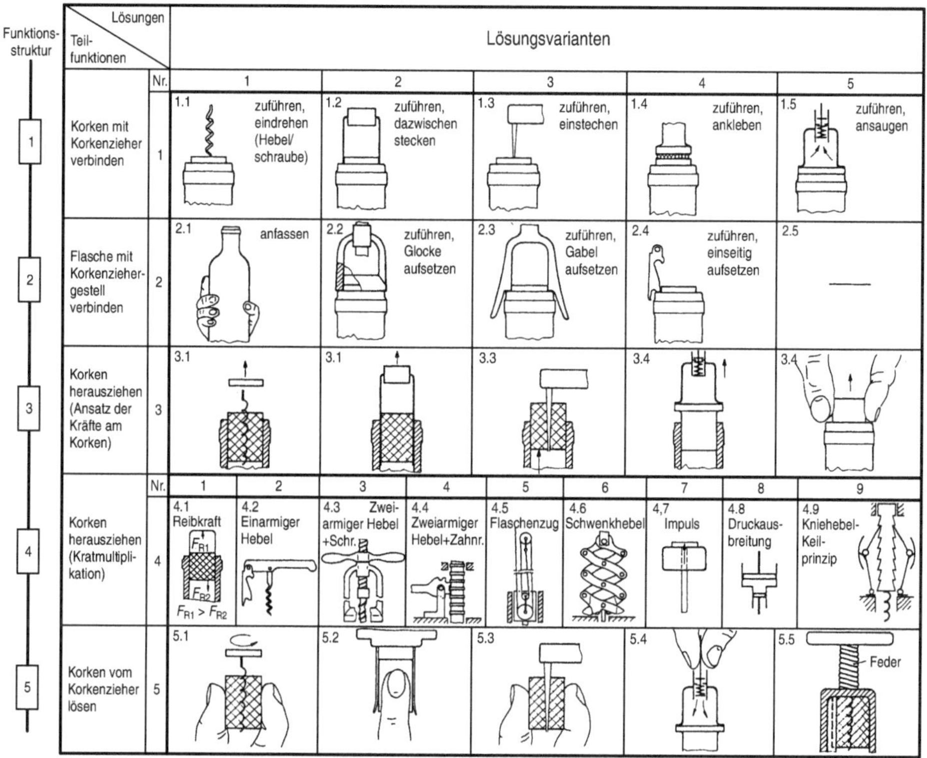

Abb. 9.15 Morphologischer Kasten für die in der Aufgabenstellung von Aufgabe 7 geforderte Vorrichtung (Korkenzieher) [Rot96]. Die Bezeichnungen der Einzelfunktionen weichen ab, sind aber der Bedeutung nach gleich

c) Suche nach Lösungsvarianten mithilfe eines Morphologischen Kastens

Multiplikator	Keiner	Scherenhebel	Schraube + Hebel					
Nr.	1	2	3	4	5	6	7	15
Bild	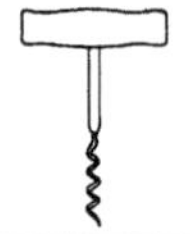	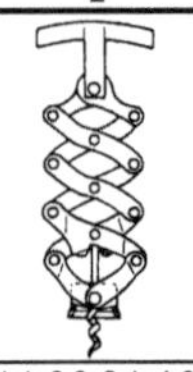		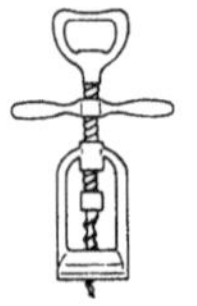	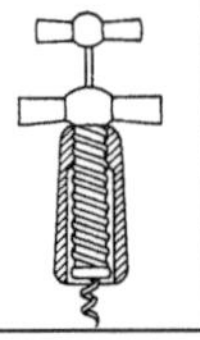			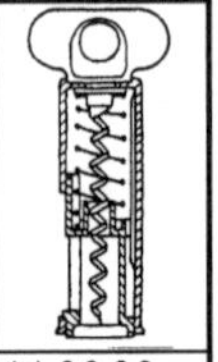
Teilfunktion	1.1; 2.1; 3.1; 5.1	1.1; 2.2; 3.1; 4.6; 5.1	1.1; 2.2; 3.1: 4.3: 5.1				1.1; 2.2; 3.2; 4.3; 5.1	1.1; 2.2; 3.2; 4.3; 5.5

Multiplikator		Hebel		Flaschenzug	Reibmultiplikator	Fluidverdränger	Impulsgeber
Nr.	8	9	10	11	12	13	14
Bild	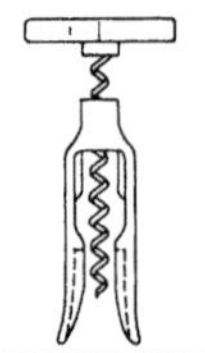		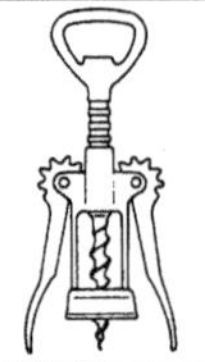	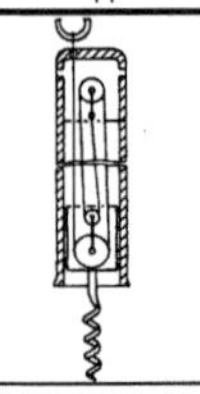		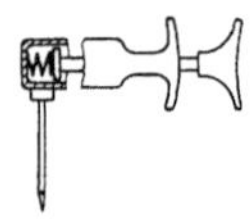	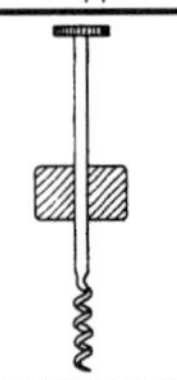
Teilfunktion	1.1; 2.3; 3.1; 4.3; 5.5	1.1; 2.4; 3.1; 4.2; 5.1	1.1; 2.2; 3.1; 4.4; 5.1	1.1; 2.2; 3.1; 4.5; 5.1	1.2; 2.1; 3.2; 4.10; 5.2	1.3; 2.1; 3.3; 4.8; 5.3	1.1; 2.1; 3.1; 4.1; 5.1

Abb. 9.16 Verschiedene Lösungsvarianten für einen Korkenzieher [Rot96], die Variante 1 beinhaltet allerdings keine Verstärkung der Handkraft. Die Ziffernangaben zu den Teil(Einzel-)funktionen entsprechen denen in Abb. 9.15

Aufgabe 9

Zur Vereinfachung der Auswertung der Nutzwertanalyse werden die Lösungsvarianten 3 bis 6 zusammengefasst (gleiches Funktionsprinzip) und die Lösungsvariante 7 wird gemeinsam mit der Lösungsvariante 15 bewertet, weil sich die beiden sehr ähnlich sind.

Tab. 9.4 Auswertungstabelle der Nutzwertanalyse. (Nach [Rot96])

Lösungsvariante j		1	2	3 – 6	8	9	10	11	12	13	14	7/15
Funktion i	Gew. g_i	w_{i1} $w_{i1} * g_i$	w_{i2} $w_{i2} * g_i$	w_{i3-6} $w_{i3-6} * g_i$	w_{i8} $w_{i8} * g_i$	w_{i9} $w_{i9} * g_i$	w_{i10} $w_{i10} * g_i$	w_{i11} $w_{i11} * g_i$	w_{i12} $w_{i12} * g_i$	w_{i13} $w_{i13} * g_i$	w_{i14} $w_{i14} * g_i$	w_{i15} $w_{i15} * g_i$
1 Kraft an Korken ankoppeln	0,05	6 0,3	6 0,3	6 0,3	6 0,3	6 0,3	6 0,3	6 0,3	8 0.4	7 0,35	6 0,3	6 0,3
2 Reaktionskraft Abstützen	0,10	5 0.5	8 0,8	8 0,8	7 0,7	6 0,6	8 0,8	8 0,8	5 0,5	5 0,5	5 0,5	8 0,8
3 Relativbewegung Erzeugen	0,40	9 3,6	9 3,6	9 3,6	9 3,6	9 3,6	9 3,6	9 3,6	6 2,4	8 3,2	9 3,6	9 3,6
4 Kraft verstärken	0,35	0 0	5 1,75	9 3,15	9 3,15	3 1,05	10 3,50	4 1,40	4 1,40	6 2,10	2 0,70	8 2,80
5 Korken Abkoppeln	0,10	4 0,4	4 0,4	4 0,4	6 0,6	4 0,4	4 0,4	4 0.4	10 1,0	8 0,8	4 0,4	4/6 0,4/0,6
Summe g_i Summe $w_{ij} * g_i$	1,00	4,80	6,85	8,25	8,35	5,95	8,60	6,50	5,70	6,95	5,50	7,9/8,1
Rang		12	7	3	2	9	**1**	8	10	6	11	5/4

Hinweis: Die Zuordnung eines Wertes zum Gewichtungsfaktor und zu den Einzelfunktion ist hier mehr oder weniger eine Sache der Einschätzung und nicht exakt begründbar. Die Ermittlung der Werte erfolgte in einer Gruppendiskussion bei der Durchführung dieser Übung im Rahmen der Lehrveranstaltung Konstruktionsmethodik. Da die Bewertung einer Neukonstruktion aber in der Regel auch im damit beauftragten Projektteam erfolgt, kann das Ergebnis als praxisnah angesehen werden. Abweichungen zu den Ergebnissen anderer Arbeitsgruppen sind damit allerdings wahrscheinlich aber akzeptabel.

Eine genaue, quantitativ bemessene Zuordnung eines Wertes (w_{ij}) wird dann erreicht, wenn eine Wertefunktion aufgestellt werden kann. In diesem Fall ist das für die Einzelfunktion 4 „Kraft verstärken“ möglich. Man kann dem Wert 0–10 einen Kraftverstärkungsfaktor 0–X zuordnen, der sich aus den mechanischen Eigenschaften der einzelnen Lösungsvarianten ergibt. In diesem Beispiel wurde der max. Verstärkungsfaktor mit $X = 10$ angenommen (das entspricht etwa dem Hebelverhältnis bei der Lösungsvariante 10). Der minimale Wert 0 ergibt sich bei der Lösungsvariante 1 (hier erfolgt keine Kraftverstärkung), so ergibt sich die in Abb. 9.17 dargestellte Funktion $w = f(e)$ (w = Wert, e = Eigenschaftsgröße) mit einem der Einfachheit halber linearen Verlauf.

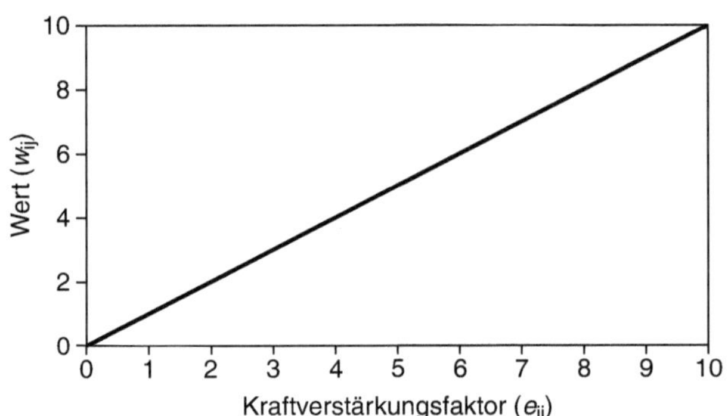

Abb. 9.17 Wertefunktion der Kraftverstärkung. (Nach [PaBe07])

Aufgabe 10

Zur Auswertung der Dominanzmatrix s. a. Abschn. 5.4.4.2:

$$0 = \text{teurer als} \ldots$$
$$1 = \text{billiger als} \ldots$$

Tab. 9.5 Dominanzmatrix zur Ermittlung der Rangfolge der Schraubenverbindungen

Lösungsvorschlag	1	2	3	Punkte	Rang
1	–	1	0	1	2
2	0	–	0	0	3
3	1	1	–	2	1

Erläuterung zur Dominanzmatrix:

Die Schraubenverbindung Nr. 2 ist im Vergleich zu den anderen beiden Lösungsvorschlägen am aufwändigsten in der Herstellung. Sie beinhaltet sowohl eine zylindrische Senkung für den Schraubenkopf als auch das Schneiden des Gewindes im Unterteil.

Der Lösungsvorschlag Nr. 1 weist zwar kein Gewinde im Unterteil auf aber eine zylindrische Senkung am Oberteil. Sie ist deshalb weniger aufwändig in der Herstellung als Nr. 2 aber aufwändiger als Nr. 3.

Als einfachste Variante und damit die billigste ist Nr. 3 anzusehen. Die Teile weisen nur jeweils eine einfache durchgehende Bohrung auf. Das Verbindungselement besteht aus einer genormten Schaftschraube und der entsprechenden Mutter.

Hinweis: Bei der Bearbeitung der Matrix ist zu beachten, dass entweder zeilenweise vorgegangen wird, dann befindet sich die Summe der Punkte und die Rangfolge in der entsprechenden Zeile (also rechts) oder Spaltenweise, dann befindet sich die Summe der Punkte und die Rangfolge in der entsprechenden Spalte (also unten).

Aufgabe 11

Kalkulation der Werkstoff- oder Materialkosten (MK) s. a. Abschn. 6.2.3.

Hinweis: Für den Werkstoffbedarf des in Abb. 9.3 dargestellten Werkstücks ist das Gesamtvolumen des Rohteils (Halbzeugs) maßgeblich, da es in diesem Fall vorzugsweise aus einem Rundmaterial (z. B. warmgewalzt) mit einem nach der Norm vorgesehenen Durchmesser (z. B. 42 mm) spanend zu fertigen ist. Für die Kalkulation nach der Aufgabenstellung mit einem vorgegebenen pauschalen Zuschlag sind für die Volumenberechnung die Nennmaße des fertigen Teils zu verwenden.

a) Materialkosten bei Verwendung des Bezugswerkstoffes

Werkstoffvolumen:

$$V = \frac{\pi \cdot d_{\max}^2}{4} \cdot l_{\max} = \frac{\pi \cdot 40^2\,\text{mm}^2}{4} \cdot 50\,\text{mm} = 62.832\,\text{mm}^3$$

Mit einem Zuschlag von 10 %: $V_i = 1{,}1 \cdot 62.832 = 69.115\,\text{mm}^3 = 69{,}155\,\text{cm}^3$

Mit dem vorgegebenen Zahlenwert für den Bezugswerkstoff in der Aufgabenstellung ergeben sich die Materialkosten für S 235 JR zu:

$$MK_i = V_i \cdot k_{\text{v}0} = 69{,}155 \cdot 3{,}55 \cdot 10^{-3} = 0{,}2455\,€$$

b) Materialkosten bei Verwendung eines Nitrierstahls

Für den Nitrierstahl ergibt sich der Zahlenwert für die Relativkosten aus Tab. 6.6:

$$k_{\text{v}}^* = 2{,}6$$

damit lautet das Ergebnis für die Materialkosten für die Ausführung aus Nitrierstahl:

$$MK_i = V_i \cdot k_{v0} \cdot k_v^* = 0{,}2455 \cdot 2{,}6 = 0{,}6383\,€$$

Hinweis: In der Aufgabe wurden die volumenbezogenen Kosten für den Bezugswerkstoff in $€/\text{cm}^3$ angegeben. Im Handel werden in der Regel aber die Materialpreise auf das Gewicht bezogen, also $€/\text{kg}$. Die auf das Volumen bezogenen Kosten müssen dann über die Dichte (ρ) des Bezugswerkstoffs umgerechnet werden (für S 235 JR (Stahl) wird in der Regel $\rho = 7{,}85\ 10^{-3}\,\text{kg}/\text{cm}^3$ verwendet), und es gilt:

$$k_{v0} = k_{g0} \cdot \rho \qquad (k_{g0}\text{: gewichtsbezogene Kosten für den Bezugswerkstoff}).$$

Aufgabe 12

Zur Lösung s. a. Abschn. 8.1.1

Der Stufensprung (φ) in einer geometrischen Reihe ist definiert als das Verhältnis zweier aufeinander folgenden Glieder, dadurch ergibt sich ein konstanter Faktor als Größenverhältnis zwischen den Gliedern der jeweiligen Reihe.

a) Stufensprung der geometrischen Reihe:

$$\varphi = L_1/L_0 = 841/1189 = 0{,}7073 \approx \frac{1}{\sqrt{2}}$$

hierbei ist L die größte Länge eines Formates und der Index 0, 1 usw. steht für die jeweilige Stufe innerhalb der Reihe.

b) Flächeninhalt des 8. Gliedes der A-Reihe

Da der Flächeninhalt eines Formates sich aus der Multiplikation der beiden Längen ergibt, beträgt der Stufensprung der Flächen $\varphi_A = \varphi_L^2$, daraus ergibt sich:

$\varphi_A = \varphi_L^2 = 1/2$ und für das achte Glied in der Reihe das Verhältnis $A_8/A_0 = \varphi_A^8$, daraus ergibt sich:

$$A_8 = A_0 \cdot \varphi_A^8 = 1\,\text{m}^2 \cdot (1/2)^8 = 1\,\text{m}^2 \cdot 0{,}0039 = 0{,}0039\,\text{m}^2$$

Literatur

[Rot96] Roth, K.: Konstruieren mit Konstruktionskatalogen. Band 1–3, 2. Aufl., Springer, Berlin (1994–1996)

[PaBe07] Pahl, G.; Beitz, W.: Konstruktionslehre. 7. Aufl., Springer, Berlin Heidelberg (2007)

Sachverzeichnis

P. Naefe, *Methodisches Konstruieren*, https://doi.org/10.1007/978-3-658-22636-7